清华电脑学堂

Premiere Pro CC 短视频编辑与制作标准教程（全彩微课版）

张 迪 编著

清華大學出版社
北 京

内容简介

如今，手机已经成为人们拍摄照片和视频的主要设备之一，而手机短视频的出现更加丰富了人们的生活，短视频制作成为当下较为热门的一个话题。本书通过 10 章详细介绍了使用 Premiere 软件制作高质量短视频的技巧，技术环节包括短视频的策划、拍摄、剪辑、视频特效、字幕、转场、音频及后期处理等方方面面。全书内容全面，条理清晰，讲解易懂。除了必要的理论阐述，均采用步骤导图的讲解模式，让读者能轻松、快速地进行模仿练习。

本书赠送操作案例的素材文件和效果文件及 PPT 课件，方便读者学习参考，从而提高学习效率，快速掌握短视频的制作方法。

本书适合广大短视频爱好者、短视频 App 用户、电商用户等学习和使用。

图书在版编目（CIP）数据

Premiere Pro CC短视频编辑与制作标准教程：全彩微课版 / 张迪编著. —北京：清华大学出版社，2022.3

（清华电脑学堂）

ISBN 978-7-302-60136-4

Ⅰ. ①P… Ⅱ. ①张… Ⅲ. ①视频编辑软件－教材 Ⅳ. ①TP317.53

中国版本图书馆CIP数据核字（2022）第025903号

责任编辑：张 敏
封面设计：吴海燕
责任校对：徐俊伟
责任印制：杨 艳

出版发行：清华大学出版社
网 址：http://www.tup.com.cn， http://www.wqbook.com
地 址：北京清华大学学研大厦A座 邮 编：100084
社 总 机：010-83470000 邮 购：010-62786544
投稿与读者服务：010-62776969, c-service@tup.tsinghua.edu.cn
质 量 反 馈：010-62772015, zhiliang@tup.tsinghua.edu.cn
课 件 下 载：http://www.tup.com.cn, 010-83470236
印 装 者：北京博海升彩色印刷有限公司
经 销：全国新华书店
开 本：170mm×240mm 印 张：14 字 数：293千字
版 次：2022年5月第1版 印 次：2022年5月第1次印刷
定 价：99.00元

产品编号：094784-01

前言

随着智能手机功能的不断完善，手机成为人们拍摄照片和视频的主要设备之一，短视频的出现使人们的视听内容发生了翻天覆地的变化。短视频给予了每个参与者巨大的发挥空间，并成为了一种新的社交语言。经过这些年的快速发展，短视频已经成为人们发现世界、探寻美好生活的平台，也为品牌形象的建立和内容传播提供了新的介质。短视频的拍摄、制作与后期处理，是值得当下个人和企业去认识并学习的新知识。

使用 Premiere 进行短视频制作，记录生活中的点点滴滴，然后上传到朋友圈、微博、抖音等社交平台进行分享，已经是众多专业制作团队的首选。Premiere 与手机短视频编辑软件的不同之处在于其功能更加强大，制作特效更为方便、快捷。用 Premiere 软件制作出的短视频具有更高的欣赏价值，能够获取更多的流量和粉丝，从而得到更多回报。要做到这一点，就要掌握 Premiere 的一些编辑方法与特效制作技巧。

本书特色

角度新颖

照顾到零基础读者，从零开始，手把手教会读者进行短视频制作。

真实解密

通过分析抖音等短视频平台的大量案例，结合资深行业人士的制作方法，为读者提供迅速制作出优质短视频的专业技巧。

技巧扎实

区别于单纯的软件教学，本书以如何剪辑、如何制作出吸引人的短视频实用技巧作为突破口，以新人从入门到上手的过程为线索，非常适合想要乘着短视频风口前行的创业者。

案例丰富

本书例举了剪辑、动画、特效、字幕、转场、音效和综合案例等大量短视频案例，简单易懂，有理有据。

赠送资源

- 案例素材及源文件。附赠书中所用到的案例素材及源文件，读者可扫描前言最后的二维码下载获取。
- 扫码观看视频教学。本书涉及的疑难操作均配有高清视频讲解，读者可通过扫描本书正文中知识点旁边的二维码边学边看。

- PPT 课件 + 教学大纲 + 教案。本书配有 PPT 课件、教学大纲和教案以方便用户作为教材使用，读者可扫描下方二维码下载获取。

本书的读者对象为想从事短视频制作的爱好者、对视频质量有较高要求的视频号制作团队、需要进行视频后期处理的摄像师，以及广大抖音、快手、视频号制作人等。

本书由苏州科技大学天平学院艺术学院张迪老师编著，由于时间有限，本书不足之处在所难免，敬请广大读者批评指正。

案例素材及源文件

PPT 课件 + 教学大纲 + 教案

目录

短视频概述

Premiere 基础知识

熟悉 Premiere 的基本操作

Premiere 素材剪辑

Premiere 字幕编辑

Premiere 视频效果应用

Premiere 转场过渡效果

第8章

Premiere 关键帧动画

Premiere 音频特效

第10章 Premiere 短视频综合案例

第1章 短视频概述

短视频是指在各种新媒体平台上播放的、适合在移动状态和短时休闲状态下观看的、高频推送的视频内容，时间为几秒到几分钟不等。其内容融合了技能分享、幽默搞怪、时尚潮流、社会热点、街头采访、公益教育、广告创意、商业定制等主题，由于内容较短，可以单独成片，也可以制作系列栏目。

不同于微电影和直播，短视频制作并不像微电影那样具有特定的表达形式和团队配置要求，具有生产流程简单、制作门槛低、参与性强等特点，又比直播更具有传播价值。超短的制作周期和趣味化的内容对短视频制作团队的文案及策划功底有着一定的挑战，优秀的短视频制作团队通常依托于成熟运营的自媒体或 IP，除了高频稳定的内容输出，还拥有强大的粉丝渠道。短视频的出现丰富了新媒体原生广告的形式。

本章将为读者详细介绍一些视频的拍摄知识，包括短视频的制作流程、内容策划呈现方式、构图技巧、辅助设备等，帮助读者做好前期工作，为以后快速了解如何运用 Premiere 软件进行短视频编辑奠定良好的基础。

1.1 短视频的制作流程

一谈到短视频拍摄，人们首先想到的是设计剧本。实际上，拍摄短视频首先需要组建一个团结高效的团队，只有借助众人的智慧，才能将短视频打造得更加完美。

1.1.1 制作团队的搭建

拍摄短视频需要做的工作很多，包括策划、拍摄、表演、剪辑、包装及运营等，如图 1-1 所示。具体需要多少人员，应根据拍摄的内容来决定，一些简单的短视频即使一个人也能完成拍摄，如体验、测评类的视频。因此在组建团队之前，需要认真思考拍摄方向，从而确定团队需要哪些人员，并为他们分配什么任务。

例如，拍摄的短视频为演绎类，每周计划推出 2 ～ 3 集内容，每集大约 5 分钟，那么团队安排 4 ～ 5 人就够了，设置编导、运营、拍摄及剪辑岗位，然后针对这些岗位进行详细的任务分配。

编导：负责统筹整体工作，策划主题，督促拍摄，确定内容风格及方向。

拍摄：主要负责视频的拍摄工作，同时还要对拍摄相关的工作，如拍摄的风格及工具等进行把控。

剪辑：主要负责视频的剪辑和加工工作，同时也要参与策划与拍摄工作，以便更好地打造视频效果。

运营：在视频打造完成后，负责视频的推广和宣传工作。

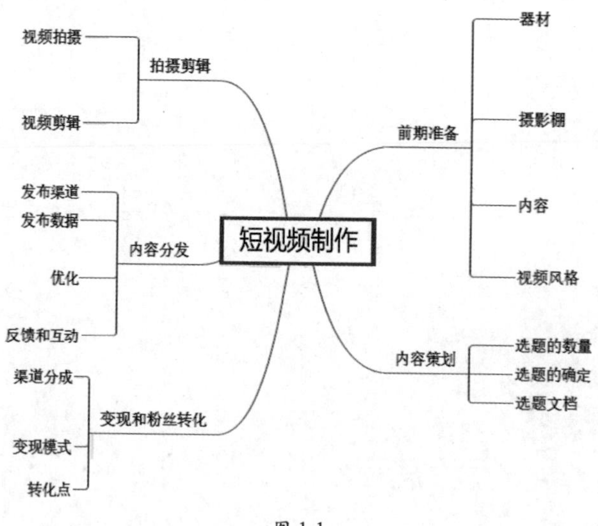

图 1-1

1.1.2 剧本的策划

短视频成功的关键在于内容的打造。剧本的策划过程就如同写一篇作文，需要具备主题思想、开头、中间及结尾，情节的设计就是丰富剧本的组成部分，也可以看成小说中的情节设置。一部成功的、吸引人的小说必定少不了跌宕起伏的情节，剧本也一样，在进行剧本策划时，需要注意以下两点。

- 在剧本构思阶段，需要思考什么样的情节能够满足观众的需求，好的故事情节应当是能直击观众内心、引发强烈共鸣的。掌握观众的喜好是十分重要的一点。
- 注意角色的定位，在台词的设计上要符合角色性格，并且拥有爆发力和内涵。

1.1.3 视频的拍摄

在视频拍摄前，需要拍摄人员提前做好相关准备工作。例如，如果是拍摄外景，要提前对拍摄地点进行勘察，看看哪个地方更适合视频的拍摄。此外，还需要注意以下几点。

- 根据实际情况，对策划的剧本进行润色加工，不断完善以达到最佳效果。
- 提前安排好具体的拍摄场景，并对拍摄时间进行详细规划。
- 确定拍摄的工具和道具等，分配好演员、摄影师等工作人员。如有必要，可以提前核对练习一下台词、表演等。

1.1.4 后期处理

对于视频而言，剪辑是不可或缺的重要环节。在后期剪辑中，需要注意素材之间的关联性，如镜头运动的关联、场景之间的关联、逻辑的关联及时间的关联等。剪辑素材时，要做到细致、有新意，使素材之间衔接自然而又不缺乏趣味性。

在对短视频进行剪辑包装时，除了要保证素材之间有较强的关联性，其他方面的点缀也必不可少，剪辑包装短视频的主要工作有以下几点。

- 添加背景音乐，用于渲染视频氛围。
- 添加特效，营造良好的视频画面效果，吸引观众。
- 添加字幕，帮助观众理解视频内容，同时完善视觉体验。

1.1.5 内容发布

如果是用手机拍摄的视频，那么上传和发布就更加便捷简单。以视频号为例，单击发表视频按钮，如图1-2所示，可进入视频发布界面，在上方可以输入与短视频内容相关的文案，或添加话题、提醒好友，以吸引更多人进行观看。设置完成后，单击发表按钮进行视频发布即可，如图1-3所示。

图 1-2

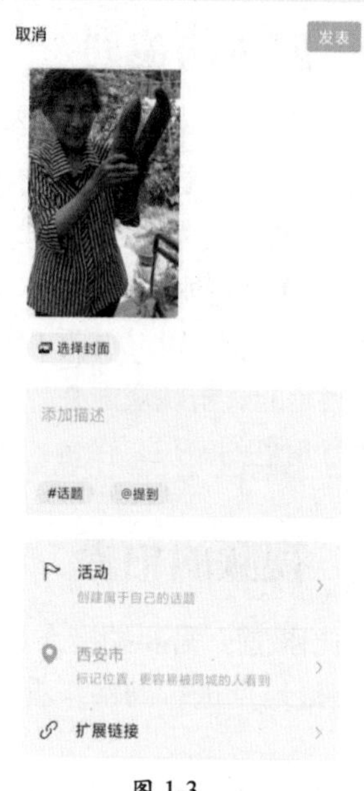

图 1-3

待视频上传成功后，可在动态中预览上传的视频，并进入分享界面，将视频同步分享到其他社交平台上，如微信朋友圈等。如果希望自己创作的内容被更多人发现、欣赏，就要学会广撒网，在渠道上多做工作。

1.2 短视频内容的策划

一个短视频能够让用户认可的理由是，其符合了人性的认知原理。人性认知原理由美国心理学家马克在 20 世纪 50 年代发表的一篇论文中首先提到。具体来讲，他把人的需求分为 5 个方面，包括身体需求、心理需求、社会需求、自尊需求和自我需求，其实所有刷屏级、火爆级、热议级的短视频，从底层逻辑来讲都符合了马可的人性认知原理。今后想要制作出属于自己的优质短视频，首先要弄清楚内容到底符合了人性认知原理中的哪个需求？这一点至关重要。人性认知的 5 层含义如图 1-4 所示。

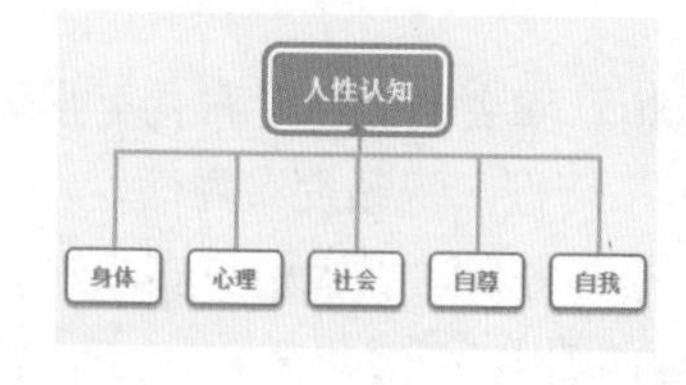

图 1-4

1.2.1　身体需求

身体需求就是所谓的衣食住行，可以理解为美食、购物、医疗、出行等。

帅哥美女是抖音里最受欢迎的内容，直接影响到人的感官，满足了普通人对美好的向往。

衣食住行的短视频，以及美女帅哥健康类短视频等，是人性认知原理的第一类。这里先来看两个该类型视频，策划得相当成功，一个是美食类，把厨艺和纯天然美食表现得淋漓尽致；另一个是美景旅行类，优美的风景让人流连忘返，如图 1-5 所示。

图 1-5

这类视频每天都在展现美好生活，没有深刻的内容，容易让人上瘾的原因是大众都喜欢追逐漂亮的美女，这都属于人性认知的第一层含义。

1.2.2　心理需求

心理的需求，从字面上来讲，就是心理安慰、心灵鸡汤、财产安全、道德保障、家庭生活等。

这里的心理包括一切自我内心的需求，与这一层相吻合的短视频内容是传授职场知识、育儿经验，或是避免个人财产损失的科普传达，都比较符合每个人对于心理健康的需求，所以这类内容才会受到欢迎与关注。类似这种需求的短视频的主要内容和制作质量比较优秀，比较容易在短视频平台上吸引用户的注意。这里挑选了两个比较好的相关账号供大家参考和借鉴，一个是心灵鸡汤短视频，用比较提气的语言鼓励观众；另一个是理财小知识的短视频，用一些小故事介绍理财防诈骗的小常识，效果非常好，如图 1-6 所示。

图 1-6

1.2.3 社会需求

人生活在社会中，人与人之间的交往，以及人与人之间的情感都属于社会需求。社会需求也可以理解为我们与他人的关系，只要符合这一点，都会受到大众的欢迎。这类需求包括以亲情、友情和爱情为核心的故事类视频，以搞笑为核心的记录类视频，以及与多人互动为核心的合拍类视频等。这些需求都是为了满足个人的社交需求。搞笑类短视频大多是披着搞笑的外衣，讲述一段关系的内容；故事类短视频要么记录两个人精彩的感动点滴，让大家共鸣，要么记录一段可望而不可及的爱情等；合拍类视频就是让自己与他人以同一种内容呈现在一起，产生另外一种喜剧效果。总之，只要符合讲述人与人之间关系的内容，都符合人性认知原理。

下面是两个案例，分别以上述 3 类元素为核心的热门短视频内容，让读者了解这些视频的具体表现形式，看看自己适合拍摄哪一类的短视频作品。第一个是同学聚会的短视频，通过剧情反转让人哭笑不得；另一个是情感类短片，让人看后引发反思，如图 1-7 所示。

图 1-7

1.2.4 自尊需求

自尊需求包括提升个人信心、对他人的尊重，以及被他人尊重，延伸来说就是自尊、承认个人地位等。

这一类需求可以理解成为了让自己变得更好，或是让别人给予自己肯定的需求。短视频内容集中体现的是才艺展示、神奇的个人经历等。这种需求是双方的需求，换句话说，创作者要通过这些内容来证明自己，而观看者也愿意通过这些内容去激励自己。才艺展示对于普通短视频创作者的门槛要求更高一些，而励志经历和名人语录的短视频制作起来相对容易一些。

下面列举一个比较典型的短视频内容，这个短片展示了博主自律的成长过程，如图 1-8 所示。自律是人们经常聊起的一个话题，早睡早起、戒烟戒酒、坚持锻炼、每天背单词学英语等，人们每时每刻都在对自己说：要变得更好。

视频中所传递出的正能量，如果让大家对生活更加充满自信与热情，或者对一些事情有所领悟，就说明这些视频满足了大家的需求。

1.2.5 自我需求

自我实现的需求是最高层次的需求，是指实现个人理想或发挥个人的能力，这类需求是对自我的突破，或是道德层面真善美的至高体现，是一般人可望而不可及的。这类短视频内容是为了完成一项任务，超出常人的范围或者是在公益方面的贡献等。

这里举一个典型的短视频案例供大家分析和借鉴，是一个小姐姐做好事不留名的短片，如图 1-9 所示。

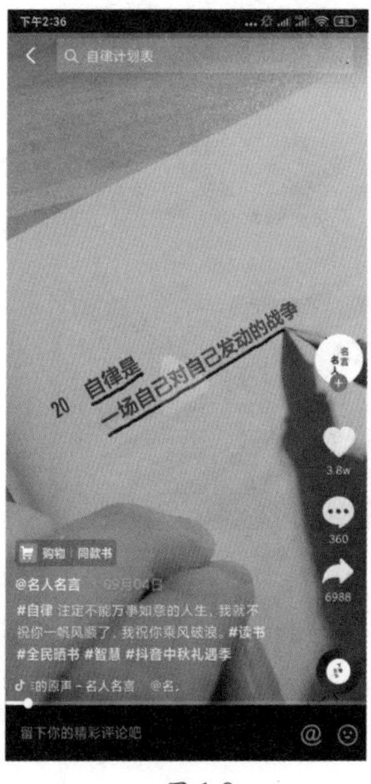

图 1-8

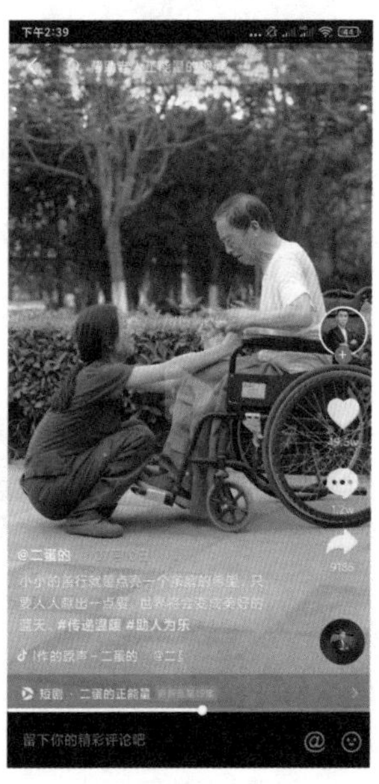

图 1-9

第1章 短视频概述

上面介绍的这些案例给创作短视频带来了哪些启发呢？众所周知，成功的短视频创作都不是信马由缰随便做出来的，它的成功一定是符合了人性的底层逻辑和认知。如果在创作短视频之前不知道拍什么，可以依靠人性认知原理对号入座，来选取适合自己的元素进行短视频创作。围绕这些短视频底层逻辑去创作，就不会跑偏或者背道而驰。

1.3 短视频内容的呈现方式

下面来讲解短视频内容的呈现方式，也就是通过什么样的方式将短视频内容展示出来。短视频内容的呈现方式主要有以下 5 种。

1.3.1 图文呈现

图文呈现型，即用纯文字、纯图片的方式进行呈现，比较适合种草推荐、情感、价值输出、正能量等类型的短视频，如图 1-10 所示。

图 1-10

图文呈现型主要是阐述作者的观点，因为图文视频的门槛比较低，有太多同质化的内容，平台对这种图文视频的推荐量越来越少，权重越来越低，所以不建议读者用图文呈现方式。

1.3.2 配音呈现

配音呈现型，即用抒情或变声的方式给视频配音。这种短视频适合搞笑、情感、音乐、萌宠等内容，如图 1-11 所示。

图 1-11

配音呈现型包括正常的配音或抒情、变声等，如抖音中常见的一些对口型，情感抖音号主播对抒情文字的一些朗读，以及对萌宠的拟人化配音等。

1.3.3 人物呈现

人物呈现型，即用真人演绎。这种短视频适合颜值、萌娃、搞笑、美妆、健身、母婴、汽车、唱歌、舞蹈、运动等内容，如图 1-12 所示。

这种类别通常是真人出镜，推荐大家采用这种方式呈现视频。因为所创作的视频都是给人看的，人与人之间的直接沟通和互动能够引起共鸣，用户看到真人的视频呈现后，能更全面地了解作者的喜怒哀乐，才会引发自身更多的情绪，从而引起点赞和关注

1.3.4 虚拟呈现

虚拟呈现型，即用虚拟 IP 或动漫形象等形式进行呈现。这种类型适合科技、动漫、游戏、故事等内容，如图 1-13 所示。

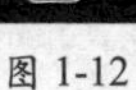
图 1-12

图 1-13

虚拟呈现型的门槛比较高，只能由专业机构来制作，不建议普通人去制作，因为制作周期长，个人很难持续跟进发布优质的同类型视频。

1.3.5 其他呈现

其他呈现型，就是用混剪的方式将视频画面合成在一起。这种类型适合旅游、美食、创意、科技、娱乐等内容，如图 1-14 所示。

图 1-14

对于新手来说，学习了本章之后，对于人设的定位及如何更好地展示自己已经有了一定的认知，相信很多人都迫不及待地想要大干一场。但是想要做好短视频，找准自己的人设和展示形态，还要有一个漫长的摸索过程，所以建议新手从模仿开始，先模仿，再改编，最后优化创新。先找到自己所定位的行业排名靠前的账号，先分析它火的原因，进行模仿，让自己快速找到感觉。然后尝试找到自身的差异（优势），并结合这个差异形成自己的特点，结合抖音上的热点和爆款不断优化自己的作品，最终形成自己的特色。

1.4 拍摄中的构图技巧

构图是什么？这几乎是每一位初学者都会问的一个问题。简单来说，构图就是将拍摄主体进行合理布局，达到表现主题的目的，从而引导观众的视线，发现作者的创作意图。一个好的构图离不开最基本的点、线、面，在拍摄过程中，拍摄者可以根据现场环境灵活地运用这些基本元素，从而创作出一个满意的作品。

1.4.1 用好透视

两条平行线是永远不会相交的，但是，在绘制或拍摄表现透视的图像时，似乎现实中的平行线是相交的，这种现象称为线性透视。画面中的“消失点”即为这些线在远处表现为相交的点。

拍摄视角是表现透视的主要因素，主体越近，拍摄出来的效果越大。用相机镜头记录被摄物体的形象，其结果与人的视觉相似。但是，如果在表现被摄体时，换用长焦距镜头，那么，远近之间的距离感就会被缩短，透视感也就显得淡化了。由于这种透视压缩的现象与人们正常的视觉效果不一样，所以会使作品产生不同的效果。如图 1-15 所示，在现实中它们是平行的，却给人一种画面纵深感。

图 1-15

1.4.2 用好比例

在现实中，人们通过和特定对象进行参照来获得物体的大小标准。在图像中也一样，如果没有大小的标准，观看者就没有参考，而只能猜测这个事物的大小。摄影师利用这个特点，在图像中去掉主体以外的部分，形成有趣的效果，从而创造出一个比例不明确的事物。

大小和比例为摄影师提供了创作艺术品的大量机会。摄影师们利用大小和比例创造出了极致尺寸的图像，如图 1-16 所示，车在画面中占据了很小的位置，能体现出整个画面的宽阔。

图 1-16

1.4.3 点：以小见大

图 1-17

依靠各种元素的完美组合，可以创作出优秀的摄影作品。在摄影构图中，点可以是一个小光点，也可以是任何一个小的对象。比如，海滩上的鹅卵石即可成为画面中的一个点。

一个点会由于在一幅空旷的图像上成为唯一的细节中心，从而将观众的注意力吸引到它身上。存在单个点的图像传达的信息一般是孤立的。

图像中很少通过在一个均匀的背景上利用单个点来构图。单纯用单个点来构图可以使图像获得一些最具戏剧性的效果。如图 1-17 所示，画面中的人物形成了一个点，虽然很小但是很显眼。

1.4.4 线：视觉牵引

在摄影中，线可以是真实的，也可以是虚拟结构。如果将第二个点引入图像中，在这个点和现有点之间就会建立起一种关系。现在它们不再是孤立的点了，它们被一条虚拟线连接起来，这条虚拟线称为视线。在摄影构图中，虚拟线和实际线同等重要。

一切物体都是由线条构成的，如房屋由纵横的线条构成；山峰、河流由曲线线条构成；树木由垂线条构成；圆球由弧形线条构成。物体运动时，线条就发生变化，如人站立时是垂线条，而跑步时就变为斜线条。掌握线条的结构变化，对照片的画面构图具有重要作用。

1. 水平线

水平线能够使人的视觉从左到右或从右到左观察，产生广阔、平静的感觉。大海、草原、秧田、麦地等的线条结构都是水平型线条，如图 1-18 所示。

2.垂直线

垂直线能够使人从上到下或从下到上感觉景物的形象，给人以庄严、伟大的感觉。如粗壮的大树、矗立的烟囱、巍巍的井架、高大的塑像等，都在画面上呈垂直线条表现，如图 1-19 所示。

图 1-18

图 1-19

3. 斜线

斜线景物在画面上呈斜线结构，画面的空间一端就会明显地产生扩大或缩小效果，给人们以动的感觉。斜线线条可以把人们的视线引向空间深处，形成近大远小的视觉感受，如图 1-20 所示。

4. 曲线

曲线能给人以曲折、跳跃、激烈的视觉感受，可以增加画面的美感。起伏的群山、奔腾的大海、蜿蜒的小道、弯曲的河流等都是曲线结构。曲线能生动地反映出景物的特征，如图 1-21 所示。

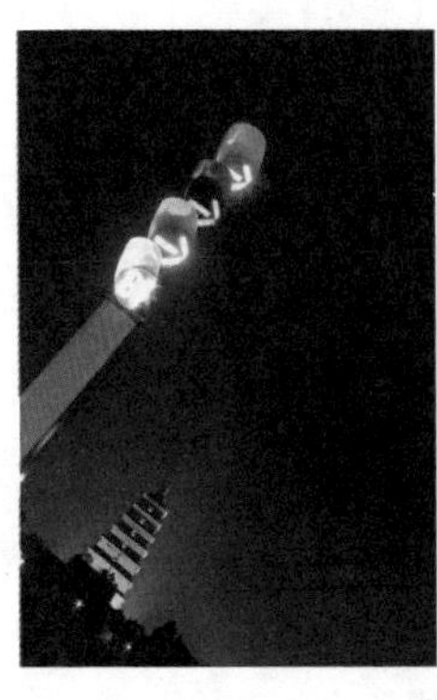

图 1-20

图 1-21

1.4.5 形状：面的概念

现实生活中，一团光、一片纹理或一个色块，都可以表现为形状。和线条一样，在图像中也可以存在实际形状和虚拟形状。通过在形状的角落处增加新的点来创造新的形状，从而在画面中围起一个新的区域。

艺术家将形状分为几何形状和自然形状。抽象形状一般是已经以某种方式简化的自然形状。摄影师也常常会拍摄一个具有另一种事物形状的事物，这些图像能使人们产生视觉幻想，从而吸引人们的注意力。

图 1-22

线、形状、色调、形体、纹理和复杂度都会参与到平衡作用中，很难将它们量化，但在具有良好构图的图像中却易于识别。位置在其中也起到了重要作用。假设给出两个同样的元素，那么靠近边缘的元素则更具“吸引力”。如图 1-22 所示，鸽子和光圈形成了美妙的画面。

1.4.6 色彩：冷暖搭配

色彩主要分为暖色、冷色和中间色 3 种。红、橙、黄及以红、橙、黄为主要成分的色彩被称为暖色；蓝、青及主要含有蓝、青成分的色彩被称为冷色；绿和紫被称为中间色。由此可知，要得到暖色调效果的照片，可以利用红、橙、黄等暖色或者主要含有这些色彩成分的色调。

摄影师可以根据自己的拍摄需要，对人物主体的服装进行挑选。如果想要表现暖色调效果，可以挑选红色、橙色等颜色的衣服，这样容易拍摄出暖色调的效果。其次，摄影师还需要挑选与人物主体搭配得当的背景，如果是在室外，可以选择在下午三四点钟左右，阳光比较柔和、温暖的时候拍摄；如果是在室内，可以利用红色或者黄色的灯光来进行暖色调设计。当然，除了在拍摄过程中进行一定的灯光和造型设计外，摄影师还可以通过使用后期处理软件来得到想要的效果。如图 1-23 所示，叶子的红色与天空的蓝色形成了对比，橙子之间形成了有趣的构图。

图 1-23

1.5 常用的短视频拍摄辅助设备

拍摄短视频，除了手持拍摄以外，如果想拍出专业水平，除了需要有一部好的手机，还应选择一些合适的辅助设备，并针对手机型号设置各项拍摄参数。下面就来介绍使用手机拍摄短视频时经常用到的一些设备。

1.5.1 手机支架

无论是业余拍摄还是专业拍摄，支架和三脚架的作用都不可忽视。特别是在拍摄一些固定机位、特殊的大场景或进行延时拍摄时，使用这类辅助设备可以很好地对机器进行稳定，并能帮助拍摄者更好地完成一些推拉和提升动作，如图 1-24 所示。

图 1-24

市面上有许多不同形态的拍摄支架和三脚架，且越来越趋于轻便化，体积更小，更方便随身携带，便于随时使用。

在常规的便携支架和三脚架的基础上，甚至衍生出了一些特殊工具，如“八爪鱼”支架。这类支架除继承了普通支架的稳定性，其特殊的材质还能随意变化形态，因此可以攀附固定在诸如汽车后视镜、户外栏杆等狭小区域上，如图 1-25 所示，从而获得出乎意料的镜头视角。

除了上述支架，还有一些支架和三脚架支持安装补光灯、机位架等配件，可以满足更多场景和镜头的拍摄需求，如图 1-26 所示。

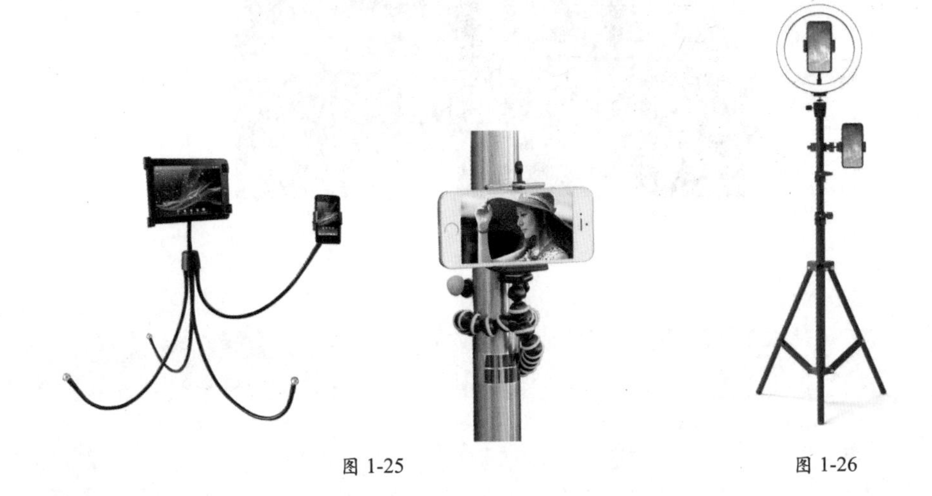

图 1-25　　图 1-26

1.5.2　手机自拍杆

在进行自拍类视频拍摄时，由于人的手臂长度有限，因此拍摄范围会受到一定的限制。如果想进行全身拍摄，或者让身边的人都进入镜头，就要用到另一种常见的拍摄辅助工具——自拍杆。

要在众多的视频拍摄辅助器材中找到适合拍摄自拍视频的工具，自拍杆绝对是一个不错的选择。

自拍杆的安装比较简单，只需将手机安装在自拍杆的支架上，并调整支架下方的旋钮来固定住手机。支架上的夹垫通常采用软性材料，牢固且不伤手机，如图 1-27 所示。自拍杆可以分为手持式和支架式两种，一般来说手持式最为常见，支架式相对更专业一点。

自拍杆一般分为两种，一种是“线控自拍杆”，如图 1-28 所示，在拍摄视频前需将自拍杆上的插头插入手机上的 3.5mm 耳机插孔中，连接成功后就可以对手机进行遥控操作，而无须进行软件设置。

除此之外，针对一些没有设置耳机孔的智能手机，市面上还提供了蓝牙连接自拍杆。手机在连接蓝牙自拍杆时，只需打开手机蓝牙，搜索蓝牙设备，自拍杆就会自动与手机进行配对并连接。

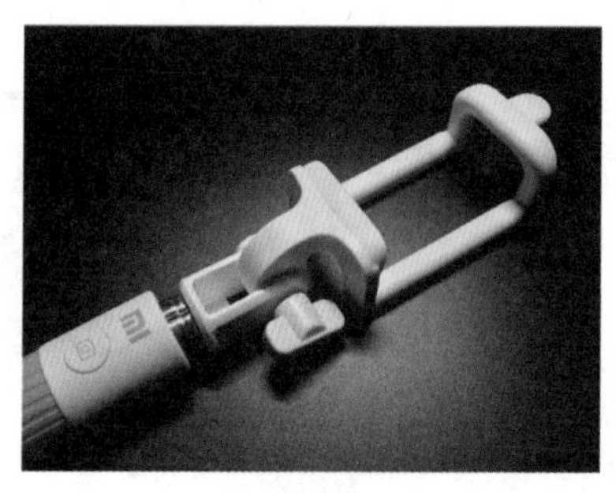

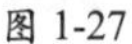
图 1-27

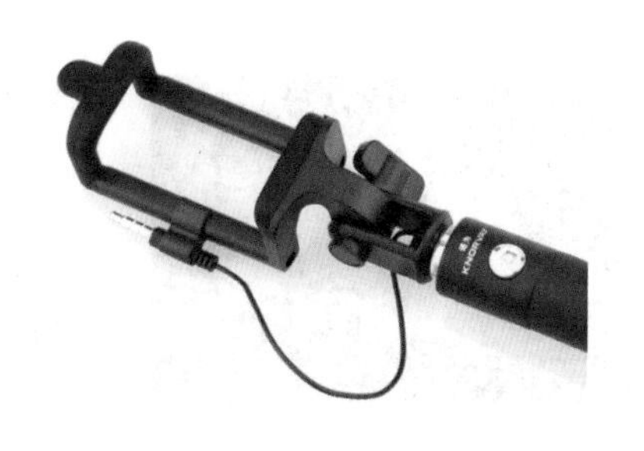

图 1-28

1.5.3 手机镜头

接触一段时间的手机拍片后，相信大多数人都会产生这样一个疑问：为什么我拍的视频始终不如别人的好看？其实，简而言之这就是手机和单反的区别。手机镜头是一支定焦镜头，由于焦距固定，因此希望将更多的元素拍进画面，或是想强化视频中近大远小的透视效果时，使用手机自带的镜头无法满足需求，因此难免会在视觉效果上有差距。这时可以使用手机外接镜头。

手机外接镜头的作用是在手机原有的摄影功能上，增强拍摄效果。目前市面上常见的手机外接镜头有广角镜头、微距镜头和鱼眼镜头，使用时只需将镜头安装在镜头夹上，然后夹在手机镜头上方即可，如图 1-29 所示。

图 1-29

广角镜头：广角镜头是最常用的手机外接镜头，它的作用在于让用户使用手机也可以拍摄出广角镜头的大场景和明显的透视效果，如图 1-30 所示。需要注意的是，目前手机外接镜头产品的质量良莠不齐，便宜的广角镜头基本都会有严重的暗角和畸变。

微距镜头：使用微距镜头可以缩短最近对焦距离，使手机离被摄物体更近，适合拍摄花卉、昆虫等小物件，可以增加画面的趣味性，如图 1-31 所示。

鱼眼镜头：鱼眼镜头可以拍摄出比广角镜头更宽广的范围，并呈现出特殊的视觉效果，如图 1-32 所示。

图 1-30

图 1-31

图 1-32

1.5.4 音频设备

对于视频拍摄而言，声音与画面其实同等重要，很多新人入门时容易忽略这一点。在进行视频拍摄时，不仅要考虑后期对声音的处理，还要做好同期声音的录制工作。很多视频创作都是在户外进行的，录音时如果只使用手机麦克风，音质很难得到保证，并且后期处理起来也会比较麻烦。针对这种情况，使用手机外置麦克风等音频辅助设备，能够提升短视频的音质，也能让之后的声音处理工作变得简单高效。

下面为大家介绍两款拍摄手机短视频时常用的音频设备。

1. 线控耳机

手机配备的线控耳机是日常拍摄时最常用的音频设备，如图 1-33 所示。使用时只需将其插入手机的耳机孔，就可以实时进行声音的传输。相较于昂贵的专业音频设备，线控耳机虽然不需要什么成本，但音质效果一般，不能很好地对环境进行降噪处理。

如果是个人简单拍摄，对录入音质没有太高的要求，使用线控耳机是一个不错的选择。在进行视频创作时，尽量在安静的环境下进行声音录制，麦克风不宜距离嘴巴太近，以免爆音。必要的话可以尝试在麦克风上方贴上湿巾，从而有效减少噪音和爆音情况的发生。

2. 外接麦克风

手机外接麦克风的特点是易携带、重量轻，与上述提到的线控耳机和录音笔相比，音质和降噪效果会更好。使用时，只需将自带的连接线与设备相连，就可以轻松地进行声音拾取，并与画面同步。市面上的外接麦克风品种众多。图 1-34 所示为外接话筒麦克风。

外接麦克风的选取非常关键，麦克风质量的好坏将直接影响语音识别的质量和有效作用距离，好的麦克风录音频响曲线比较平整，背景电噪声低，可以在比较远的距离录入清晰的人声，声音还原度高。因此，读者在选取时最好多看、多比较，根据自己的拍摄情况，选取合适的外接麦克风。

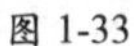

图 1-33

图 1-34

1.5.5 补光灯

在良好的光线条件下，大多数人都能拍摄出画面质量比较好的视频；但是在室内或者光照环境比较复杂的情况下，就需要使用一些辅助光源。

熟悉摄影的人都应该了解，灯光对于画面质量有着非常重要的影响。一般来说，当初学者开始拍摄短片时，他们对配光的技巧和原则不太重视。如果有照明效果的要求，例如，想在晚上拍摄视频，可以使用补光灯安排照明，如图 1-35 所示。补光灯比闪光灯的光线更加柔和，加装补光灯进行拍摄，可以有效地提亮周围拍摄环境或人物肤色，同时还具备柔光效果。

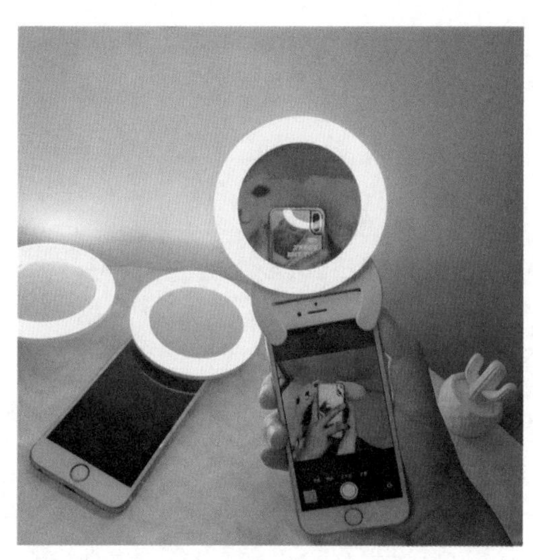

图 1-35

第2章 Premiere基础知识

本章主要介绍Premiere的一些基础知识，包括安装Premiere对系统的要求、Premiere的新增功能、Premiere操作界面等。Premiere目前已经升级到了Premiere Pro CC 2020，本书统称Premiere。

2.1 了解 Premiere

在对视频进行编辑或应用前，先来了解一下 Premiere 2020 版本中的新功能，并认识 Premiere 的工作空间和工作流程。

2.1.1 制式及压缩的基础知识和原理

世界上有两种常用的电视格式，在完成一个作品之前，首先要明确采用哪一种制式，完成输出时采用什么格式压缩呢？

下面就这两个基本的问题进行介绍。

1. 制式

目前，中国、南美及欧洲的大部分国家采用的电视制式为 PAL 制；美国、日本、韩国等国家采用 NTSC 制；还有一些国家，如法国、中东等，采用 SECAM 制。

PAL 是 Phase Alteration Line 的缩写，直译为“逐行倒相”。它是为了改变 NTSC 制对于相位失真的敏感性而改进的方案。

PAL 制电视的供电频率为 50Hz，场频为每秒 50 场，帧速率为每秒 25 帧，扫描线为 625 行，图像信号带宽分别为 4.2MHz、5.5MHz、5.6MHz 等。

NTSC 制由美国研制，这种制式的特点是彩色电视和黑白电视相互兼容，但是存在相位失真、色彩不稳定的缺点。

NTSC 制电视的供电率为 60Hz，场频为每秒 60 场，帧速率为每秒 30 帧，扫描线为 525 行，图像信号带宽为 6.2MHz。

2. 压缩的原理

数字压缩也称编码技术，准确地说应该称为数字编码/解码技术，是将图像或者声音的模拟信号转换为数码信号和将数码信号转换为声音或图像的解码器的综合体。

压缩技术是随着科技的不断发展所必然产生的结果，因为原始信息存在很大的冗余度，不利于现今对于数字节目的存储、处理和传输，这项技术不仅可以节省存储的空间、缩短处理时间、节约传送通道，而且可以充分利用频谱资源。

数据压缩通常包括两种基本方法，一种是无损压缩，它是将相同或相似的数据根据特征归类，用较少的数据量描述原始数据，达到减少数据量的目的；另一种是有损压缩，它是有针对性地简化不重要的数据，减少总的数据量。常见的影像压缩格式有 MOV、MPG、MPEG-2、RM/RMM、VIV、Quick Time 等。

2.1.2 Premiere 的系统要求

2020 年，Adobe 公司发布了 Creative Suite 软件套装，简称 Pro。Premiere 同样包含在 Master Collectio 和 Production Premium 中，单独购买的 Premiere 共包含 Adobe

Premiere、Adobe Encore Pro、Adobe OnLocation Pro、Adobe Device Central Pro、Adobe Bridge Pro 和一些专业设计的模板等。

Premiere 支持 Windows 和 Mac 系统，因为编写本书时使用的是 Windows 平台，因此只对 Windows 系统的需求进行介绍。表 2-1 为 Premiere 对 Windows 系统的需求列表。

表 2-1

	最 小 规 格	推 荐 规 格
处理器	Intel 第 6 代或更新款的 CPU，或 AMD 同等产品	Intel 第 7 代或更新款的 CPU，或 AMD 同等产品
操作系统	Microsoft Windows 10（64 位）版本 1803 或更高版本	Microsoft Windows 10（64 位）版本 1809 或更高版本
RAM	8GB 内存	• 16GB 高清媒体内存 • 32GB，用于 4K 媒体或更高分辨率
GPU	2GB GPU VRAM	4GB GPU VRAM
硬盘空间	• 8GB 的可用硬盘空间用于安装；安装过程中需要额外的空闲空间（不能安装在可移动闪存存储器上） • 附加高速媒体驱动器	• 用于应用程序安装和缓存的快速内部 SSD • 附加高速媒体驱动器
显示器分辨率	1280×800	1920×1080 或以上
声卡	兼容 ASIO 或 Microsoft Windows 驱动程序模型	兼容 ASIO 或 Microsoft Windows 驱动程序模型
网络存储连接	1 千兆以太网（仅 HD）	用于 4K 共享网络工作流的 10 千兆以太网

2.1.3 Premiere 的新增功能

最新版本的 Premiere 2020 与之前版本相比，功能得到了进一步完善和创新，为用户营造了更加良好的工作体验和感受。下面简单介绍 Premiere 2020 的一些新增功能。

1. 图形和文本增强功能

Premiere 2020 为用户提供了诸多图形和文本增强功能，编辑速度及稳定性更高，能帮助用户快速地更改形状和剪辑的名称，并提供了更快的蒙版跟踪、更好的硬件解码等功能。

2. 自动重构

用户可以针对不同的社交媒体和移动观看平台轻松优化内容，无须手动裁剪和为素材添加关键帧，通过“自动重构”可使用 Adobe Sensei AI 技术自动完成处理。使用“自动重构”可重构序列用于正方形、纵向和电影的 16:9 屏幕，或用于裁剪高分辨率素材。自动重构既可以作为效果应用于单一剪辑，也可以应用到整个序列。

3.音频增强功能

该版本在原基础上大幅提升了音频性能，重新设计的音频效果路由优化了多声道项目的音频工作流程。此外，音频增益由 6 分贝增加到了 15 分贝，极大地增大了音频增益的范围。

4.时间重映射至20000%

时间重映射的最高速度已增至 20000%，以便用户使用非常冗长的源剪辑，生成延时镜头素材。

5.新增和改进的文件格式支持

该版本新增导入和导出视频格式，用户可以直接导入不同拍摄格式的素材进行剪辑，并上传到 Adobe Stock 中。

2.2 Premiere 操作界面

Premiere 采用了一种面板式窗口布局，整个用户界面由多个活动面板组成，视频的后期处理就是在各种面板中进行的。

2.2.1 动手操练——Premiere 的界面操作

1. Premiere的开始界面

Premiere 安装完成后，单击任务栏上的“开始”按钮，从打开的“开始”菜单中选择“程序\Adobe Premiere”命令，即可启动 Premiere，如图 2-1 所示。

软件加载完毕后，进入欢迎界面，如图 2-2 所示。

图 2-1

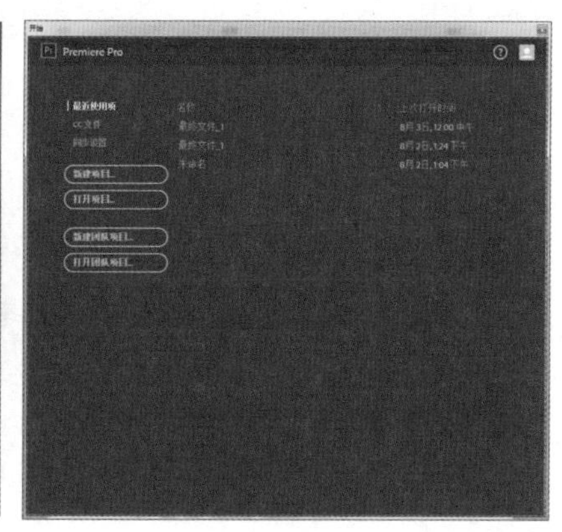

图 2-2

在 Premiere 的欢迎界面中提供了以下几个选项。

最近使用项：如果以前曾经编辑过 Premiere 项目，将在“最近使用项”下方列出最近编辑的项目文件，只需单击其中的项目名称，即可快速打开该项目文件。

“新建项目”按钮：单击该按钮，将弹出“新建项目”对话框，设置相应选项后即可创建一个新的项目文件。

“打开项目”按钮：单击该按钮，将弹出“打开项目”对话框，可以从中选择已经创建的项目文件并将其打开。

“新建团队项目”按钮：单击该按钮，新建一个团队合作的项目。

“打开团队项目”按钮：单击该按钮，打开之前保存的团队合作项目。

2. Premiere的工作界面

下面来了解一下 Premiere 软件的工作界面，如图 2-3 所示。

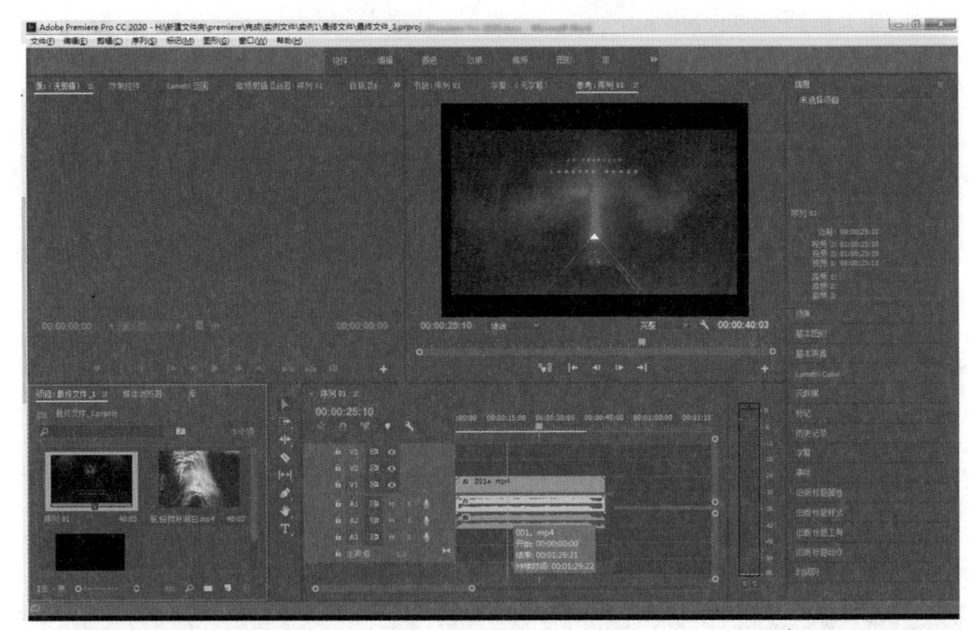

图 2-3

标题栏——显示当前程序的名称及现在打开的文件所处的位置和文件名。

菜单栏——提供了 8 个菜单项，其中集中了 Premiere 的大多数操作命令。

文件：主要包括一系列和项目文件相关的常用命令，如文件的新建、打开、关闭、存储、恢复、退出等，还包括一些加载剪辑、输出文件、捕获文件的命令。

编辑：除了包括常用的编辑命令，如复制、剪切和粘贴等，还包括一些特殊的编辑功能和软件的首选项设置命令。

剪辑：主要包括更改剪辑的运动和透明度参数的设置，以及辅助时间线上的剪辑和编辑。

序列：主要用于预览时间线面板中的剪辑，并且可以更改视音频、轨道的序号，以及对视、音频轨道的编辑。

标记：主要用来创建和编辑剪辑与序列中的标记，以及通过对标记执行不同的菜单命令达到跳转、删除标记等效果。

图形：对图形对象进行编辑，Premiere 中的图形对象可以包含文本、形状和剪辑图层。

窗口：主要用于控制软件各个功能窗口的开关和工作界面模式的更改。

帮助：用于查询帮助文件。

“工具”面板——包括“选择工具”、“钢笔工具”、“剃刀工具”和“文字工具”等，如图 2-4 所示。

“项目”面板——用于输入素材、管理素材和存储供在“时间线”面板上编辑并合成的原始素材，主要由预览区域、素材列表区域和工具栏区域组成，如图 2-5 所示。编辑影片时所用到的全部素材应事先存放在“项目”面板中，然后再分别将它们添加到“时间线”面板上。

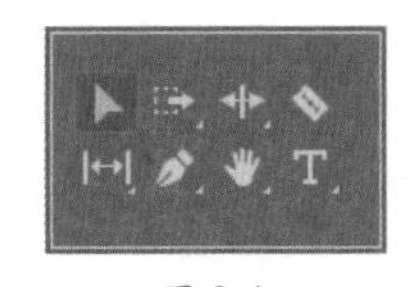

图 2-4

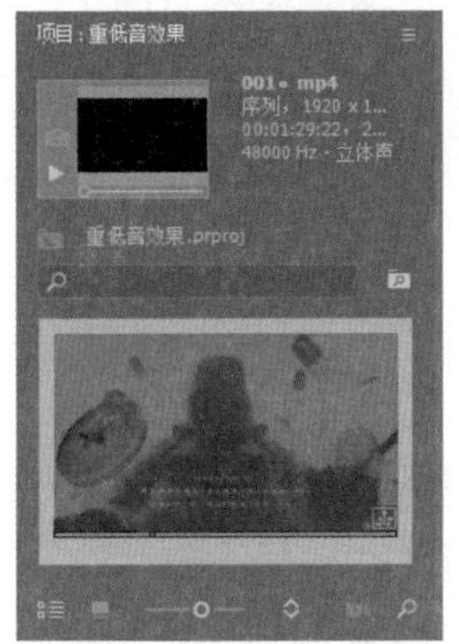

图 2-5

“效果控件”面板——显示了素材的固定效果属性，分别为“运动”“不透明度”和“时间重映射”，如图 2-6 所示。此外，用户也可以自定义从效果文件夹中添加的各类效果。

“音频剪辑混合器”面板——主要针对音频进行处理，如制作声音特效、制作画外音等，如图 2-7 所示。

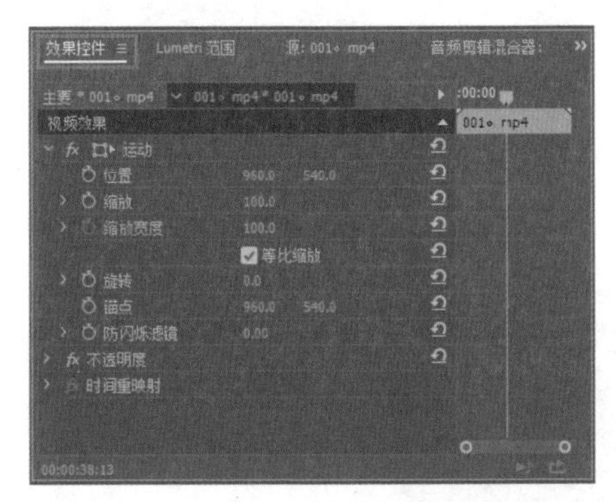

图 2-6

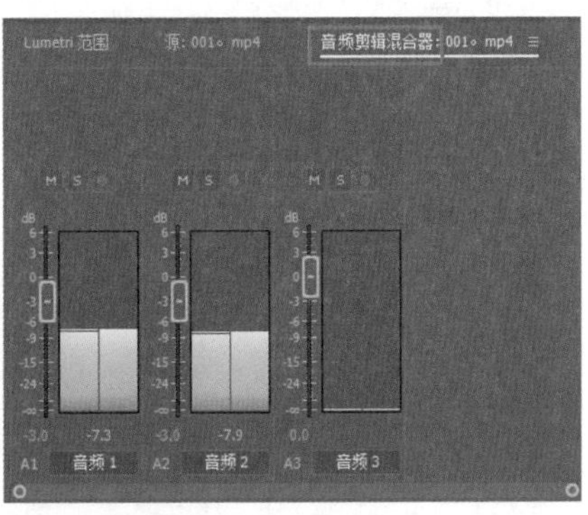

图 2-7

“源”监视器面板——在该面板中可预先打开要添加至序列的素材，自行调整入点和出点，对剪辑前的素材进行内容筛选。此外，还可以插入剪辑标记，并将片段素材中的画面或音频单独提取到序列中，如图 2-8 所示。

“媒体浏览器”面板——该面板用于在本机或网络上查找需要的媒体文件，并且可以选取想要使用的媒体素材，如图 2-9 所示。

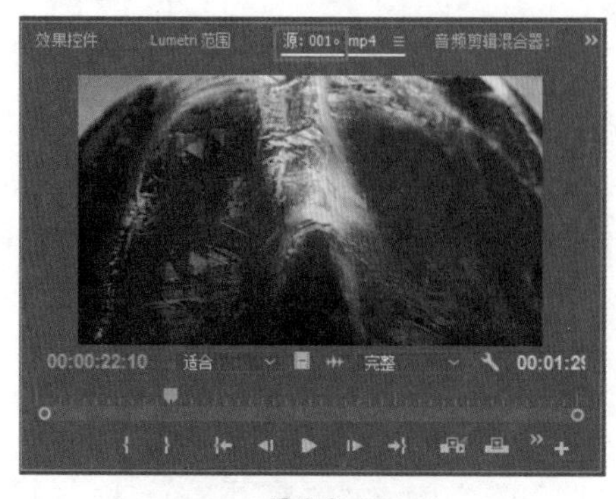

图 2-8

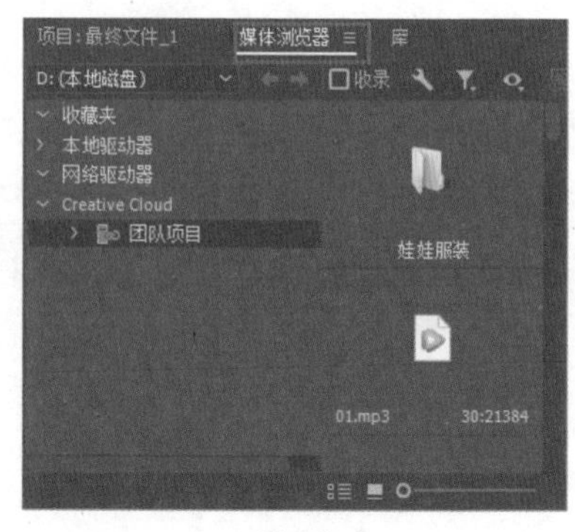

图 2-9

“信息”面板——该面板用于显示当前在“项目”面板中所选中的素材的详细信息，包括素材名称、类型、大小、开始及结束点等信息，如图 2-10 所示。

“效果”面板——该面板集成了音频效果、过渡和视频效果、过渡的功能，如图 2-11 所示。

图 2-10

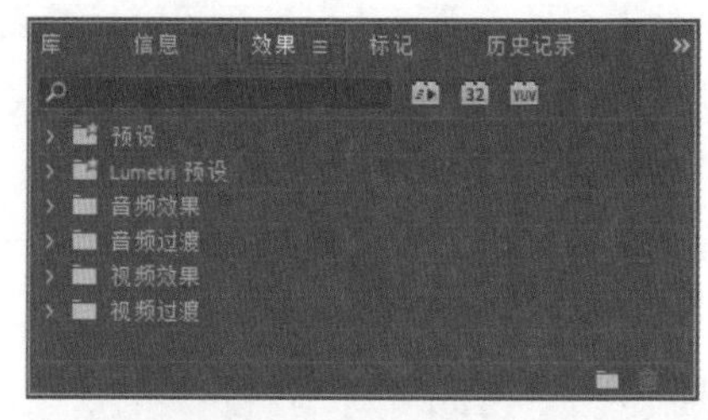

图 2-11

“历史记录”面板——该面板中列出了打开项目文件后所进行的各步操作记录，如图 2-12 所示。

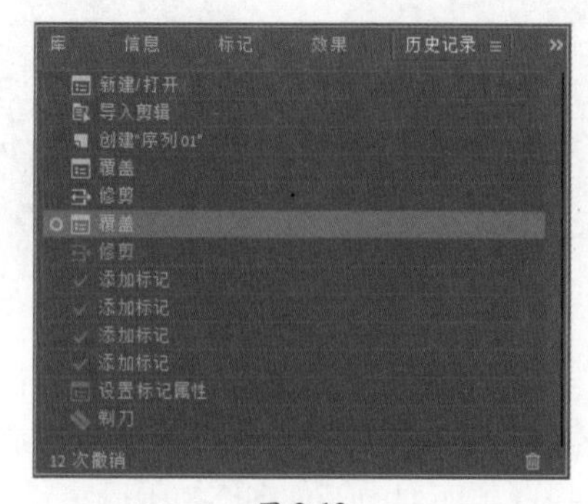

图 2-12

“时间线”面板——非线性编辑的核心部分，基本上视频编辑的大多数工作都是在该面板中完成的，由节目的工作区、视频轨道、音频轨道和各种工具组成，如图 2-13 所示。

除了上面介绍的一些面板，Premiere 还包含其他一些功能面板，可以通过“窗口”菜单中的相应命令打开或关闭这些面板，如图 2-14 所示。

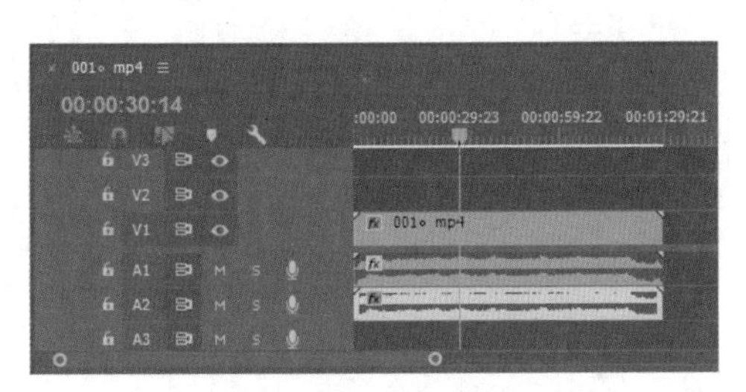

图 2-13

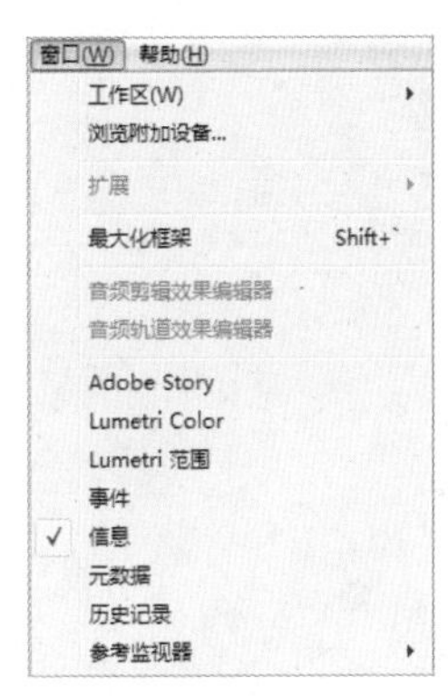

图 2-14

2.2.2 动手操练——预置工作空间

为了满足不同工作和项目的需求，Premiere 软件本身提供了 5 种不同的工作模式，可以通过选择“窗口 \ 工作区”子菜单中的命令进行切换。

（1）选择“窗口 \ 工作区 \ 音频”命令，软件工作空间将切换为“音频模式”，如图 2-15 所示。

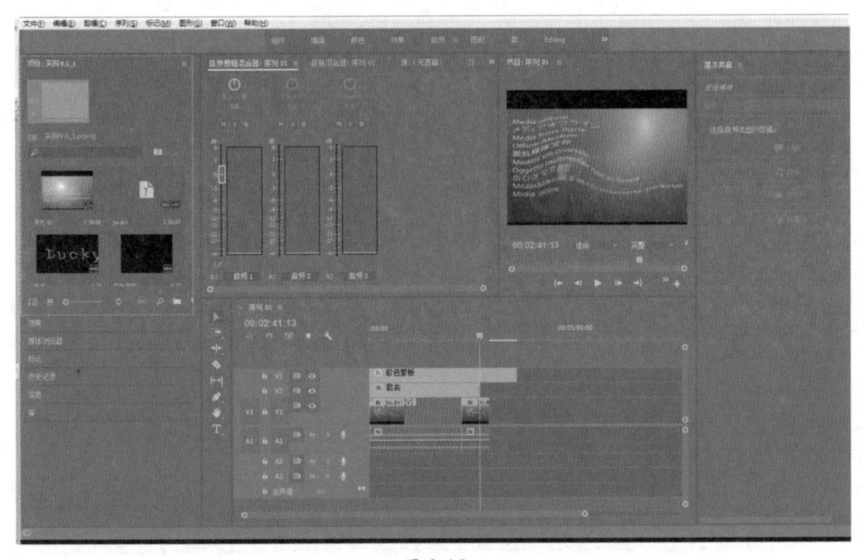

图 2-15

（2）选择“窗口 \ 工作区 \ 效果”命令，软件工作空间将切换为“特效模式”，如图 2-16 所示。

图 2-16

（3）选择“窗口 \ 工作区 \ 编辑”命令，软件工作空间将切换为“编辑模式”，如图 2-17 所示。

图 2-17

（4）选择“窗口\工作区\颜色”命令，软件工作空间将切换为“颜色模式”，如图 2-18 所示。

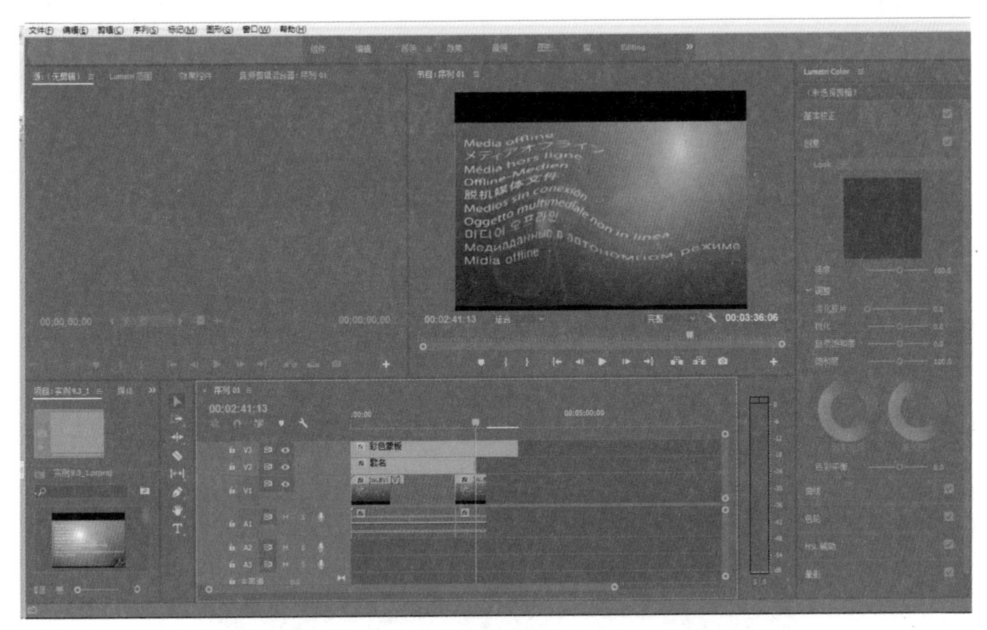

图 2-18

（5）选择“窗口\工作区\元数据记录”命令，软件工作空间将切换为“元数据记录模式”，如图 2-19 所示。

图 2-19

2.2.3 动手操练——自定义工作空间

除了 2.2.2 小节中介绍的 5 种工作模式，用户还可以根据自己的需要自定义工作区，创建出最适合自己的布局。

当更改一个框架尺寸时，其他框架的尺寸会随之进行相应的调整。

框架中的所有面板可以通过选项卡来访问。

所有面板都可定位，可以把面板从一个框架拖放到另一个框架中。

可以把某个面板从原来的框架中分离，成为一个单独的浮动面板。

现在来学习一下如何保存一个自定义的工作区，具体操作步骤如下。

（1）选择“编辑 \ 首选项 \ 外观”命令，弹出“首选项”对话框，如图 2-20 所示。

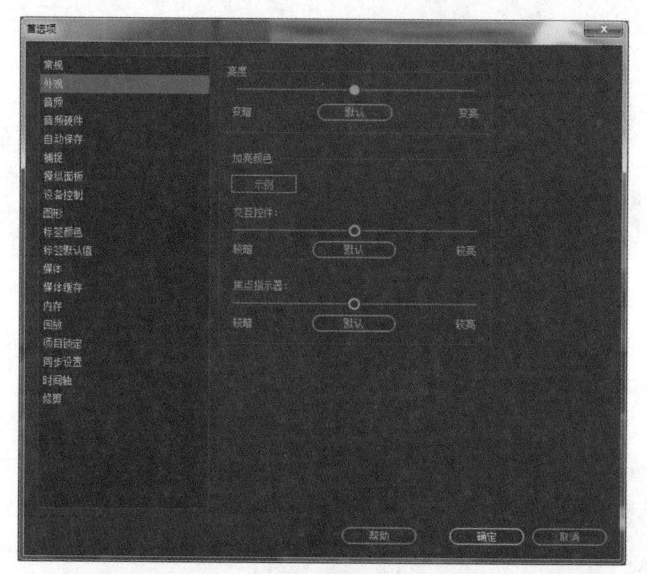

图 2-20

（2）左右移动“亮度”滑块，调整到适合自己的亮度后，单击“确定”按钮，如图 2-21 所示。

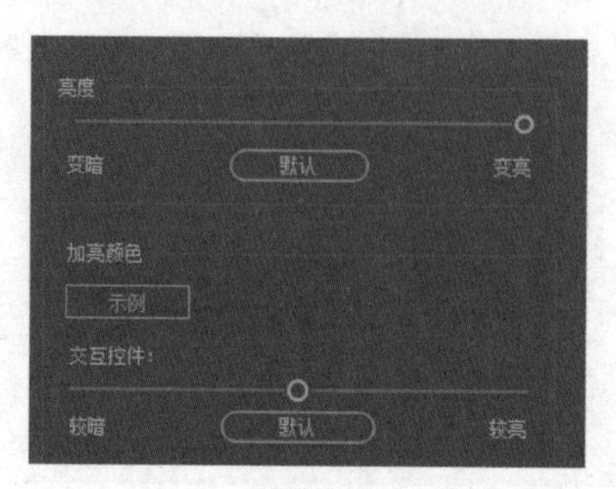

图 2-21

（3）将鼠标指针移至“效果”面板和“时间线”面板间的水平分隔条上，再上下拖动，改变这些框架的尺寸，如图 2-22 所示。

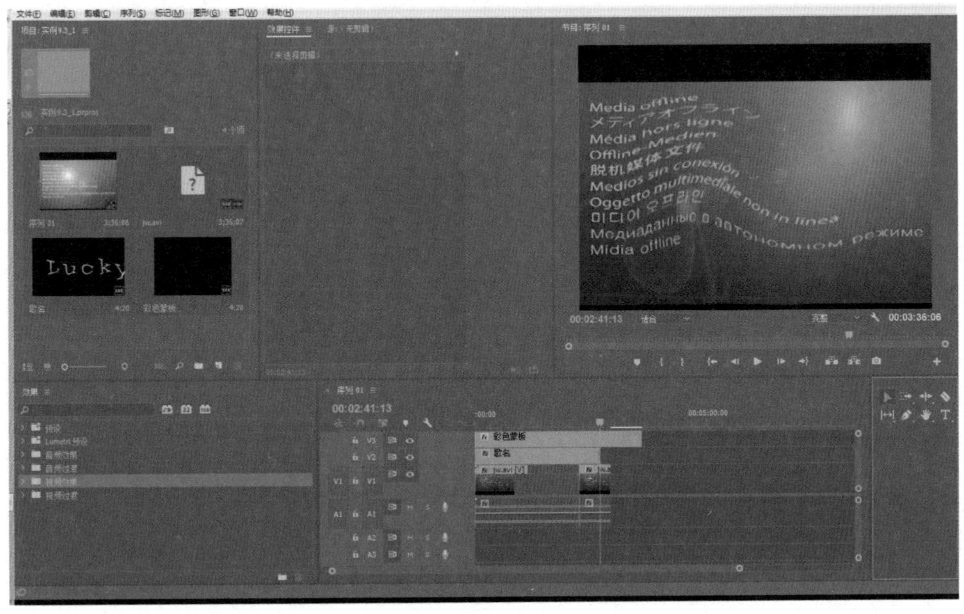

图 2-22

（4）选择“窗口\工作区\另存为新工作区”命令，对新工作区进行保存，如图 2-23 所示。

（5）在弹出的“新建工作区”对话框中输入工作区的名称，单击“确定”按钮进行保存，如图 2-24 所示。

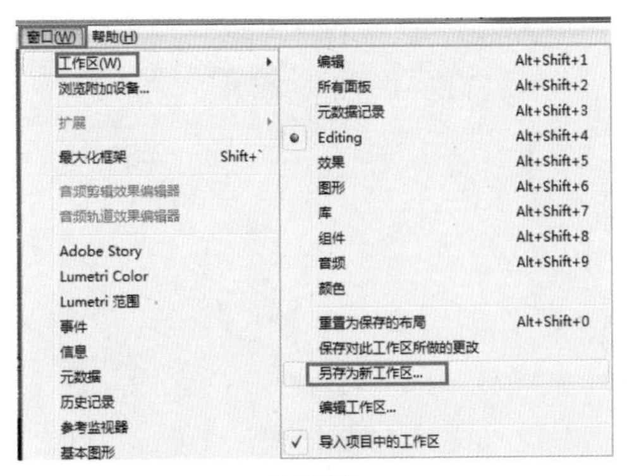

图 2-23

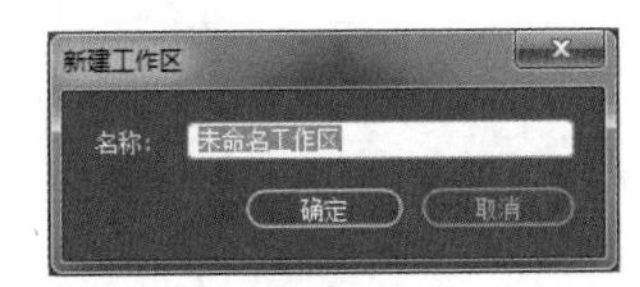

图 2-24

第3章 熟悉 Premiere 的基本操作

本章详细介绍Premiere的基本操作，其中包括“文件”菜单、“编辑”菜单、“剪辑”菜单、“序列”菜单、“标记”菜单等的介绍，以及各个菜单命令的主要用途。此外，本章还介绍了如何输出影片。通过本章的学习，读者会对 Premiere 有一个更深入的了解。

3.1 Premiere 基本工作流程

使用 Premiere 进行视频编辑前，需要先创建一个影片项目，然后对项目进行必要的设置，还可以根据需要设置键盘快捷键和系统基本参数，本节将介绍相关操作方法。

3.1.1 动手操练——创建项目

下面介绍 Premiere 的项目创建过程。

（1）启动 Premiere，进入“开始”页面，如图 3-1 所示。

（2）单击“新建项目”按钮，或者在 Premiere 主界面中选择“文件 \ 新建 \ 项目”命令，弹出“新建项目”对话框，如图 3-2 所示。

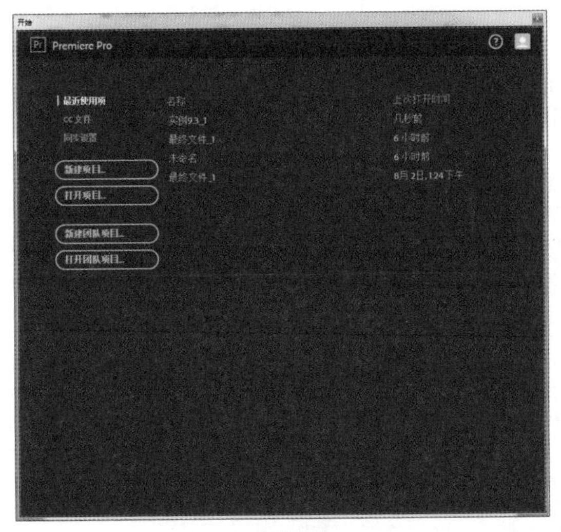

图 3-1

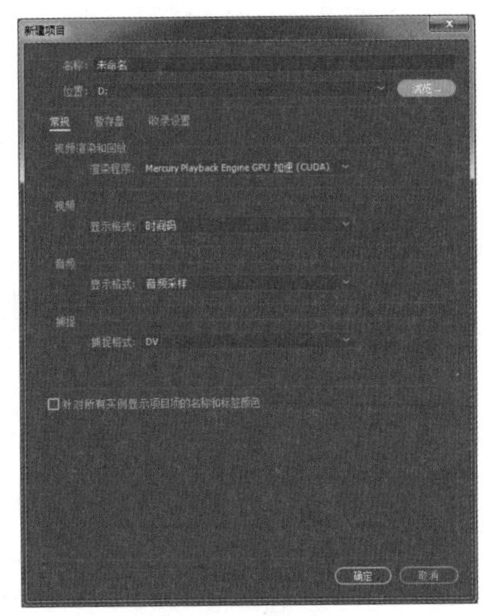

图 3-2

在“新建项目”对话框中选择“常规”选项卡，可以设置项目的基本参数，如字幕的安全区域、视频显示格式、音频显示格式和视频采集格式；选择“暂存盘”选项卡，可以设置保存所采集视频、音频的路径，以及进行视频和音频预演的路径，如图 3-3 所示。

系统默认的项目名称为“未命名”，可以根据需要在“名称”文本框中进行命名，命名后单击“确定”按钮。按【Ctrl+N】组合键，弹出“新建序列”对话框。该对话框由 4 个选项卡组成，分别为“序列预置”“设置”“轨道”和“VR 视频”，如图 3-4 所示。

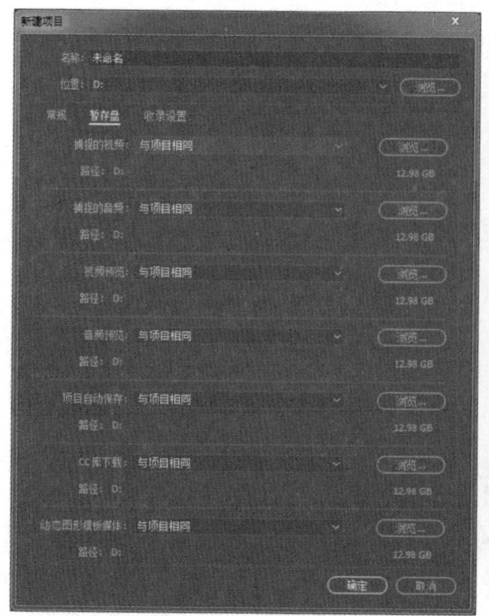

图 3-3

图 3-4

1.“序列预置”选项卡

在“序列预置”选项卡中，用户可以从系统预置的模式中设置项目的电视制式、视频的保存位置和名称等。每种预置项目中包括文件的压缩类型、视频尺寸、播放速度、音频模式等信息，而“序列预置”选项卡的右窗格中提供了每种预置方案的具体描述及视频尺寸、播放速度、音频模式等方面的信息。在预置方案中，“帧频”越大，合成影片所需的时间就越长，最终生成的影片就越大。

2.“设置”选项卡

在“设置”选项卡中，用户可以设置编辑模式和时间基准，视频的画面大小、像素纵横比、场、显示格式，以及音频的采样率和显示格式等，还可以设置视频预览文件的格式，如图 3-5 所示。

“设置”选项卡中各项参数的含义如下。

编辑模式：编辑模式是由“新建项目”对话框的“加载设置”选项中的参数设置决定的。使用“编辑模式”选项可以设置时间线播放方式和压缩设置。选择 DV 设置，编辑模式将自动设置为 DV NTSC 或者 DV PAL，如图 3-6 所示。

时基：决定每秒将被划分的时间段的数目，Premiere 将根据它来计算每个片段的精确时间位置，如图 3-7 所示。

帧大小：该参数用于设定在“时间线”面板中播放视频时的尺寸，单位为像素。预设项目的帧尺寸和视频片段的帧尺寸相符。较大的帧尺寸能够看到更多的细节，但需要更多的处理时间。

像素长宽比：该参数用于为单个像素设定宽高比，如图 3-8 所示。

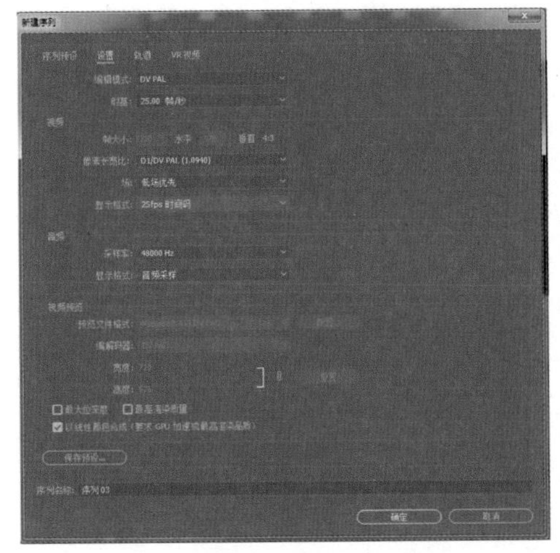

图 3-5

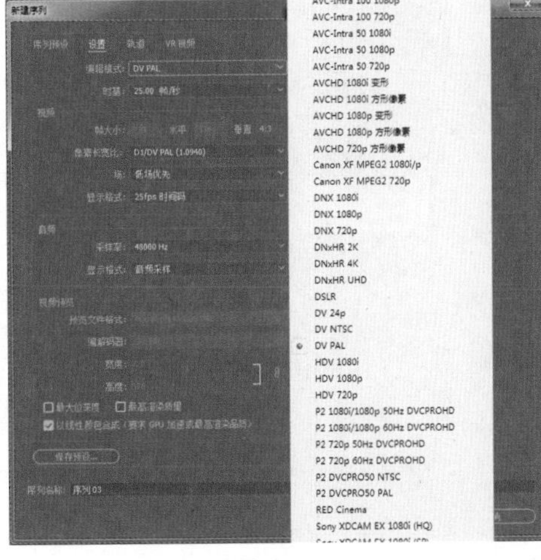

图 3-6

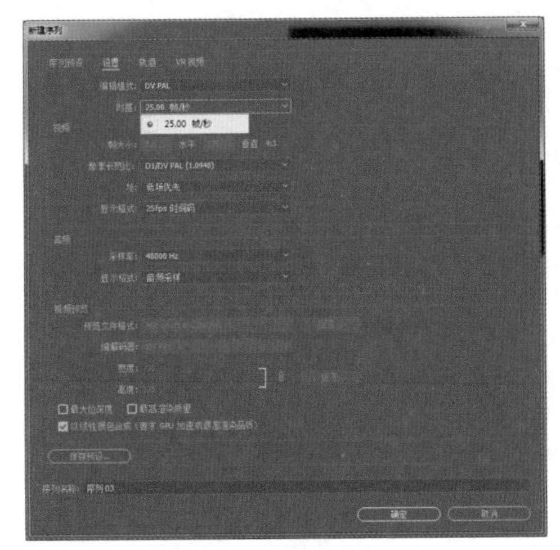

图 3-7

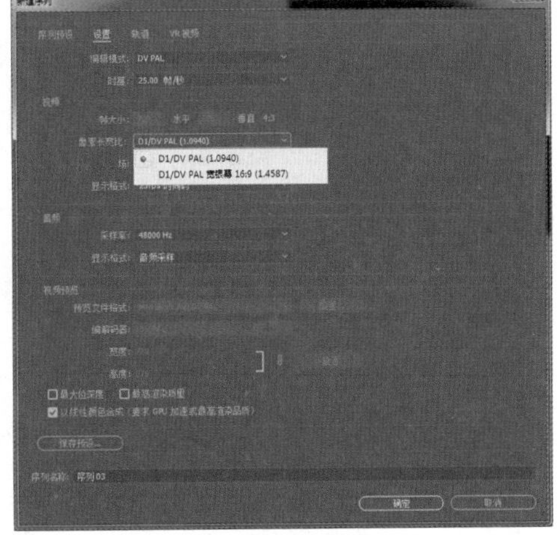

图 3-8

对于模拟视频、扫描图像和计算机生成的图形，选择“方形像素”选项，或者选择视频本身所使用的格式。如果选择了不同于视频本身的像素宽高比，在播放和渲染时视频可能会发生扭曲。

场：用于设置视频是采用“低场优先”“高场优先”还是“无场（逐行扫描）”模式，如图 3-9 所示。

显示格式：该参数用于设置 Premiere 所使用的帧数目，以及是否使用丢帧或不丢帧时间码，如图 3-10 所示。

采样率：该参数用于设置音频的采样率，采样率越高，提供的音质越好，一般将此设置保持为录制的值，如图 3-11 所示。

显示格式：该参数用于将音频单位设置为“毫秒”或“音频采样”，“音频采样”用于编辑最小增量，如图 3-12 所示。

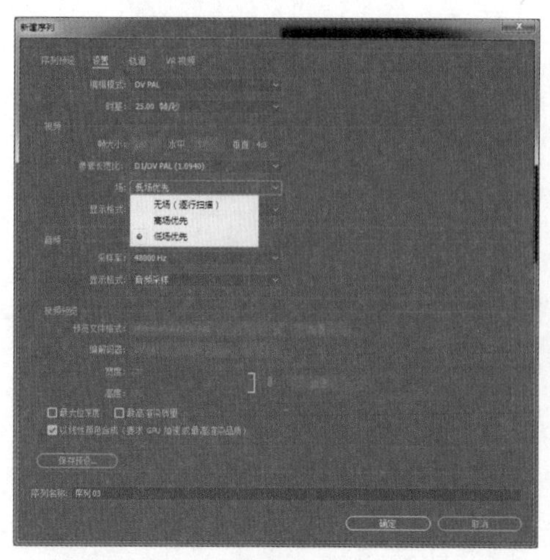

图 3-9

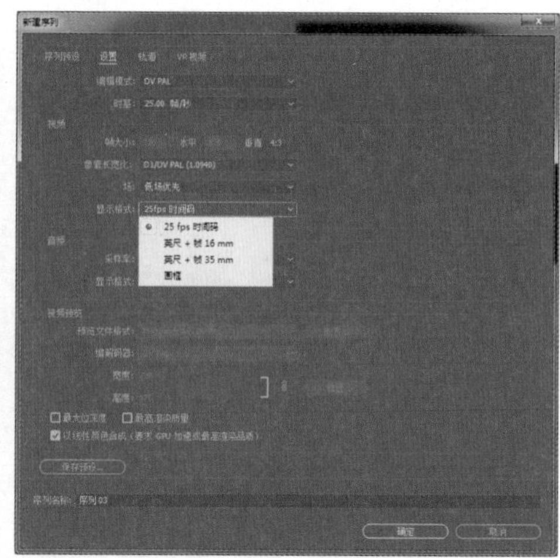

图 3-10

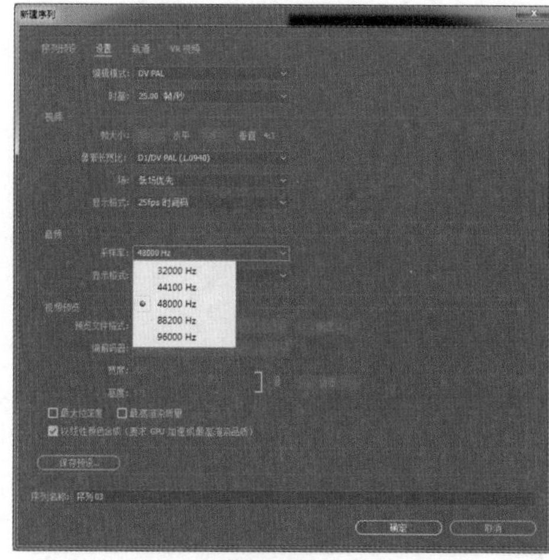
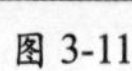

图 3-11

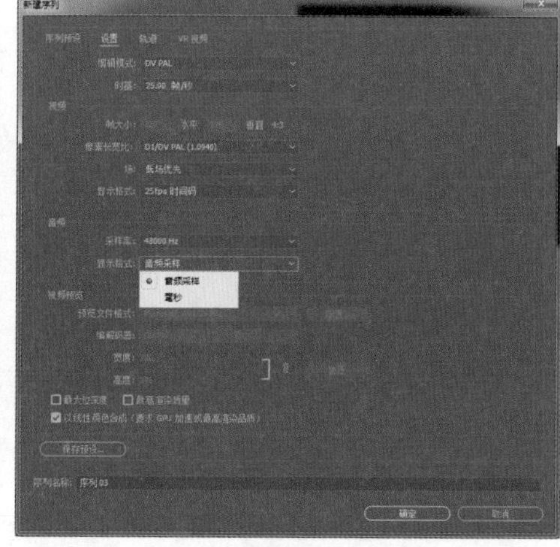

图 3-12

3.“轨道”选项卡

在“轨道”选项卡中，可以预设需要的视频轨道和音频轨道的数量，如图 3-13 所示。

设置好参数后还可以在“序列名称”文本框中输入一个序列名，然后单击“确定”按钮，即可进入 Premiere 的主界面。

4.“VR视频”选项卡

“VR 视频”选项卡用于左右眼的帧设置，本书没有涉及这方面的讲解，这里不再赘述。

3.1.2 动手操练——打开项目

在 Premiere 中打开某个项目的具体操作步骤如下。

（1）启动 Premiere，进入“开始”界面，单击“打开项目”按钮，如图 3-14 所示。

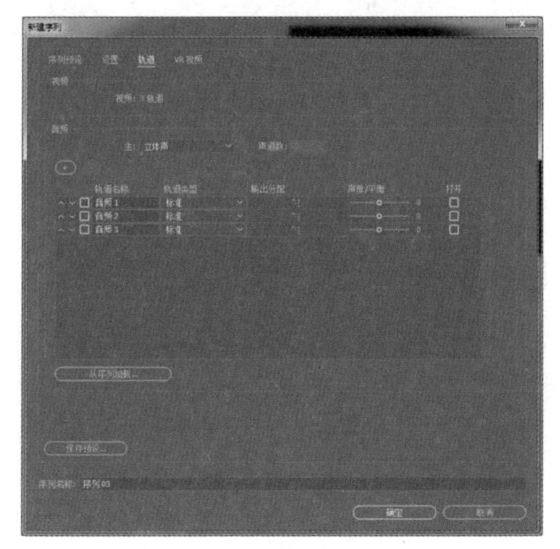

图 3-13

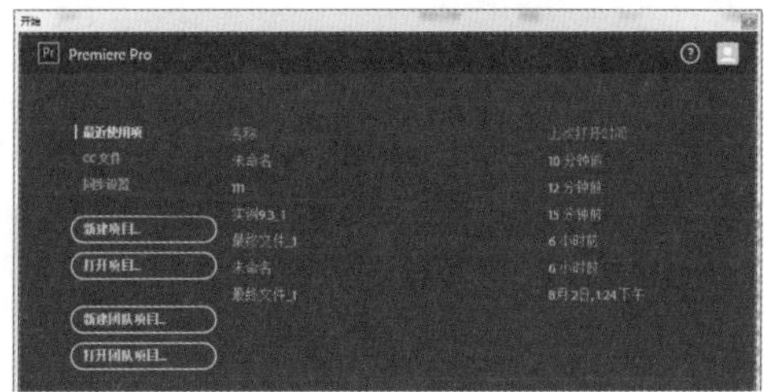

图 3-14

（2）弹出“打开项目”对话框，在其中可以选择并打开事先已经保存下来的项目文件（其扩展名为 .prproj），如图 3-15 所示。

（3）另外，在“开始”界面中还有一个“最近使用项”列表，只需单击其中的链接，即可快速打开相应的项目，如图 3-16 所示。

图 3-15

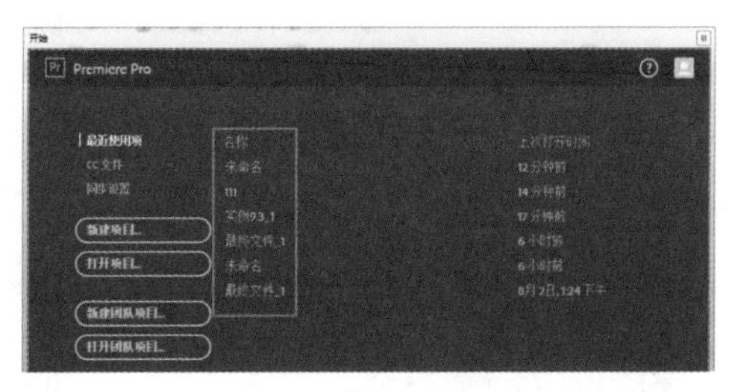

图 3-16

3.1.3 动手操练——新建序列

创建了新的项目后，紧接着要创建序列。默认情况下，在创建影片项目时会自动要求创建一个名为“序列 01”的序列，在“新建序列”对话框中显示“序列预设”选项卡。在“可用预置”列表框中可以选择一种合适的预置项目设置，右侧的“预设描述”列表框中会显示预置设置的相关信息，如图 3-17 所示。

如果对于预置的项目设置不满意，可以选择“设置”选项卡，在其中进行自定义设置，如图 3-18 所示。

图 3-17

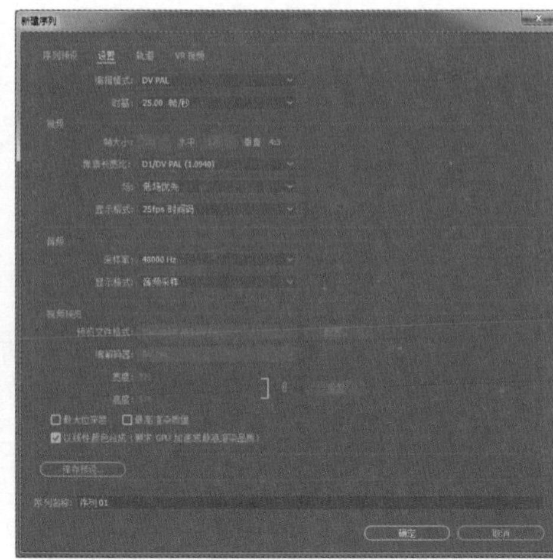

图 3-18

另外，还可以根据影片表现的需要在同一项目中创建多个序列。只需在“项目”面板中右击，在弹出的快捷菜单中选择“从剪辑新建序列”命令，如图 3-19 所示，或者从菜单栏中选择“文件 \ 新建 \ 序列”命令，都将弹出“新建序列”对话框，并设置自定义的序列参数。

设置好序列参数后单击“确定”按钮，即可以同时在“项目”面板和“时间线”面板中看到新创建的序列，如图 3-20 所示。

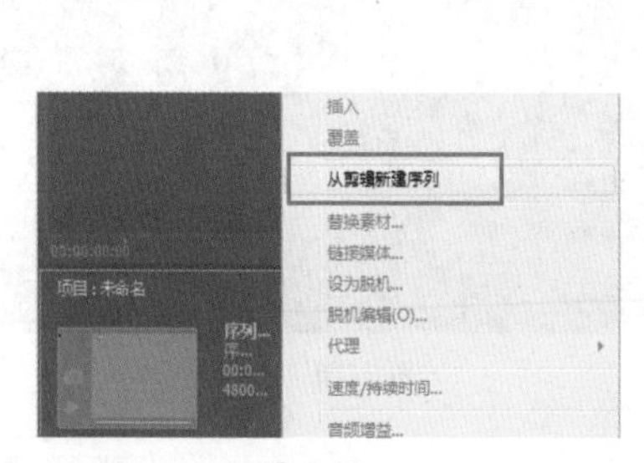

图 3-19

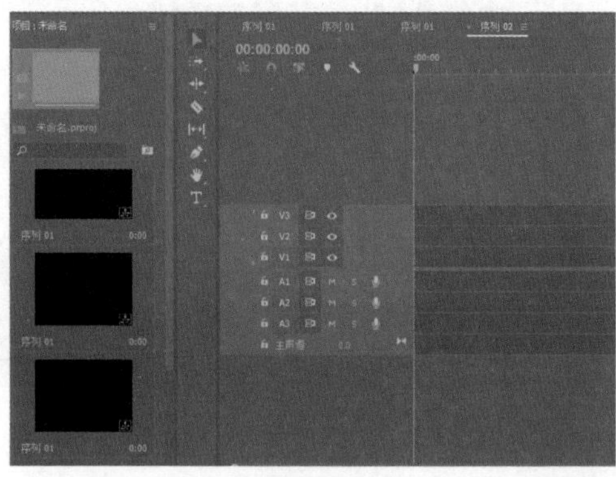

图 3-20

3.1.4 动手操练——保存项目

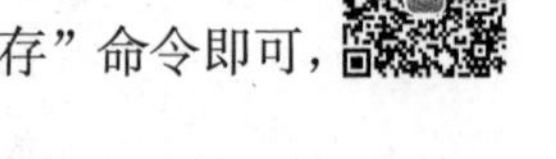

要保存已编辑过的项目，只需在菜单栏中选择“文件 \ 保存”命令即可，如图 3-21 所示。

使用“暂存盘”功能可以设置编辑时 Premiere 所使用的各种文件的默认磁盘，包括采集视频、采集音频、视频预览等。要设置特定的磁盘和文件夹，可以选择“文件 \ 项目设置 \ 暂存盘”命令，在弹出的对话框中可以设置要使用的存储设备和文件夹，如图 3-22 所示。

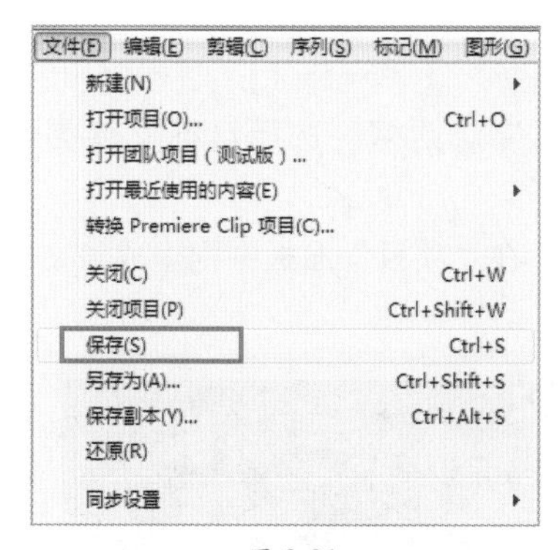

图 3-21

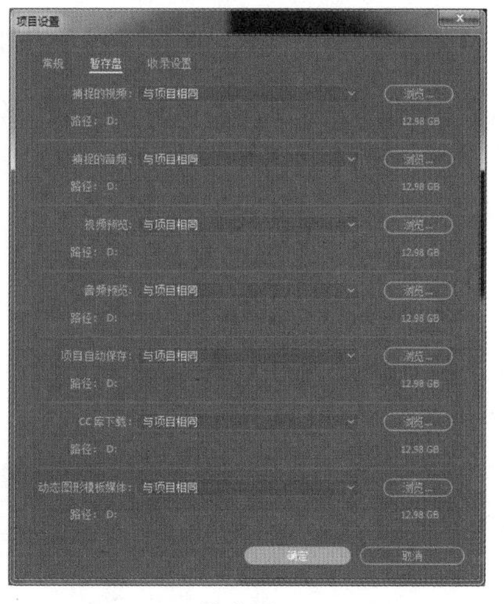

图 3-22

3.2 素材导入

在使用 Premiere 制作项目文件时，素材文件是必不可少的， Premiere 支持导入多种格式的视频、音频和静态图片文件。

3.2.1 动手操练——导入视频素材

Premiere 可以导入多种视频格式，如 AVI、MOV、MP4 等，具体操作步骤如下。

（1）选择“文件 \ 导入”命令，弹出“导入”对话框，如图 3-23 所示。

（2）在“导入”对话框中选择目标文件夹中的“C4D 电商产品动态课 0.mp4”文件，单击“打开”按钮，即可将该素材导入，在“项目”面板中可以看到该文件，如图 3-24 所示。

图 3-23

图 3-24

3.2.2 动手操练——导入音频素材

Premiere 支持使用 CD 音频文件（CDA），但在导入前，需要先将其转化为软件所支持的文件格式，如 WAV 音频文件。 Premiere 支持导入 WAV 和 MP3 格式的音频文件，具体操作步骤如下。

（1）选择“文件 \ 导入”命令，弹出“导入”对话框，选择目标文件夹中的 Monica.mp3 文件，如图 3-25 所示。

（2）单击“打开”按钮，即可将该素材导入，在“项目”面板中则生成该文件，如图 3-26 所示。

图 3-25

图 3-26

3.2.3 动手操练——导入静止图片素材

Premiere 支持导入小于 4096×4096 像素的静止图片，并且支持多种文件格式，如 BMP、JPG、PNG、TIF、PSD、AI 等，本节以 JPG 格式和 PSD 格式的文件为例进行讲解。

（1）选择“文件 \ 导入”命令，弹出“导入”对话框，选择目标文件夹中的 10bbe*.jpg 格式文件，如图 3-27 所示。

（2）单击“打开”按钮，即可将该素材导入，在“项目”面板中则生成该文件，如图 3-28 所示。

图 3-27

图 3-28

（3）重复同样的步骤，选择一个 PSD 格式的文件“作品包装模板 .psd”，如图 3-29 所示。

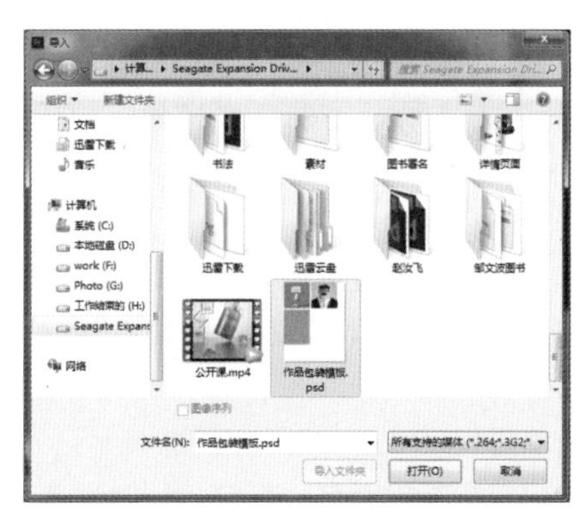

图 3-29

（4）单击“打开”按钮，因为此次导入的是 PSD 文件，因此系统弹出“导入分层文件”对话框，在其中可以选用“合并所有图层”方式导入，也可以选择“各个图层”选项进行分层导入，如图 3-30 所示。

（5）单击“确定”按钮，在“项目”面板中则生成这些文件的预览，如图 3-31 所示。

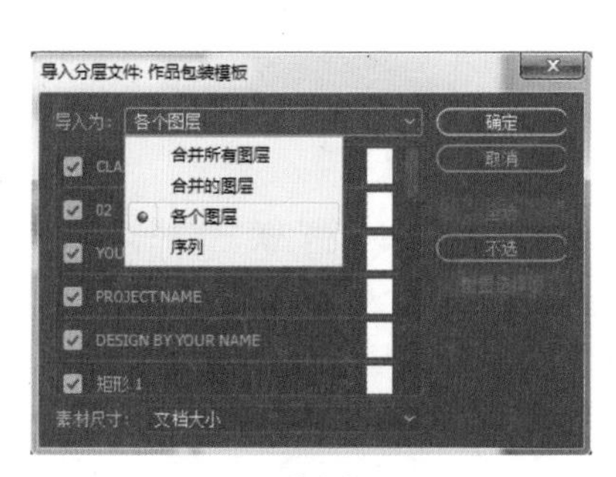

图 3-30

图 3-31

3.3 主菜单栏简介

Premiere 菜单栏中包含了 8 个菜单，分别为文件、编辑、剪辑、序列、标记、图形、窗口和帮助，如图 3-32 所示。

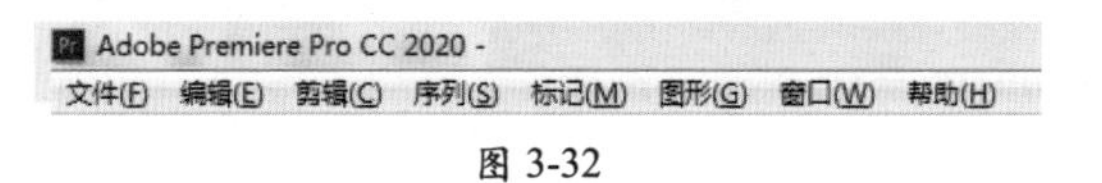

图 3-32

3.3.1 “文件”菜单

“文件”菜单主要用于对项目文件进行管理，如新建、打开、保存、导出等，另外还可用于采集外部视频素材，具体的菜单命令介绍如下。

新建：用于创建一个新的项目、序列、素材箱、脱机文件、字幕、彩条和通用倒计时片头等。

打开项目：用于打开已经存在的项目。

打开最近使用的内容：用于打开最近编辑过的 10 个项目。

关闭项目：用于关闭当前打开的项目，但不退出软件。

关闭：用于关闭当前选择的面板。

保存：用于保存当前项目。

另存为：用于将当前项目进行重命名并保存，同时进入新文件编辑环境中。

保存副本：用于为当前项目存储一个副本，存储副本后仍处于原文件的编辑环境中。

还原：用于将最近依次编辑的文件或者项目恢复原状，即返回到上次保存过的项目状态。

同步设置：用于让用户将常规首选项、键盘快捷键、预设和库同步到 Creative Cloud。

捕捉：用于通过外部的捕获设备获得视频 / 音频素材及采集素材。

批量捕捉：用于通过外部的捕获设备批量地捕获视频 / 音频素材，以及批量采集素材。

Adobe Dynamic Link：新建一个连接到 Premiere 项目的 Encore 合成或链接到 After Effects。

Adobe Story：可让用户导入在 Adobe Story 中创建的脚本及关联元数据。

从媒体浏览器导入：用于将从媒体浏览器选择的文件输入“项目”面板中。

导入：用于将硬盘上的多媒体文件输入“项目”面板中。

导入批处理列表：将批量列表导入“项目”面板中。

导入最近使用的文件：用于直接将最近编辑过的素材输入“项目”面板中，不弹出“导入”对话框，方便用户更快更准地输入素材。

导出：用于将工作区域范围中的内容输出成视频。

获取属性：用于获取文件的属性或者选择内容的属性，它包括两个命令：一个是文件，一个是选择。

项目设置：包括常规和暂存盘两个命令，用于设置视频影片、时间基准和时间显示，显示视频和音频设置，提供了用于采集音频和视频的设置及路径。

项目管理：打开“项目管理器”，可以创建项目的修整版本。

退出：退出 Premiere 系统，关闭程序。

3.3.2 “编辑”菜单

“编辑”菜单中主要包括一些常用的基本编辑功能，如撤销、重做、复制、粘贴、查找等。另外还包括Premiere中特有的影视编辑功能，如波纹删除、编辑源素材、标签等，具体的菜单命令介绍如下。

撤销：撤销上一步操作。

重做：该命令与撤销是相对的，它只有在使用了“撤销”命令之后才被激活，可以取消撤销操作。

剪切：用于将选中的内容剪切掉，然后粘贴到指定的位置。

复制：用于将选中的内容复制一份，然后粘贴到指定的位置。

粘贴：与“剪切”命令或“复制”命令配合使用，用于将剪切或复制的内容粘贴到指定的位置。

粘贴插入：用于将复制或剪切的内容在指定位置以插入的方式进行粘贴。

粘贴属性：用于将其他素材片段上的一些属性粘贴到选中的素材片段上，这些属性包括过渡特效、运动效果等。

清除：用于删除选中的内容。

波纹删除：用于删除选定素材且不让轨道中留下空白间隙。

重复：用于复制“项目”面板中的素材。只有选中“项目”面板中的素材时，该命令才可用。

全选：用于选择当前面板中的全部内容。

选择所有匹配项：用于选择“时间线”面板中的多个源自同一个素材的素材片段。

取消全选：用于取消所有选择状态。

查找：用于在“项目”面板中查找定位素材。

标签：用于改变“时间线”面板中素材片段的颜色。

移除未使用资源：用于快速删除“项目”面板中未使用的素材。

编辑原始：用于将选中的素材在外部程序软件中进行编辑，如Photoshop等软件。

在Adobe Audition中编辑：将音频文件导入Adobe Audition中进行编辑。

在Adobe Photoshop中编辑：将图片素材导入Adobe Photoshop中进行编辑。

快捷键：用于指定键盘快捷键。

首选项：用于设置Premiere系统的一些基本参数，包括综合、音频、音频硬件、自动存盘、采集、设备管理、同步设置和字幕等。

3.3.3 “剪辑”菜单

“剪辑”菜单主要用于对“项目”面板或“时间线”面板中的各种素材进行编辑处理，具体的菜单命令介绍如下。

重命名：用于对“项目”面板中的素材和“时间线”面板中的素材片段进行重

新命名。

制作子剪辑：根据在“源”监视器面板中编辑的素材创建附加素材。

编辑子剪辑：编辑附加素材的入点和出点。

编辑脱机：进行脱机编辑素材。

源设置：对素材源对象进行设置。

修改：用于修改音频的声道或者时间码，还可以查看或修改素材的信息。

视频选项：用于设置帧定格、场选项、帧混合或者缩放为帧大小。

音频选项：用于设置音频增益、拆分为单声道、渲染和替换或者提取音频。

速度 / 持续时间：设置速度或持续时间。

捕捉设置：可以设置捕捉素材的相关参数。

插入：将素材插入到“时间线”面板中的当前时间指示处。

覆盖：将素材放置在当前时间指示处，覆盖已有的素材片段。

替换素材：使用磁盘上的文件替换时间线中的素材。

替换为剪辑：用在“源”监视器面板中编辑的素材或者素材库中的素材替换“时间线”面板中已选中的素材片段。

自动匹配序列：快速组合粗剪或将剪辑添加到现有序列中。

启用：激活或禁用“时间线”面板中的素材。禁用的素材不会显示在“节目”监视器面板中，也不能被导出。

链接：链接不同轨道的素材，方便一起编辑。

编组：将“时间线”面板中的素材放在一组中，以便整体操作。

取消编组：取消素材的编组。

同步：根据素材的起点、终点或时间码在“时间线”面板中排列素材。

合并剪辑：将“时间线”面板中的一段视频和音频合并为一个剪辑，添加到素材库中，并不影响“时间线”面板中原来的编辑状态。

嵌套：可以将源序列编辑到其他序列中，同时保持原始源剪辑和轨道布局完整。

创建多机位源序列：将具有通用入点 / 出点或重叠时间码的剪辑合并为一个多机位序列。

多机位：会在“节目”监视器面板中显示多机位编辑界面。用户可以在使用多个摄像机从不同角度拍摄的剪辑中或在特定场景的不同镜头中，创建立即可编辑的序列。

3.3.4 “序列”菜单

在“序列”菜单中，可以渲染并查看素材，也能更改“时间线”面板中的视频和音频轨道数，具体的菜单命令介绍如下。

序列设置：可以弹出“序列设置”对话框，对序列参数进行设置。

渲染入点到出点的效果：渲染工作区域内的效果，创建工作区预览，并将预览文件保存在磁盘上。

渲染入点到出点：渲染整个工作区域，并将预览文件保存在磁盘上。

渲染选择项：渲染“时间线”面板中选择的部分素材，并将预览文件保存在磁盘上。

渲染音频：只渲染工作区域的音频文件。

删除渲染文件：删除磁盘上的渲染文件。

删除入点到出点的渲染文件：删除工作区域内的渲染文件。

匹配帧：匹配“源”监视器和“节目”监视器面板中的帧。

添加编辑：拆分剪辑，相当于剃刀工具。

添加编辑到所有轨道：拆分时间指示处的所有轨道上的剪辑。

修剪编辑：对已编入序列的剪辑入点和出点进行调整。

将所选编辑点扩展到播放指示器：将最接近播放指示器的选定编辑点移动到播放指示器的位置，与滚动编辑非常相似。

应用视频过渡：在两段素材之间的当前时间指示处添加默认视频过渡效果。

应用音频过渡：在两段素材之间的当前时间指示处添加默认音频过渡效果。

应用默认过渡到选择项：将默认的过渡效果应用到所选择的素材对象上。

提升：剪切在“节目”监视器面板中设置入点到出点的 V1 和 A1 轨道中的帧，并在“时间线”面板中保留空白间隙。

提取：剪切在“节目”监视器面板中设置入点到出点的帧，并不在“时间线”面板中保留空白间隙。

放大：放大“时间线”面板。

缩小：缩小“时间线”面板。

转到间隔：跳转到序列中的某一段间隔。

对齐：对齐到素材边缘。

标准化主轨道：对主音轨道进行标准化设置。

添加轨道：在“时间线”面板中添加轨道。

删除轨道：从“时间线”面板中删除轨道。

3.3.5 “标记”菜单

“标记”菜单中主要包括添加和删除各类标记点选项，具体的菜单命令介绍如下。

标记入点：在时间指示处添加入点标记。

标记出点：在时间指示处添加出点标记。

标记剪辑：设置与剪辑入点和出点匹配的序列入点和出点。

标记选择项：设置序列入点和出点将与选择项的入点和出点匹配。

清除入点：清除素材的入点。

清除出点：清除素材的出点。

清除入点和出点：清除素材的入点和出点。

添加标记：在子菜单的指定处设置一个标记。

转到下一标记：跳转到素材的下一个标记。

转到上一标记：跳转到素材的上一个标记。

清除所选标记：清除素材上的指定标记。

清除所有标记：清除素材上的所有标记。

编辑标记：编辑当前标记的时间及类型等。

添加章节标记：为素材添加章节标记。

添加 Flash 提示标记：为素材添加 Flash 提示点标记。

3.3.6 “图形”菜单

与 Photoshop 中的图层相似，Premiere 中的图形对象可以包含文本、形状和剪辑图层。序列中的单个图形轨道项内可以包含多个图层。当用户创建新图层时，时间线中会添加包含该图层的图形剪辑，且剪辑的开头位于播放指示器所在的位置。具体的菜单命令介绍如下。

从 Adobe Fonts 添加字体：可进入关联网站激活各类新字体。

安装动态图形模板：动态图形模板是一种可在 After Effects 或 Premiere 中创建的文件类型（.mogrt），用户除了可以将计算机中的动态图形模板添加至 Premiere 项目，还可以在 Premiere 中创建字幕和图形，并将它们导出为动态图形模板，以供将来重复使用或共享。

新建图层：用户可选择新建文本、直排文本、矩形和椭圆等对象图层。

对齐 / 排列：可对选中的图层对象进行对齐和排列操作。

选择：通过命令选择图形对象或图层。

替换项目中的字体：如果图形对象包含多个文本图层，且决定要更改字体，则可以通过“替换项目中的字体”命令来同时更改所有图层的字体。

3.3.7 “窗口”菜单

“窗口”菜单中包含了 Premiere 的所有窗口和面板，可以随意打开或关闭任意面板，也可以恢复到默认面板，具体的菜单命令介绍如下。

工作区：在子菜单中，可以选择需要的工作区布局进行切换，并可对工作区进行重置或管理。

扩展：在子菜单中，可以选择打开 Premiere 的扩展程序，列入默认的 Adobe Exchange 在线资源下载与信息查询辅助程序。

最大化框架：切换当前关注面板的最大化显示状态。

音频剪辑效果编辑器：用于打开或关闭“音频剪辑效果编辑器”面板。

音频轨道效果编辑器：用于打开或关闭“音频轨道效果编辑器”面板。

Adobe Story：用于启动 Adobe Story 程序的登录界面，输入用户的 Adobe ID 进行联网登录。

事件：用于打开或关闭“事件”面板，查看或管理影片序列中设置的事件动作。

信息：用于打开或关闭“信息”面板，查看当前所选素材剪辑的属性、序列中当前时间指针的位置等信息。

元数据：用于打开或关闭“元数据”面板，可以对所选素材剪辑、采集捕捉的磁带视频、嵌入的 Adobe Story 脚本等内容进行详细的数据查看和添加注释等。

历史记录：用于打开或关闭“历史记录”面板，查看完整的操作记录，或根据需要返回到之前某一步骤的编辑状态。

“参考”监视器：用于打开或关闭“参考”监视器面板，在其中可以选择显示影片当前位置的色彩通道变化。

媒体浏览器：用于打开或关闭“媒体浏览器”面板，查看本地硬盘或网络驱动器中的素材资源，并可以将需要的素材文件导入到项目中。

字幕：用于打开或关闭“字幕”面板。

字幕动作 / 属性 / 工具 / 样式 / 设计器：用于打开“字幕设计器”面板并激活“动作”/“属性”/“工具”/“样式”面板，可以方便快速地对当前序列中所选中的字幕剪辑进行编辑。

工具：用于激活“工具”面板。

捕捉：用于打开或关闭“捕捉”面板。

效果：用于打开或关闭“效果”面板，可以选择需要的效果添加到轨道中的素材剪辑上。

效果控件：用于打开或关闭“效果控件”面板，可以对素材剪辑的基本属性及添加到素材上的效果参数进行设置。

时间码：用于打开或关闭“时间码”面板，可以独立地显示当前工作面板中的时间指针位置；也可以根据需要调整面板的大小，更加醒目直观地查看当前时间位置。

时间线：在子菜单中可以切换当前“时间线”面板中要显示的序列。

标记：用于打开或关闭“标记”面板，可以查看当前工作序列中所有标记的时间位置、持续时间、入点画面等，还可以根据需要为标记添加注释内容。

“源”监视器：用于打开或关闭“源”监视器面板。

编辑到磁带：当计算机连接了可以将硬盘输出到磁带的硬件设备时，可通过“编辑到磁带”面板，对要输出硬盘的时间区间、写入磁带的类型选项等进行设置。

“节目”监视器：在子菜单中，可以切换当前“节目”监视器面板中要显示的序列。

3.3.8 “帮助”菜单

“帮助”菜单中包含了程序应用的帮助命令、支持中心和产品改进计划等命令。

在“帮助”菜单中选择 Premiere 帮助”命令，可以跳转到帮助页面，然后自行选择或搜索某个主题进行学习。

3.4 输出影片

影片编辑完成后，若要得到便于分享和随时观看的视频，需要将 Premiere 中的剪辑进行输出。通过 Premiere 自带的输出功能，可以将影片输出为各种格式，以便分享到网上与朋友共同观赏。

3.4.1 影片的输出类型

Premiere 提供了多种输出选择，用户可以将剪辑输出为不同类型的影片，以满足不同的观看需要，还可以与其他编辑软件进行数据交换。

执行“文件\导出”命令，在打开的子菜单中包含了 Premiere 所支持的输出类型，如图 3-33 所示。

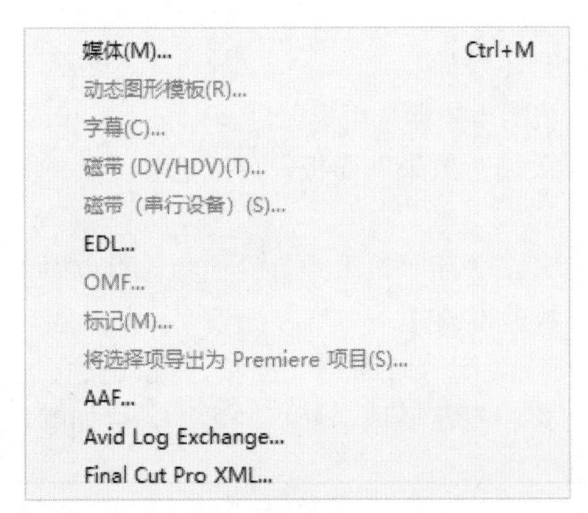

图 3-33

各个主要命令的介绍如下。

媒体（M）：选择该命令，将弹出“导出设置”对话框，如图 3-34 所示，在其中可以进行各种格式的媒体输出设置和操作。

字幕（C）：用于单独输出在 Premiere 软件中创建的字幕文件。

磁带（DV/HDV）（T）：选择该命令，可以将完成的影片直接输出到专业录像设备的磁带上。

EDL（编辑决策列表）：选择该命令，将弹出“EDL 导出设置”对话框，如图 3-35 所示，在其中进行设置并输出一个描述剪辑过程的数据文件，可以导入到其他的编辑软件中进行编辑。

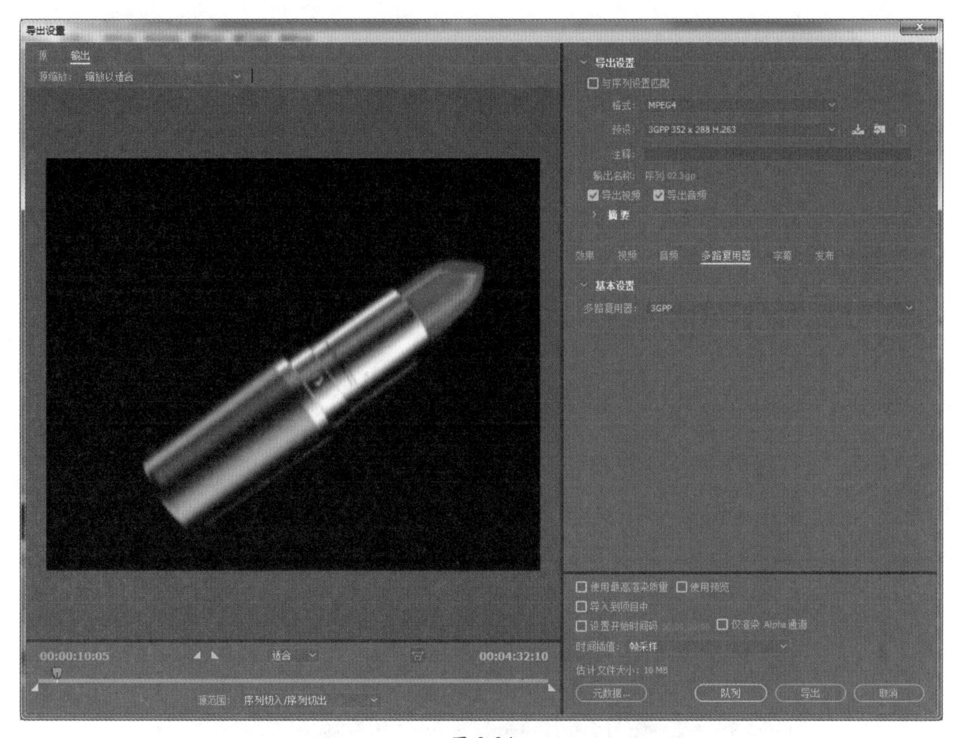

图 3-34

图 3-35

OMF（公开媒体框架）：可以将序列中所有激活的音频轨道输出为 OMF 格式，再导入其他软件中继续编辑润色。

AAF（高级制作格式）：将影片输出为 AAF 格式，该格式支持多平台、多系统的编辑软件，是一种高级制作格式。

Final Cut Pro XML（Final Cut Pro 交换文件）：用于将剪辑数据转移到 Final Cut Pro 剪辑软件上继续进行编辑。

3.4.2 输出参数设置

决定影片质量的因素有很多，如编辑时所使用的图形压缩类型、输出的帧速率、播放影片的计算机系统速度等。输出影片之前，需要在“导出设置”对话框中对导出影片的质量进行参数设置，不同的参数设置所输出的影片效果也有较大的差别。

选择需要输出的序列文件，执行“文件\导出\媒体”命令（快捷键为【Ctrl+M】），弹出“导出设置”对话框，如图 3-36 所示。

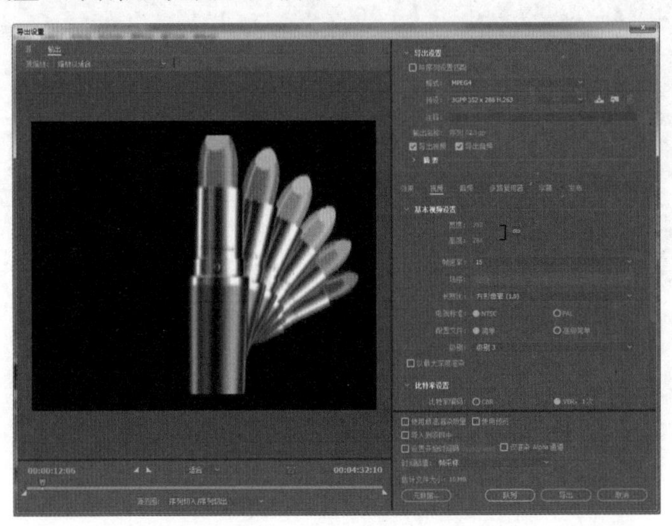

图 3-36

各主要参数介绍如下。

与序列设置匹配：选择该复选框，会将输出设置匹配到序列的参数设置。

格式：在右侧的下拉列表中可以选择影片输出的格式。

预设：用于设置输出影片的制式。

输出名称：用于设置输出影片的名称。

导出视频：默认为选中状态，如果取消选择该复选框，则表示不输出该影片的图像画面。

导出音频：默认为选中状态，如果取消选择该复选框，则表示不输出该影片的声音。

摘要：在其中会显示输出路径、名称、尺寸、质量等信息。

“视频”选项卡：主要用于设置输出视频的编码器和质量、尺寸、帧速率、长宽比等基本参数。

“音频”选项卡：主要用于设置输出音频的编码器、采样率、声道、样本大小等参数。

使用最高渲染质量：选择该复选框，将使用软件默认的最高质量参数进行影片输出。

导出：单击该按钮，开始进行影片输出。

3.4.3 动手操练——输出单帧图像

在 Premiere 中，可以选择影片序列的任意一帧，将其输出为一张静态图片。下面介绍输出单帧图像的具体操作方法。

（1）启动 Premiere 软件，按【Ctrl+O】组合键，打开本书提供的“口红广告 .prproj”文件。进入工作界面后，可以看到“时间线”面板中已经添加好的一段视频素材，如图 3-37 所示。

（2）在“时间线”面板中，选择时间线上的 MP4 素材，然后将时间线移动到想要的位置（即确定要输出的单帧图像画面所处的时间点），如图 3-38 所示。

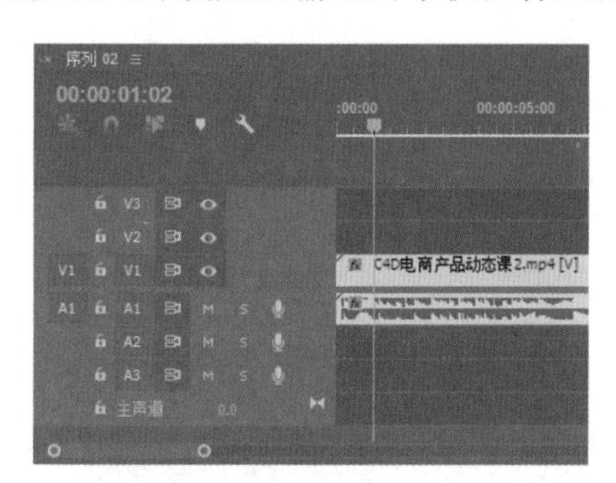

图 3-37

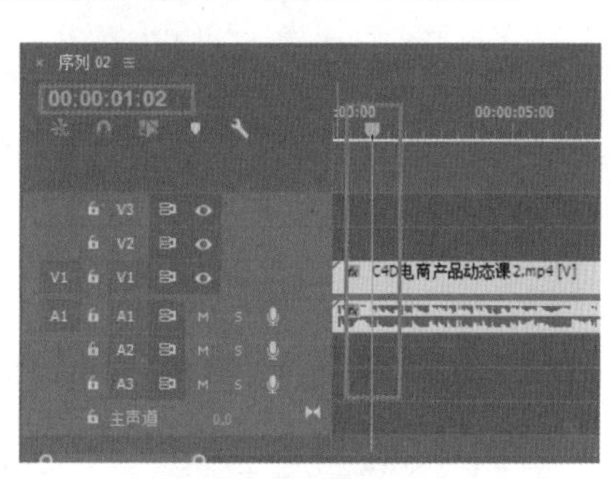

图 3-38

（3）执行“文件 \ 导出 \ 媒体”命令，或按【Ctrl+M】组合键，弹出“导出设置”对话框，如图 3-39 所示。

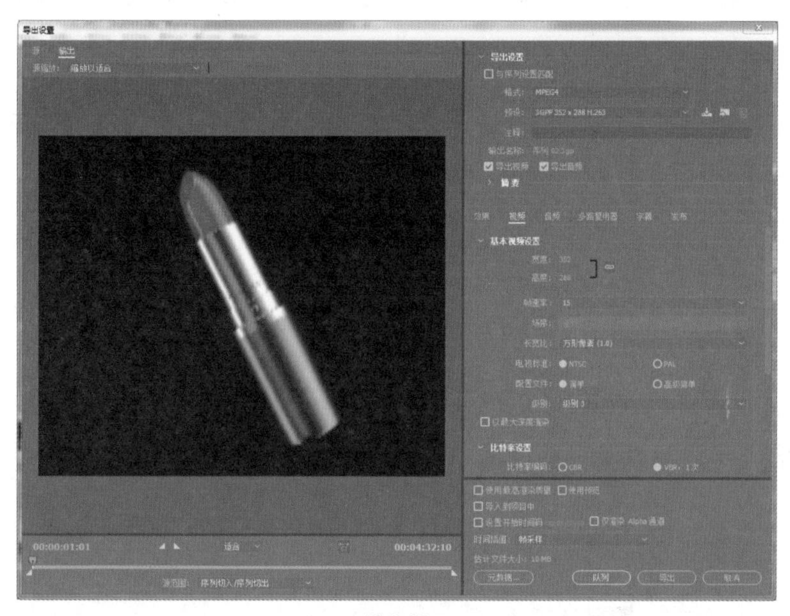

图 3-39

（4）单击“格式”下拉按钮，在打开的下拉列表中选择 JPEG 格式，然后单击“输出名称”右侧的文字，在弹出的“另存为”对话框中为输出文件设置名称及存储路径，如图 3-40 和图 3-41 所示。

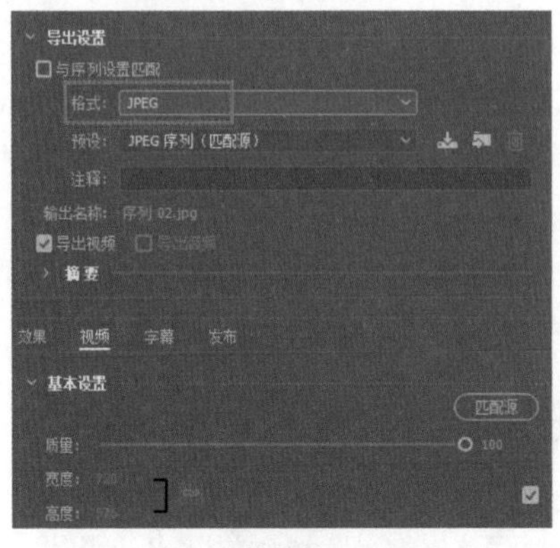

图 3-40

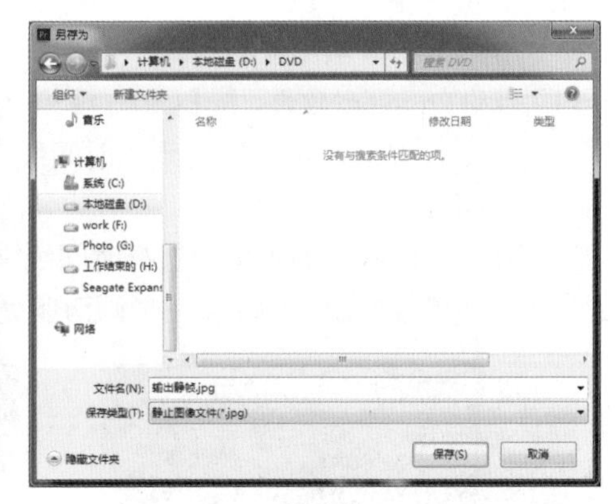

图 3-41

（5）在“视频”选项卡中，取消选择“导出为序列”复选框，如图 3-42 所示。单击“导出设置”对话框底部的“导出”按钮，如图 3-43 所示。

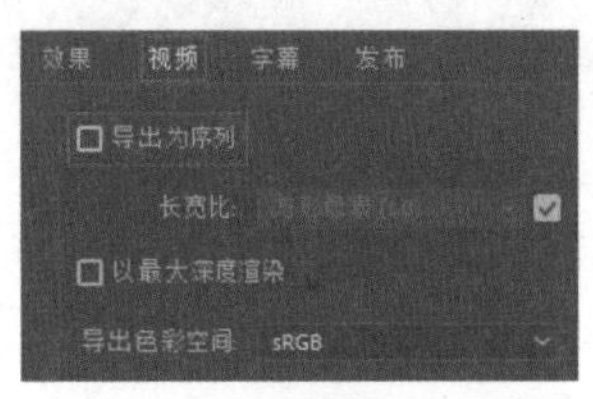

图 3-42

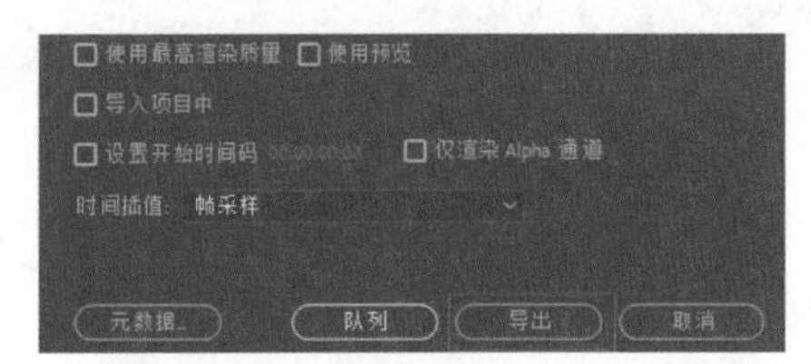

图 3-43

（6）在上述步骤中，若设置格式后不取消选择“导出为序列”复选框，那么最终在存储文件夹中将导出连串序列图像，而不是单帧序列图像。完成上述操作后，可在设置的计算机存储文件夹中找到输出的单帧图像文件，如图 3-44 所示。

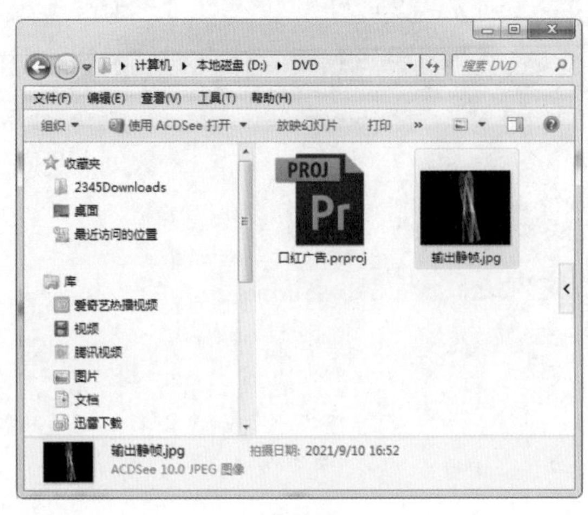

图 3-44

3.4.4 动手操练——输出序列文件

Premiere 可以将编辑完成的影片输出为一组带有序列号的序列图片，下面介绍输出序列图片的具体操作方法。

（1）启动 Premiere 软件，按【Ctrl+O】组合键，打开本书提供的“口红广告 .prproj”文件。在“时间线”面板中选择视频素材，并将时间线移动到素材起始位置，如图 3-45 所示。

（2）执行“文件 \ 导出 \ 媒体”命令，或按【Ctrl+M】组合键，弹出“导出设置”对话框。单击“格式”下拉按钮，在打开的下拉列表中选择 JPEG 格式，也可以选择 PNG、Targa 或 TIFF 等格式，如图 3-46 所示。

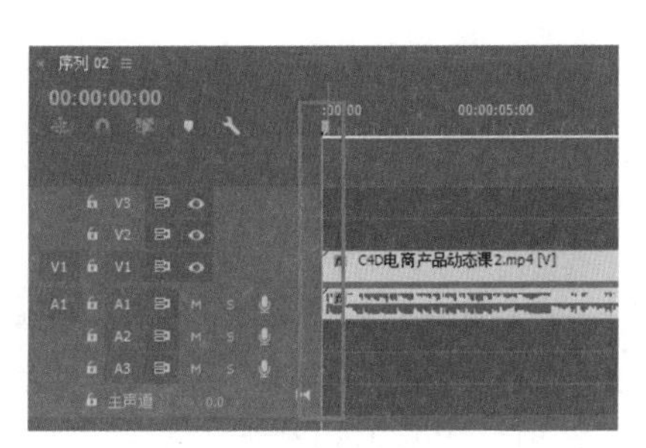

图 3-45

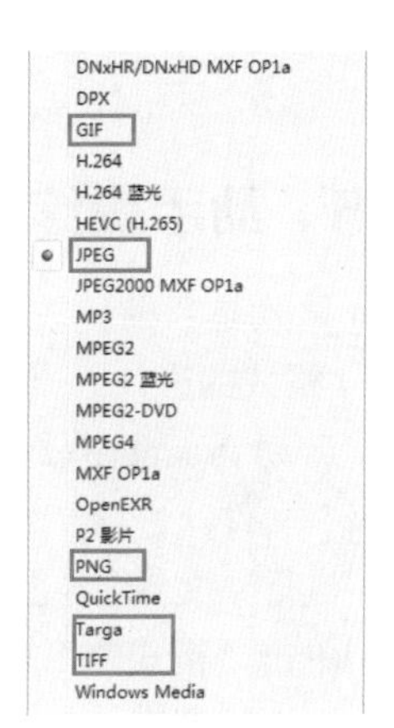

图 3-46

（3）单击“输出名称”右侧的文字，在弹出的“另存为”对话框中为输出文件设置名称及存储路径，如图 3-47 所示，完成后单击“保存”按钮。

（4）在“视频”选项卡中选择“导出为序列”复选框，如图 3-48 所示。

图 3-47

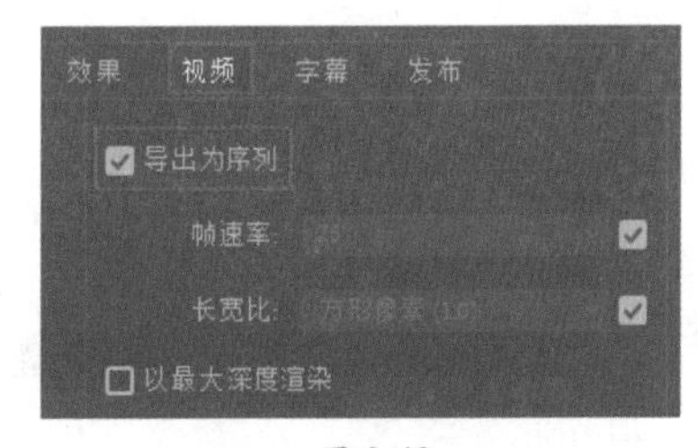

图 3-48

（5）完成上述操作后，单击“导出设置”对话框底部的“导出”按钮，导出完成后，可在设置的计算机存储文件夹中找到输出的序列图像文件，如图 3-49 所示。

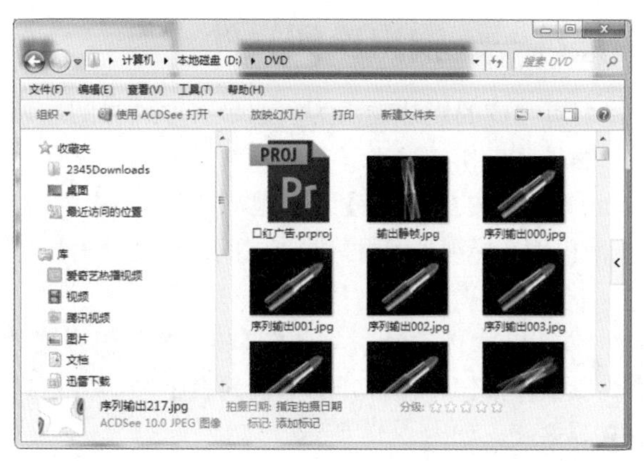

图 3-49

3.4.5 动手操练——输出 MP4 格式影片

MP4 格式是目前比较主流且常用的一种视频格式，下面介绍如何在 Premiere 中输出 MP4 格式的影片。

（1）启动 Premiere 软件，按【Ctrl+O】组合键，打开路径文件夹中的“口红广告 .prproj”文件。

（2）执行“文件 \ 导出 \ 媒体”命令，或按【Ctrl+M】组合键，弹出“导出设置”对话框。单击“格式”下拉按钮，在打开的下拉列表中选择 MPEG4 格式，然后打开“源缩放”下拉列表，选择“缩放以填充”选项，如图 3-50 所示。

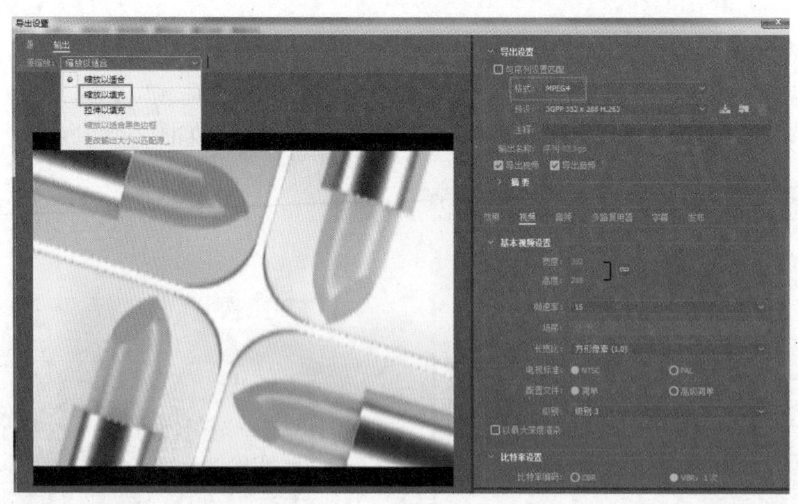

图 3-50

（3）单击“输出名称”右侧的文字，在弹出的“另存为”对话框中为输出文件设置名称及存储路径，如图 3-51 所示，完成后单击“保存”按钮。

（4）切换至“多路复用器”选项卡，在“多路复用器”下拉列表中选择 MP4 选项，如图 3-52 所示。

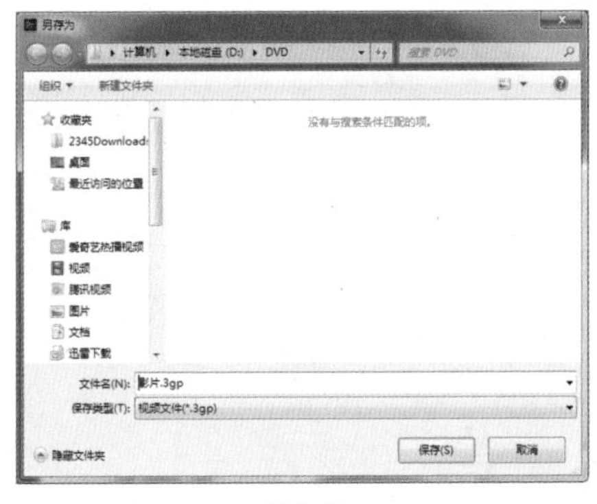

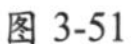

图 3-51

图 3-52

（5）切换至“视频”选项卡，设置“帧速率”为 25，设置“长宽比”为“D1/DV PAL 宽银幕 16:9（1.4587）”，设置“电视标准”为 PAL，如图 3-53 所示。

（6）设置完成后，单击“导出”按钮，开始输出影片，同时弹出正在渲染对话框，在该对话框中可以看到输出进度和剩余时间，如图 3-54 所示。

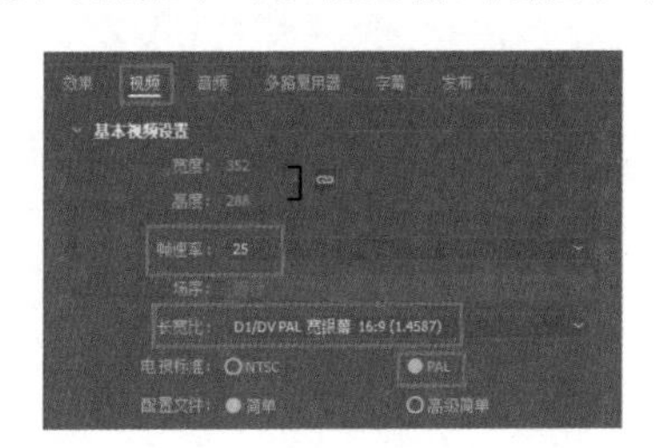

图 3-53

图 3-54

（7）导出完成后，可在设置的计算机存储文件夹中找到输出的 MP4 格式视频文件，如图 3-55 所示。

图 3-55

第4章
Premiere 素材剪辑

剪辑是视频制作过程中必不可少的一个技术环节，在一定程度上决定了视频质量的好坏，可以影响作品的节奏和美感。剪辑的本质是通过视频中主体动作的分解和组合来表达影片的叙事过程，从而传达故事情节，完成内容的叙述。

4.1 设置素材的帧频及画面比例

在制作影片前，要先根据自身需要设置好影片的帧频和画面比例。

1. 设置视频帧频

在“项目”面板中选择某个素材并右击，在弹出的快捷菜单中选择“修改\解释素材”命令，弹出“修改剪辑”对话框，在“帧速率”选项组中可以设置视频素材的帧频参数，如图 4-1 所示。

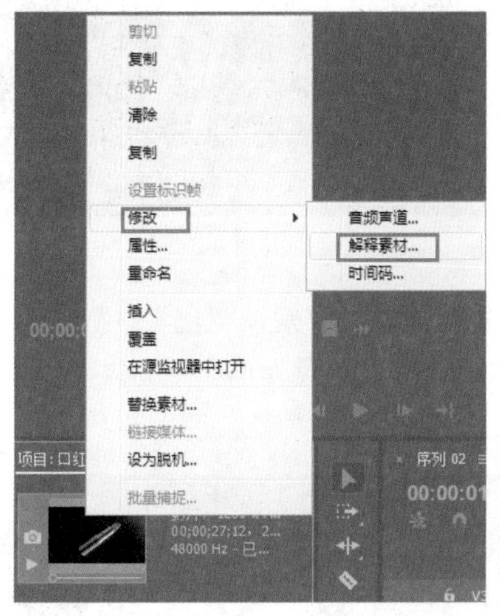

图 4-1

使用文件中的帧速率：选择该按钮，视频素材将使用从素材文件中获取的帧频，如果视频素材本身的帧速率参数为 25，那么在当前编辑项目中素材使用的帧速率参数也为 25，如图 4-2 所示。

持续时间：该参数用于显示素材所持续的时间。同一视频素材，设置不同的帧频参数，视频素材的持续时间也不同。

2. 改变图像尺寸比例

若一个对象没有正确的像素比，画面则会因被拉长或者被压缩而变形。在“项目”面板中可以通过改变图像、视频的像素比来调整素材显示的尺寸比例，如图 4-3 所示。

图 4-2

图 4-3

使用文件中的像素长宽比：选择该单选按钮，将使用素材本身的像素长宽比，若项目中素材本身的像素长宽比与项目的像素长宽比参数不一致，例如项目序列参数如图 4-4 所示，那么就会出现素材显示比例不正确的现象，如图 4-5 所示。

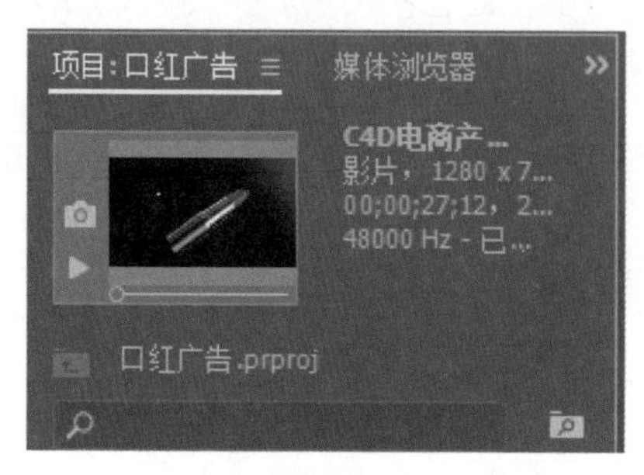

图 4-4

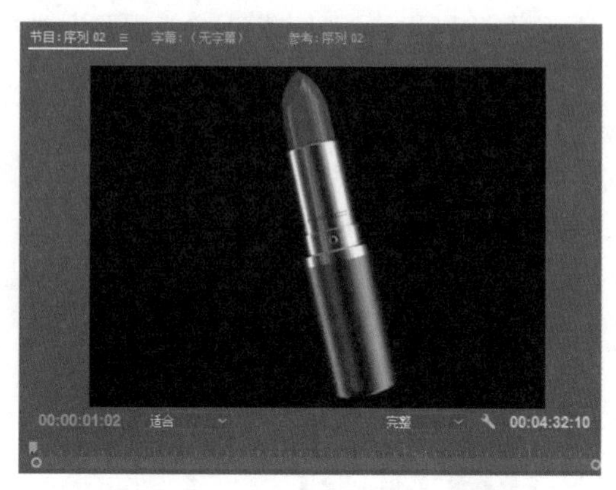

图 4-5

符合：选择该单选按钮，可以为素材设置多种“像素长宽比”参数。素材默认的“像素长宽比”参数效果如图 4-6 所示，将该参数设置为 D1/DV PAL 宽银幕 16:9 (1.4587) 后素材显示效果如图 4-7 所示。

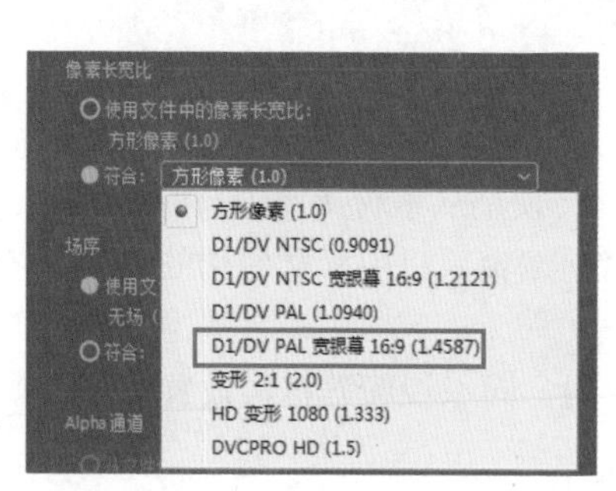

图 4-6

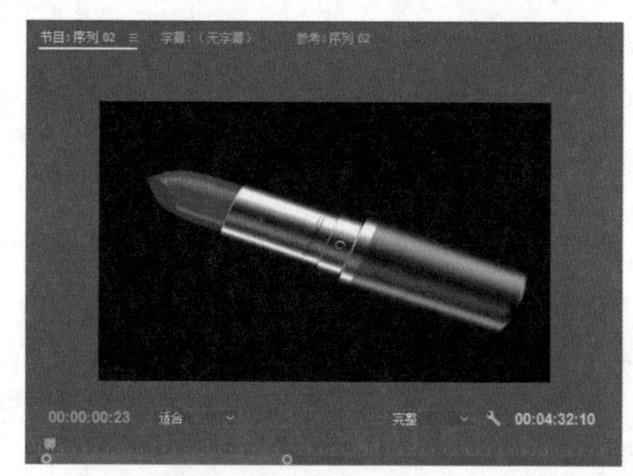

图 4-7

4.2 控制影片的播放速度

本节所讲解的素材播放速度与前面介绍的使用控制素材帧频的方法控制素材的播放速度不同，这里介绍的是利用控制素材的持续时间控制素材的播放速度。

在“项目”面板、“时间线”面板中选择某个素材并右击，在弹出的快捷菜单中选择“速度 / 持续时间”命令，如图 4-8 所示，弹出”剪辑速度 / 持续时间”对话框，如图 4-9 所示。

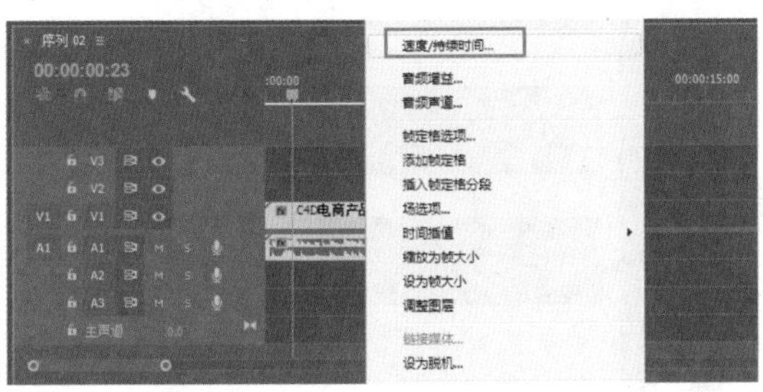

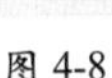

图 4-8

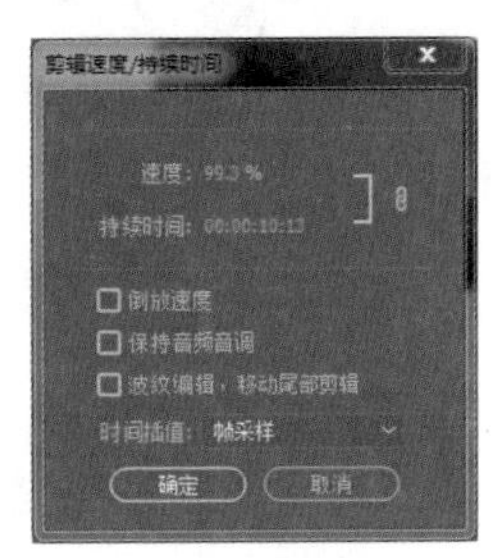

图 4-9

在“素材速度 / 持续时间”对话框中，“速度”与“持续时间”这两个参数在默认状态下是相互关联的，两者中任意一个参数的变化将会引起另一个参数的变化。如果设置“速度”为 50，如图 4-10 所示，那么素材的持续时间也会发生变化。

若用户取消“速度”与“持续时间”这两个参数的关联关系，那么在设置这两个参数中的任意一个时，另一个参数不一定随着发生改变。取消参数关联并修改参数后的参数效果如图 4-11 所示。

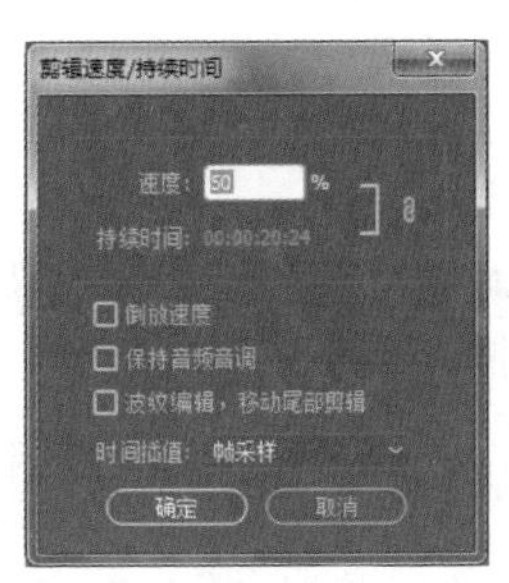

图 4-10

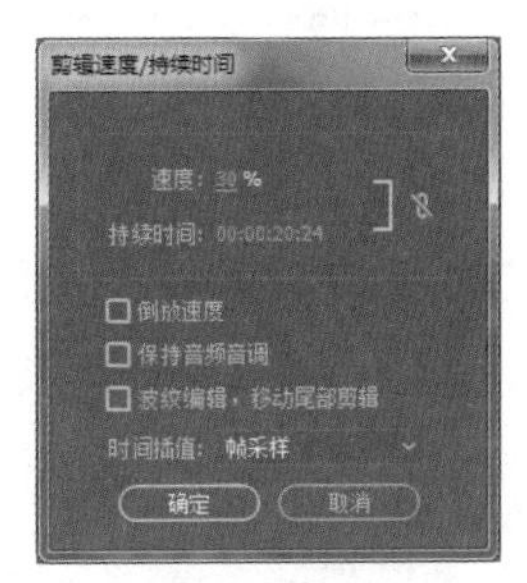

图 4-11

“速度”与“持续时间”这两个参数的关联关系可以随时解除和恢复。解除关联关系后，再次单击关联按钮，即可将这两个参数重新进行关联，关联好之后，“持续时间”参数将根据“速度”参数而定。

4.3 工具面板

在 Premiere 中，将镜头进行删减、组接或重新编排，可形成一个完成的影片。在开始这些操作之前，先学习和掌握常用剪辑工具的使用方法。

在 Premiere 的“工具”面板中，包括“选择工具”、“波纹编辑工具”和“剃刀工具”等 16 种工具，如图 4-12 所示。

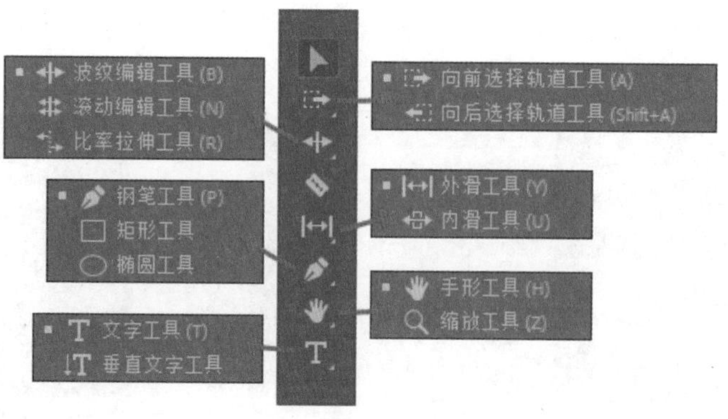

图 4-12

下面详细介绍“工具”面板中常用的几种剪辑工具。

4.3.1 选择工具

“选择工具”的快捷键为【V】。在 Premiere 中使用该工具，可对素材、图形、文字等对象进行选择，还可以在选择对象后进行拖曳操作。

若想将“项目”面板中的素材文件置于“时间线”面板中，可单击工具箱中的“选择工具”按钮，在“项目”面板中将光标定位在素材文件上方，按住鼠标左键将素材文件拖曳至“时间线”面板中，如图 4-13 所示。

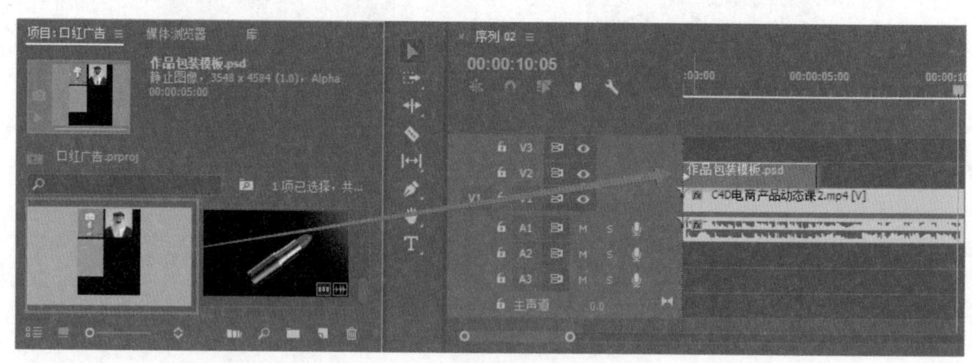

图 4-13

4.3.2 向前 / 向后选择轨道工具

“向前选择轨道工具”和“向后选择轨道工具”的快捷键为【A】。该工具可用来选择目标文件左侧或右侧同轨道上的所有素材文件。当“时间线”面板中的素材文件过多时，使用该工具选择文件会更加方便快捷。

以“向前选择轨道工具”的操作为例，若要选择“C4D 电商产品动态课”素材文件后的所有文件，可先单击“向前选择轨道工具”按钮，然后单击“时间线”

面板中“C4D 电商产品动态课”之后的素材，如图 4-14 所示，则“C4D 电商产品动态课”素材文件后方的文件会被全部选中，如图 4-15 所示。

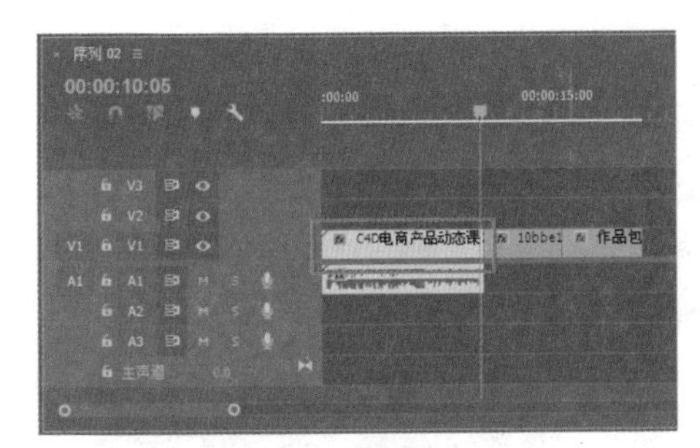

图 4-14

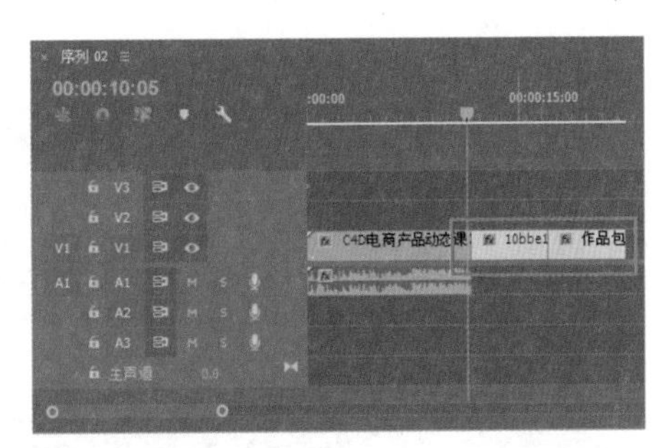

图 4-15

4.3.3 波纹编辑工具

“波纹编辑工具”的快捷键为【B】。该工具可用来调整选中素材文件的持续时间，在调整素材文件时，素材的前方或后方可能会产生空隙，此时相邻的素材文件会自动向前移动进行空隙的填补。

在“时间线”面板中，当素材文件的前方有空隙时，单击“波纹编辑工具”按钮，将光标定位在“C4D 电商产品动态课”素材文件的前方，当光标变为状态时，按住鼠标左键向左侧拖动，如图 4-16 所示，即可将“C4D 电商产品动态课”素材及其后方的文件向前跟进，如图 4-17 所示。

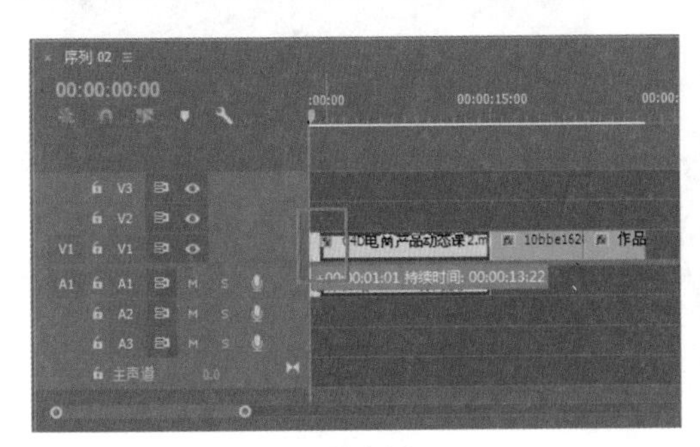

图 4-16

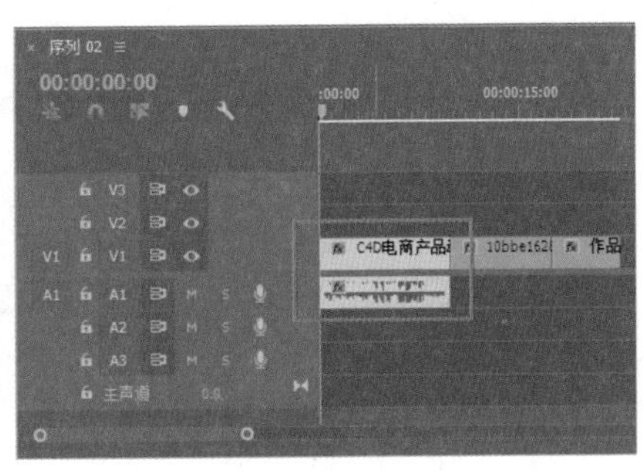

图 4-17

4.3.4 滚动编辑工具

“滚动编辑工具”的快捷键为【N】。在素材文件总长度不变的情况下，可控制素材文件的自身长度，并可以适当调整剪切点。

选择“C4D 电商产品动态课”素材文件，若想将该素材文件的长度增长，可单击“滚动编辑工具”按钮，将光标定位在“C4D 电商产品动态课”素材文件的尾端，按住鼠标左键向右侧拖曳，如图 4-18 所示。在不改变素材文件总长度的情况下，此时“C4D 电商产品动态课”素材文件变长，而相邻的素材文件的长度会相对进行缩短，如图 4-19 所示。

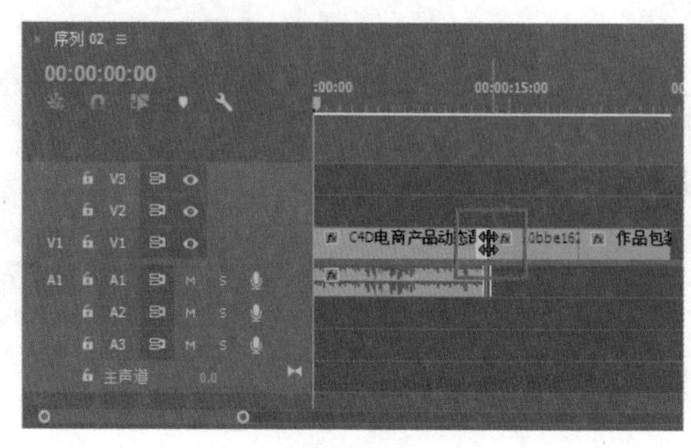

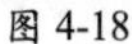
图 4-18

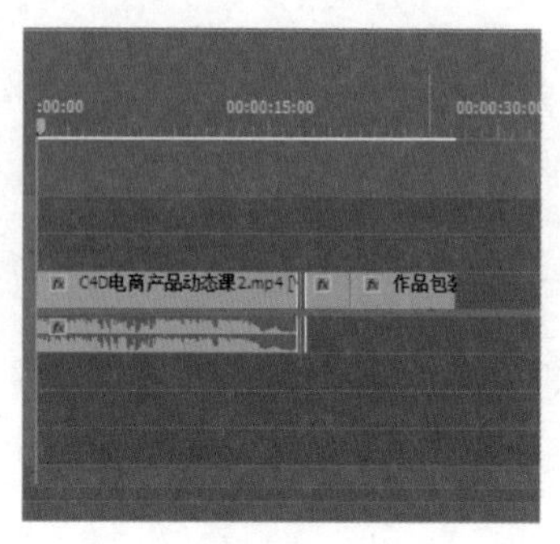

图 4-19

4.3.5 比率拉伸工具

“比率拉伸工具”的快捷键为【R】。该工具可以改变“时间线”面板中素材的播放速率。

单击“比率拉伸工具”按钮，当光标变为状态时，按住鼠标左键向右侧拉长，如图 4-20 所示。完成操作后，该素材文件的播放时间变长，速率变慢，如图 4-21 所示。

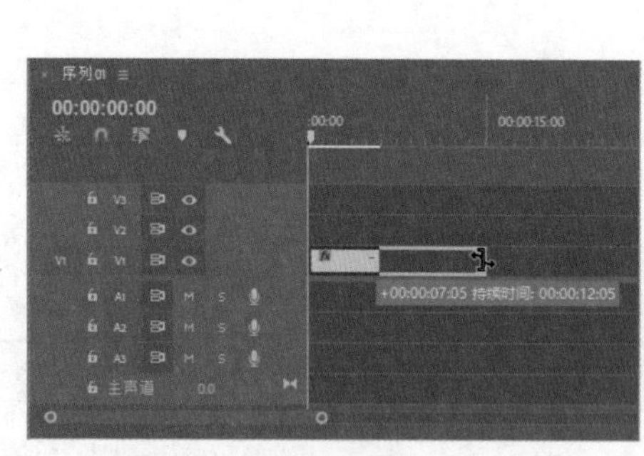

图 4-20

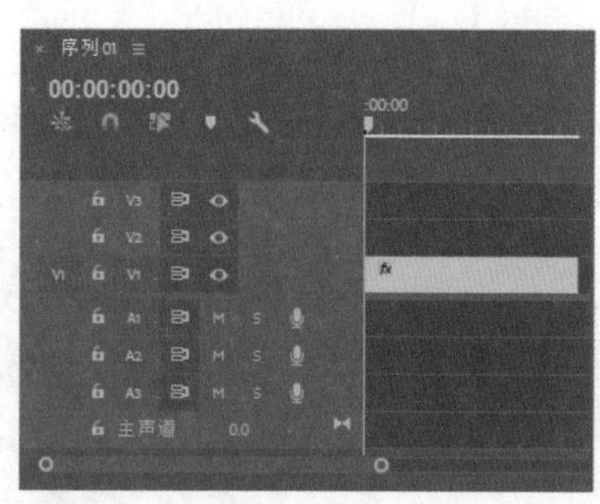

图 4-21

4.3.6 剃刀工具

“剃刀工具”的快捷键为【C】。该工具可将一段视频裁剪为多个视频片段，按住【Shift】键可以同时剪辑多个轨道中的素材。

单击“剃刀工具”按钮，将光标定位在素材文件的上方（需要进行裁切的位置），单击即可进行裁切，如图 4-22 所示。完成素材的裁切后，该素材的每一段都可以成为一个独立的素材文件，如图 4-23 所示。

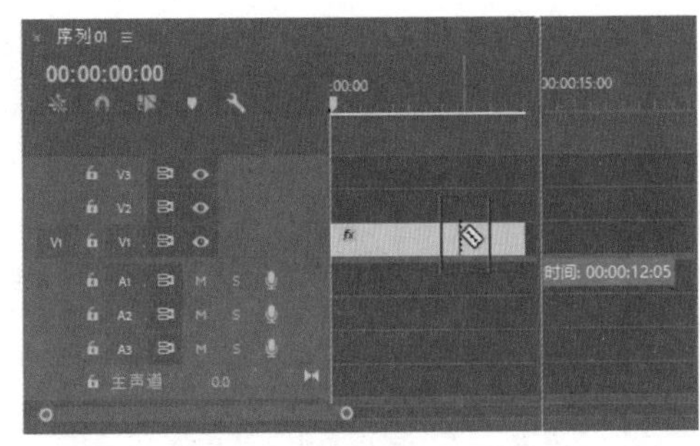

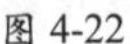
图 4-22

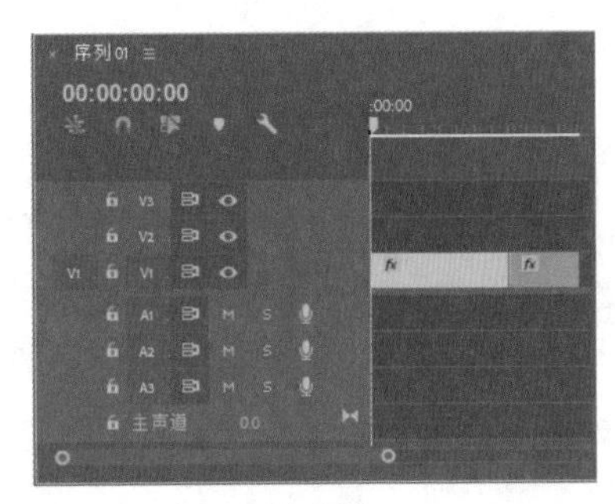

图 4-23

4.3.7 动手操作——利用剃刀工具分割素材

“剃刀工具”是一个使用频率较高的修剪类工具。该工具能对单个对象进行分割操作。下面介绍该工具的使用方法。

（1）新建一个项目，然后新建序列，在“新建序列”对话框中选择“设置”选项卡，在其中设置项目参数，单击“确定”按钮，如图 4-24 所示。

（2）将图片“5ea27*.jpg”素材导入“项目”面板，如图 4-25 所示。

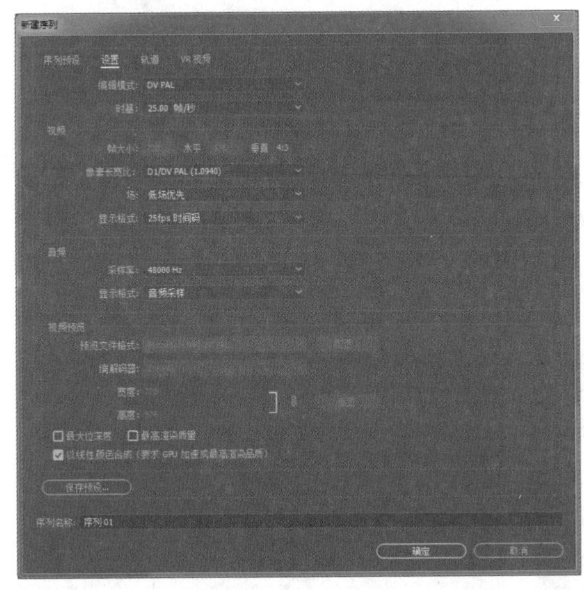

图 4-24

图 4-25

（3）将导入“项目”面板中的素材插入“时间线”面板中，如图 4-26 所示。

（4）在“节目”面板中，拖动时间滑块，浏览素材的效果。该面板中的素材预览区的素材显示效果如图 4-27 所示。

（5）在“工具”面板中单击“剃刀工具”按钮，如图 4-28 所示。

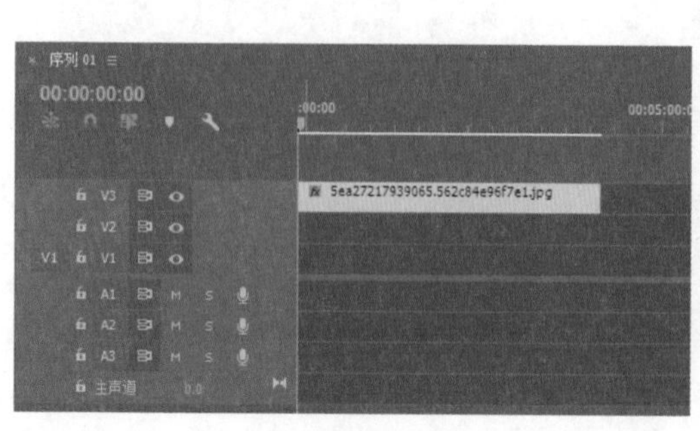

图 4-26

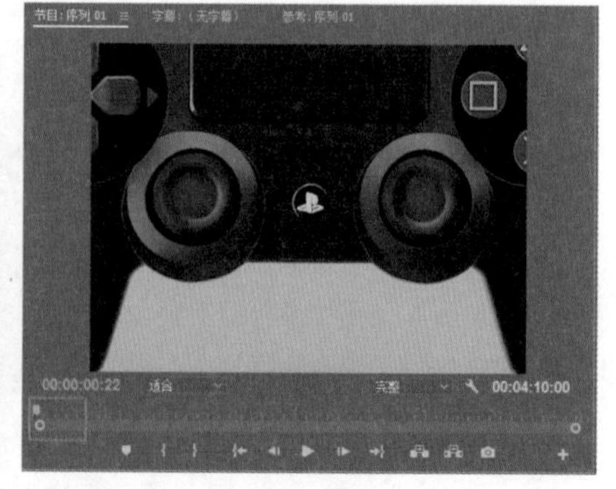

图 4-27

（6）在“时间线”面板中将时间滑块拖动至00:00:10:00，如图 4-29 所示。

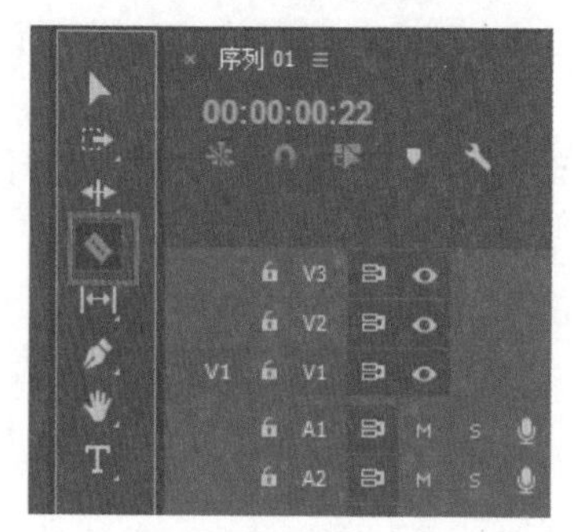

图 4-28

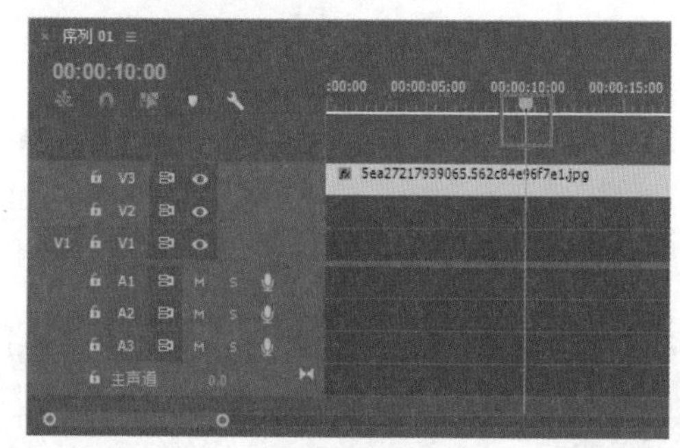

图 4-29

（7）在“时间线”面板的左下角调整缩放工具栏中的滑块，放大编辑序列，如图 4-30 所示。

（8）在00:00:10:00帧处单击，使用“剃刀工具”将素材分割为两段，如图 4-31 所示。

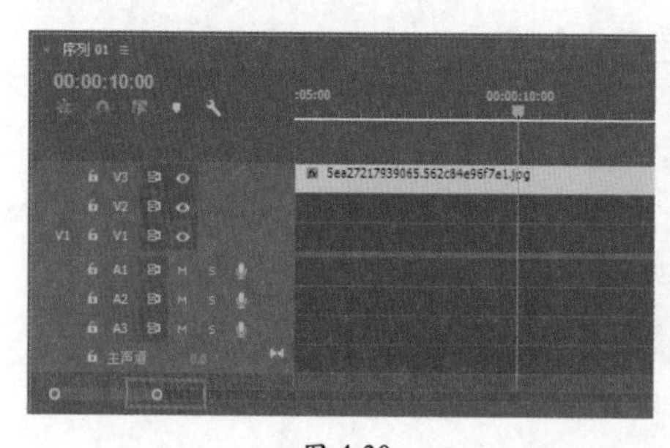

图 4-30

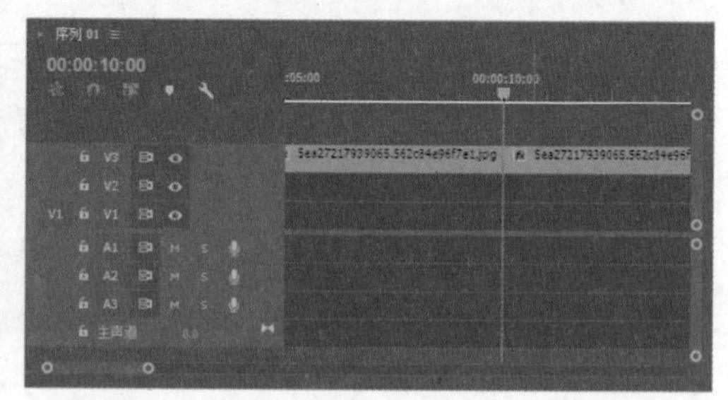

图 4-31

（9）在“时间线”面板的左下角调整缩放工具栏中的滑块，放大编辑序列。在00:00:07:00帧处单击，使用“剃刀工具”将后半部素材再次分割为两段，如图 4-32 所示。

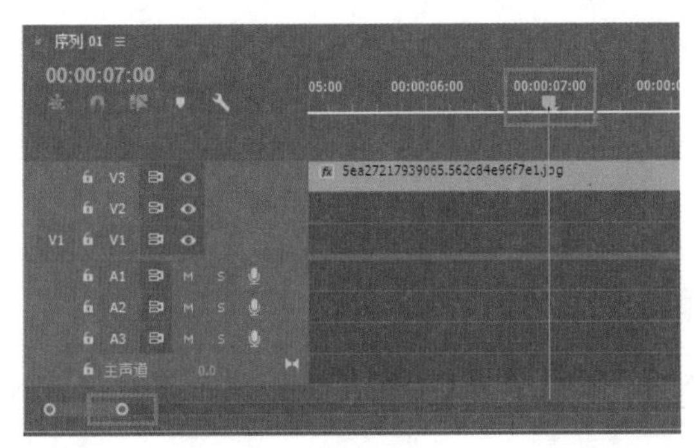

图 4-32

（10）执行“文件\另存为”命令，将当前的编辑操作进行保存。

4.4 “时间线”面板的轨道操作

在“时间线”面板中，每个序列都包含了一个或者一个以上的音频轨道和视频轨道。新建一个 Premiere 项目，不修改序列的轨道数目及类型，该序列包含 3 个视频轨道（V1、V2 和 V3）和 3 个音频轨道（A1、A2 和 A3），如图 4-33 所示。

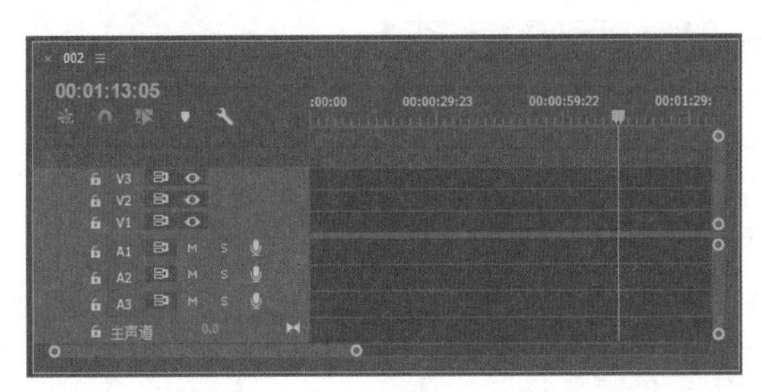

图 4-33

一般情况下，序列所提供的默认轨道参数并不能满足影片编辑需求；而有时序列中的轨道数量过多，需要将多余的轨道进行删除等，这些操作在 Premiere 中被称为“轨道操作”。

4.4.1 动手操练——添加和删除轨道

在 Premiere 中，用户可以根据编辑的需求随时添加音频轨道或者视频轨道，并且系统还会在轨道不够时自动为序列添加合适的轨道，以便用户编辑操作。下面介绍如何在 Premiere 序列中添加和删除轨道。

（1）启动 Premiere 软件，按【Ctrl+O】组合键，打开路径文件夹中的“轨

道操作 .prproj”项目文件。进入工作界面后，可在“时间线”面板中查看当前轨道的分布情况，如图 4-34 所示。

（2）在轨道编辑区的空白区域右击，在弹出的快捷菜单中选择“添加轨道”命令，如图 4-35 所示。

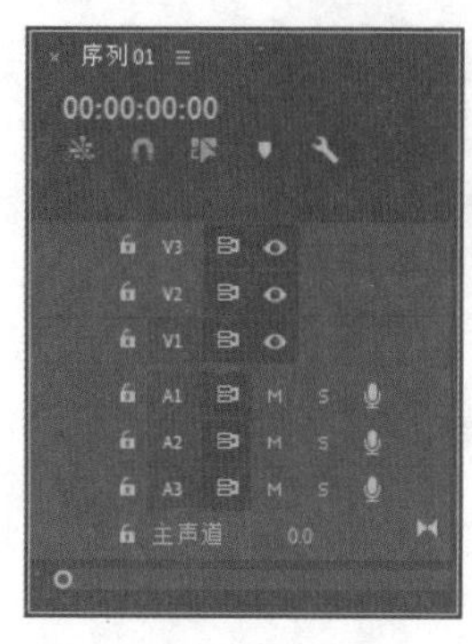

图 4-34

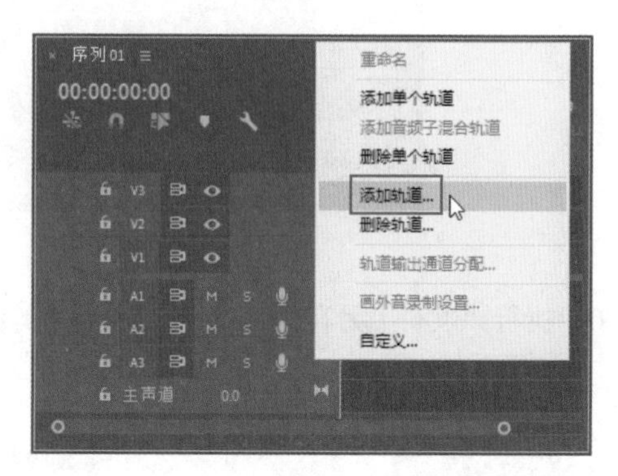

图 4-35

（3）弹出“添加轨道”对话框，在其中可以添加视频轨道、音频轨道和音频子混合轨道。单击“视频轨道”选项组中“添加”参数后的数字 1，激活文本框，输入数字 2，如图 4-36 所示，单击“确定”按钮，即可在序列中新增 2 条视频轨道，如图 4-37 所示。

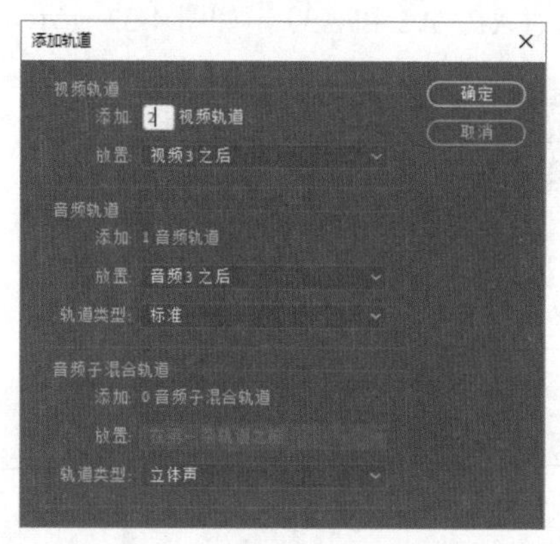

图 4-36

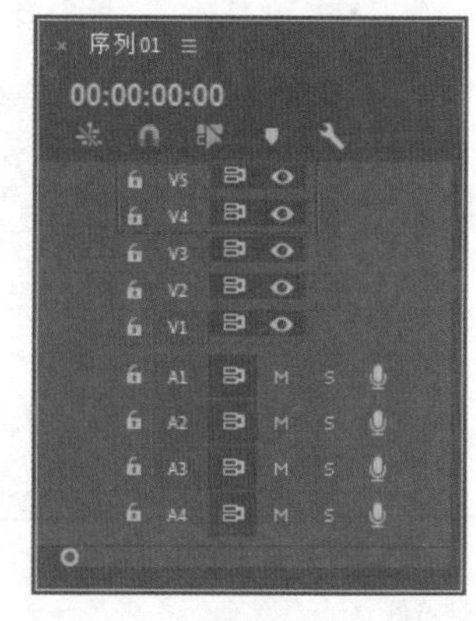

图 4-37

提　示

在“添加轨道”对话框中，可以打开“放置”下拉列表，来选择将新增的轨道放置在已有轨道的前方或后方。

（4）轨道的删除。在轨道编辑区的空白区域右击，在弹出的快捷菜单中选择“删除轨道”命令，如图 4-38 所示。

（5）弹出“删除轨道”对话框，选择“删除音频轨道”复选框，如图 4-39 所示，然后单击“确定”按钮，即可删除音频轨道。

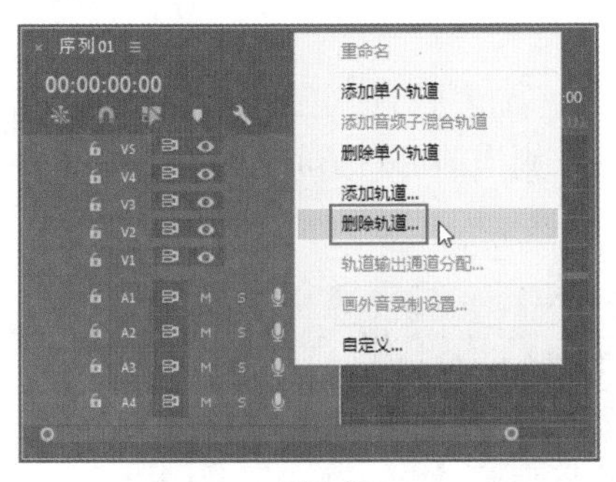

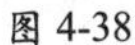
图 4-38

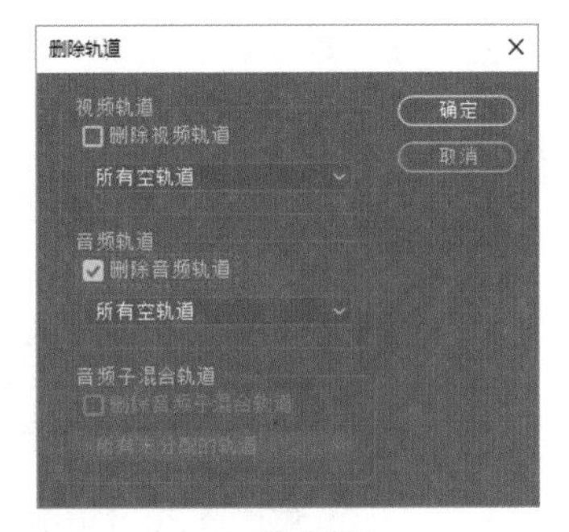

图 4-39

（6）上述操作完成后，可查看序列中的轨道分布情况，如图 4-40 所示。

4.4.2 时间线工具

在“时间线”面板左侧，系统为用户提供了多个轨道控制工具，如图 4-41 所示。

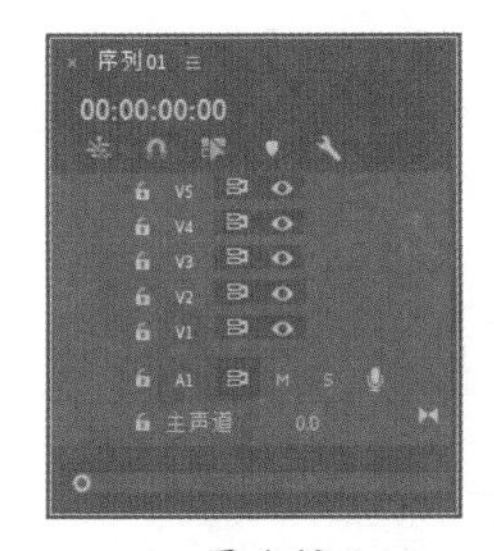

图 4-40

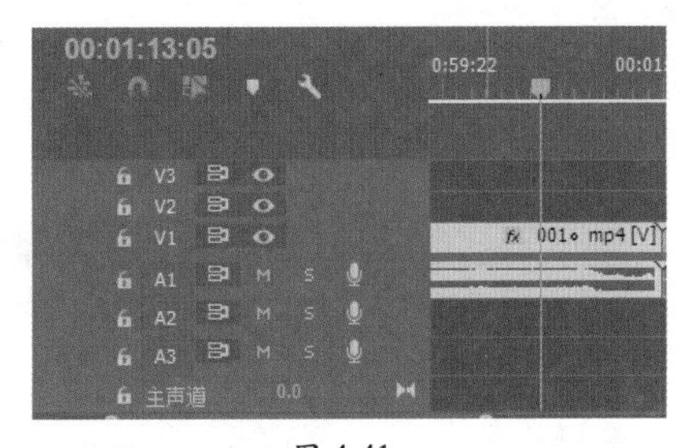

图 4-41

1.“切换轨道输出”按钮

“切换轨道输出”按钮主要用于控制当前轨道是否输出。默认为启用状态，表示当前的轨道为可输出状态，轨道中的所有素材为可见状态；若再次单击该按钮，则取消当前轨道的可输出状态，该轨道中的所有素材都为不可视状态，如图 4-42 所示。

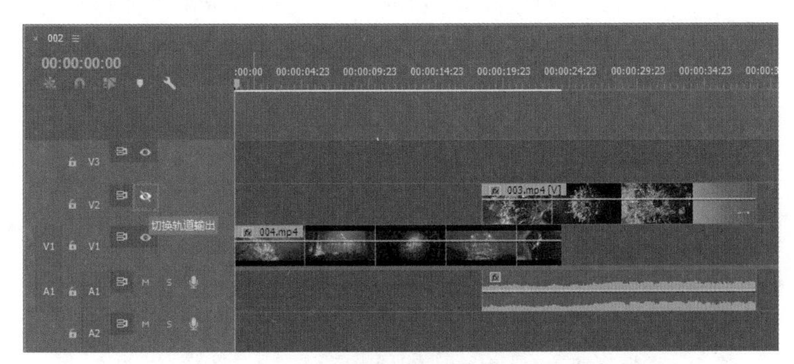

图 4-42

2. “切换轨道锁定”按钮

“切换轨道锁定”按钮![]主要用于将当前的轨道进行锁定。默认状态为不启用，表示当前轨道能够进行编辑；如启用该按钮，则当前的轨道将被锁定，轨道呈不可编辑状态，效果如图 4-43 所示。

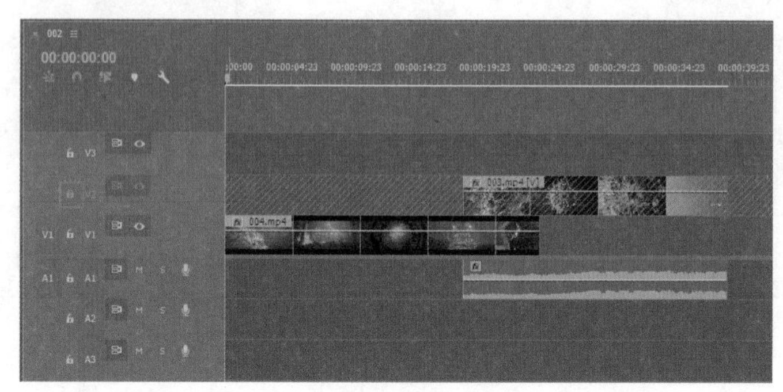

图 4-43

3. “静音轨道”按钮

有时在剪辑的时候可以只看画面，不听声音，单击轨道上的“静音轨道”按钮![]，该按钮变绿色![]，即为静音模式，如图 4-44 所示。

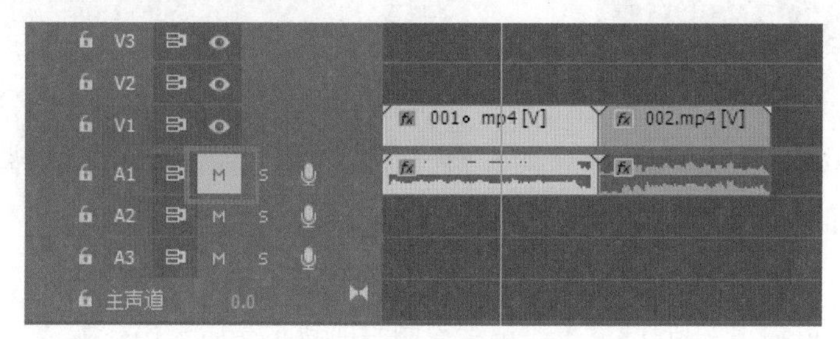

图 4-44

4. “独奏轨道”按钮

有时使用 Premiere 剪辑视频的时候，素材中有大量的音频素材，如果想单独播放一个音轨的音频，而又不想删除其他音频，此时可以单击“独奏轨道”按钮![]，单独将其中的某个音频设置为独奏音轨，便能单独播放该音频，如图 4-45 所示。

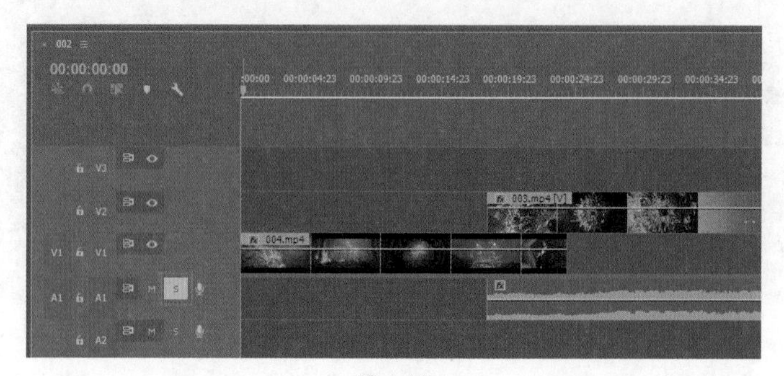

图 4-45

5. “画外音录制”按钮

在 Premiere 中可以单独为视频录制音频，首先要确保麦克风硬件可用，将时间滑块移动到要录制画外音的起始处，单击“画外音录制”按钮后，“节目”窗口即可开始进行 3 秒钟倒计时，如图 4-46 所示。随后开始录制音频，如图 4-47 所示。

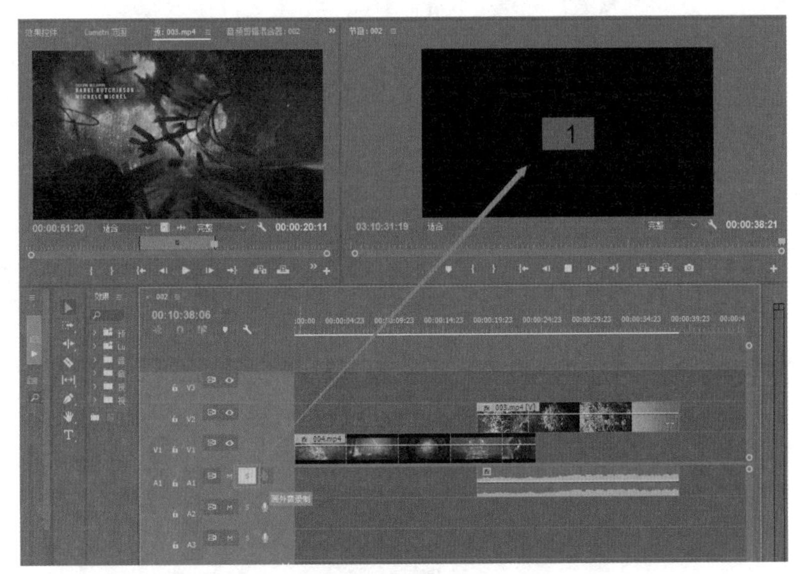

图 4-46

图 4-47

6. “切换同步锁定”按钮

当该按钮呈（非同步）状态时，所在轨道将被锁定，对其他轨道执行插入、波纹编辑或修剪操作时，被锁定的轨道将不会受到影响。当该按钮呈状态时，执行插入、波纹编辑或修剪操作时，将会影响其他轨道的位置。

下面举个例子。

“时间线”面板的 V1 和 V2 两个轨道上各有一个视频素材，默认状态下，“切换同步锁定”按钮都呈同步状态，如图 4-48 所示。

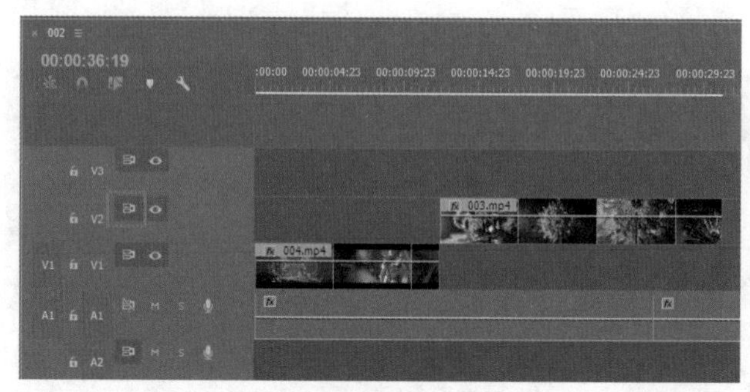

图 4-48

当使用工具栏的“波纹编辑工具”对 V1 轨道素材的结尾处进行缩短时，V2 素材也随着移动，素材后面的帧会前移，补上删除部分的空缺，因此不会有空白区域，如图 4-49 所示。

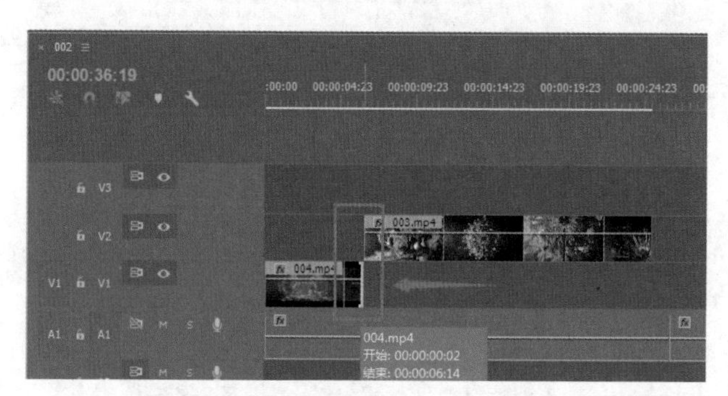

图 4-49

如果单击 V2 轨道上的“切换同步锁定”按钮，该按钮呈（非同步）状态，执行上一步同样的操作，V2 轨道上的素材将不随着 V1 轨道上的素材移动（留下了一处空白区域），如图 4-50 所示。

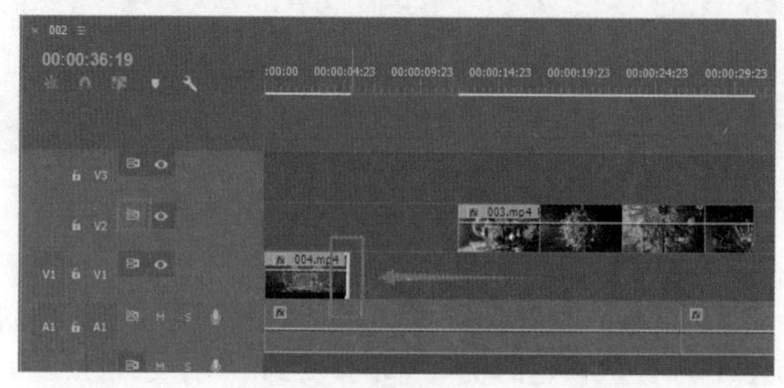

图 4-50

4.4.3 动手操练——设置缩览图显示样式

素材缩览图的显示风格对画面具有变化效果的视频素材而言具有特别意义，在一个持续时间较长的视频素材中寻找一个画面细节是十分困难的，若通过在“源”监视器面板中播放素材来寻找该画面细节，也会浪费许多工作时间。利用缩览图显示命令，使素材在轨道中显示出大概的画面关键帧效果，之后再将时间滑块拖动至该画面细节的大概位置，是提升工作效率的一个好方法。

本例将设置素材在轨道中的显示风格样式，默认为“视频头缩略图”，选择该选项后素材在轨道中的显示效果如图 4-51 所示。

（1）启动 Premiere 软件，按【Ctrl+O】组合键，打开路径文件夹中的“缩览图显示 .prproj”项目文件。单击☰按钮，打开所有的显示风格样式，如图 4-52 所示。

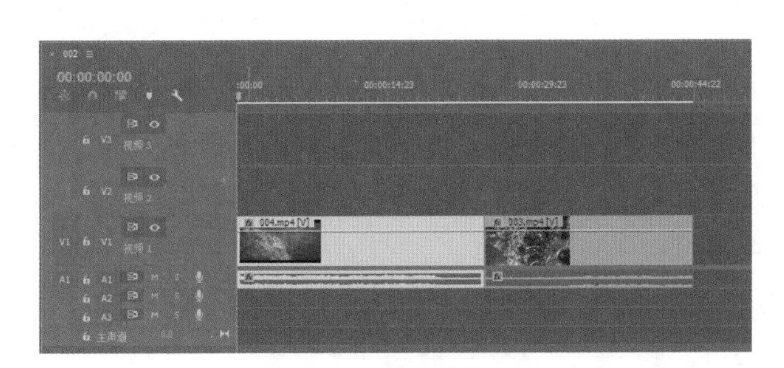

图 4-51

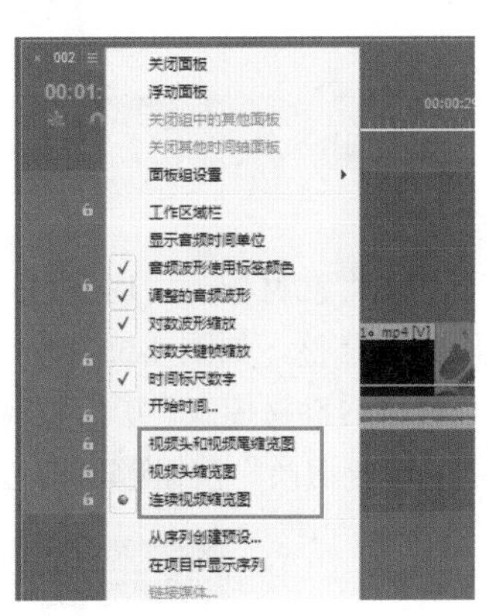

图 4-52

（2）选择“视频头和视频尾缩览图”风格，时间线显示效果如图 4-53 所示，视频的两头都有缩览图。

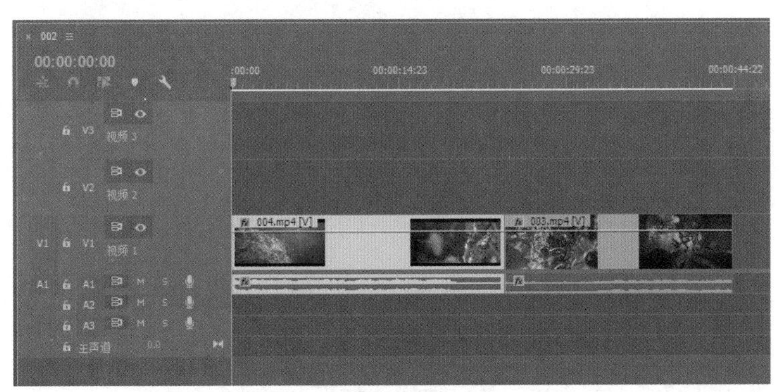

图 4-53

（3）选择“连续视频缩览图”风格，时间线显示效果如图 4-54 所示，整条视频都有显示缩览图。

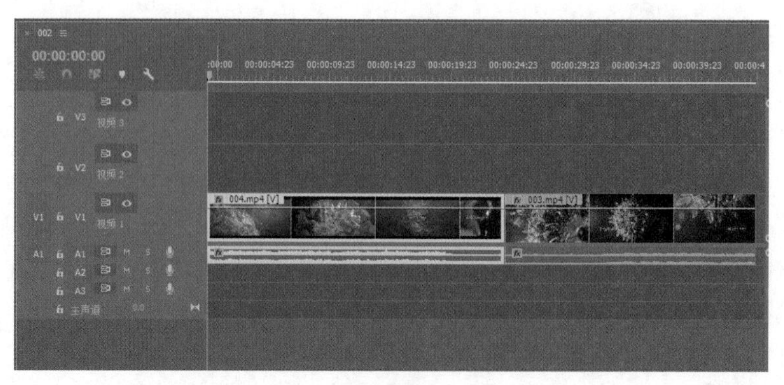

图 4-54

4.5 在“源”监视器面板中编辑素材

在将素材拖入“时间线”面板之前，可以在“源”监视器面板中，对素材进行预览和修整，如图 4-55 所示。要使用“源”监视器面板预览素材，只要将“项目”面板中的素材拖入“源”监视器面板（或双击“项目”面板中的素材），然后单击“播放 - 停止切换”按钮▶，即可预览素材。

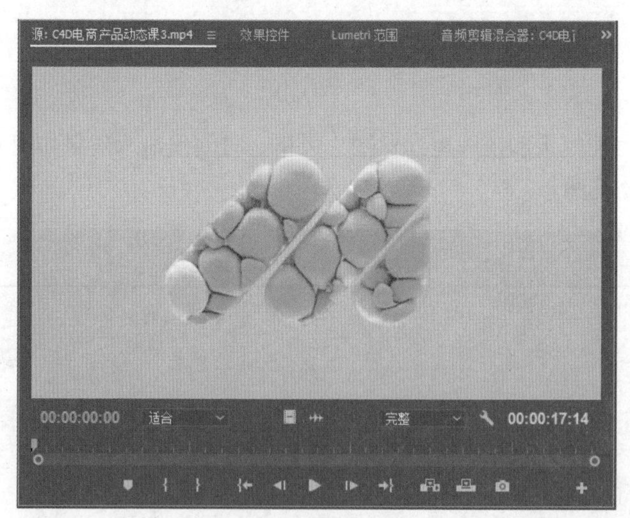

图 4-55

“源”监视器面板中各个按钮的具体说明如下。

添加标记▼：单击该按钮，可在播放指示器位置添加一个标记，快捷键为【M】。添加标记后再次单击该按钮，可打开标记设置对话框。

标记入点{：单击该按钮，可将播放指示器所在位置标记为入点。

标记出点：单击该按钮，可将播放指示器所在位置标记为出点。

转到入点：单击该按钮，可以使播放指示器快速跳转到片段的入点位置。

后退一帧（左侧）：单击该按钮，可以使播放指示器向左侧移动一帧。

播放 - 停止切换：单击该按钮可进行素材片段的播放预览。

前进一帧（右侧）：单击该按钮，可以使播放指示器向右侧移动一帧。

转到出点：单击该按钮，可以使播放指示器快速跳转到片段的出点位置。

插入：单击该按钮，可将“源”监视器面板中的素材插入序列中播放指示器的后方。

覆盖：单击该按钮，可将“源”监视器面板中的素材插入序列中播放指示器的后方，并会对其后的素材进行覆盖。

导出帧：单击该按钮，将弹出“导出帧”对话框，如图 4-56 所示，用户可选择将播放指示器所处位置的单帧画面图像进行导出。

按钮编辑器：单击该按钮，将弹出如图 4-57 所示的“按钮编辑器”对话框，用户可根据实际需求调整按钮的布局。

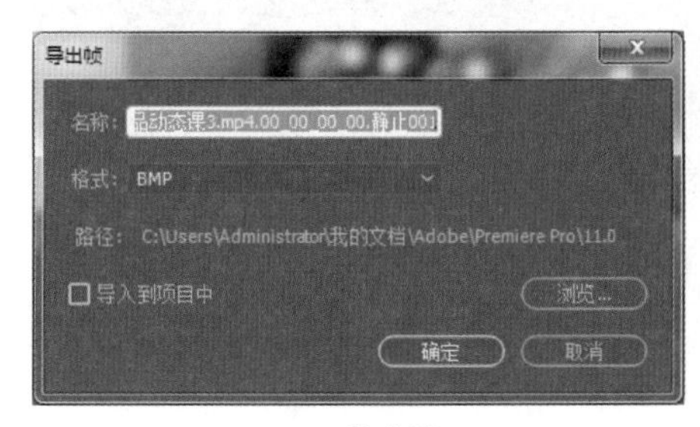

图 4-56

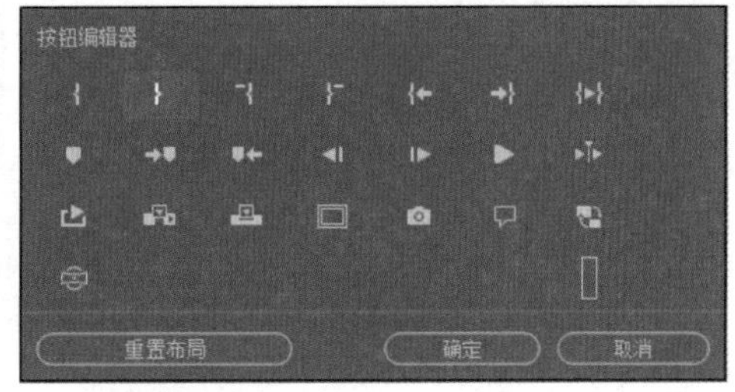

图 4-57

仅拖动视频：将光标移至该按钮上方，将出现手掌形状图标，此时可将视频素材中的视频单独拖曳至序列中。

仅拖动音频：将光标移至该按钮上方，将出现手掌形状图标，此时可将视频素材中的音频单独拖曳至序列中。

4.6 剪辑素材文件

下面通过一系列实战来学习剪辑素材的一整套流程。

4.6.1 动手操练——设置素材出入点

在将素材添加到序列中之前，可以先在“源”监视器面板中对素材进行出入点标记，对素材片段进行内容筛选，然后再添加到序列中。

（1）启动 Premiere 软件，按【Ctrl+O】组合键，打开路径文件夹中的“剪辑素材 .prproj”文件。

（2）在“项目”面板中双击“001.mp4”素材，将其在“源”监视器面板中打开，可以看到此时素材片段的总时长为 00:01:29:22，如图 4-58 所示。

（3）在“源”监视器面板中，将播放指示器移动到 00:00:05:00 位置，单击“标记入点”按钮，将当前时间点标记为入点，如图 4-59 所示。

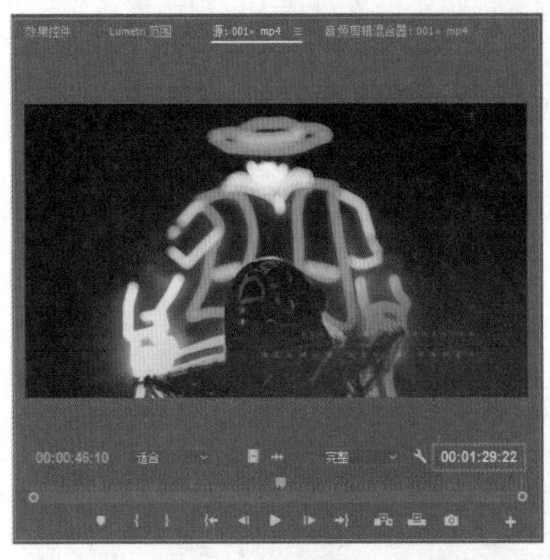

图 4-58

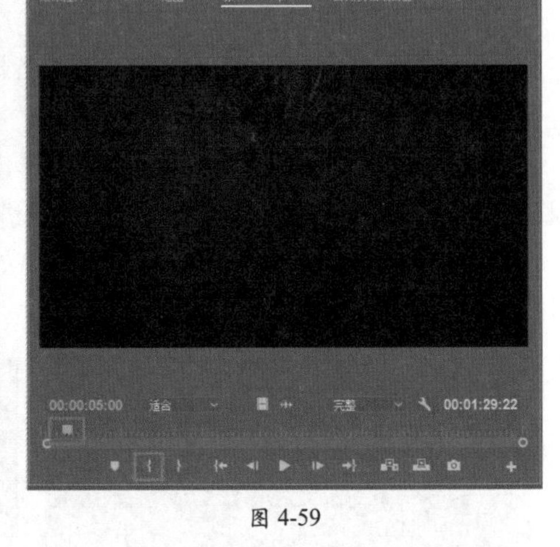

图 4-59

（4）将播放指示器移动到 00:00:20:00 位置，单击“标记出点”按钮，将当前时间点标记为出点，如图 4-60 所示。

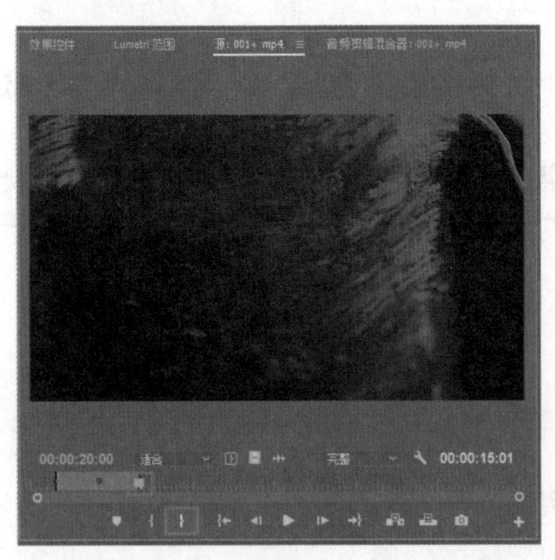

图 4-60

（5）将素材从“项目”面板拖入“时间线”面板中，即可看到素材片段的持续时长由 00:01:29:22 变为了 00:00:15:01，如图 4-61 所示。用户在对素材设置入点和出点时所做的改变，将影响剪辑后的素材文件的显示，而不会影响磁盘上源素材本身的设置。

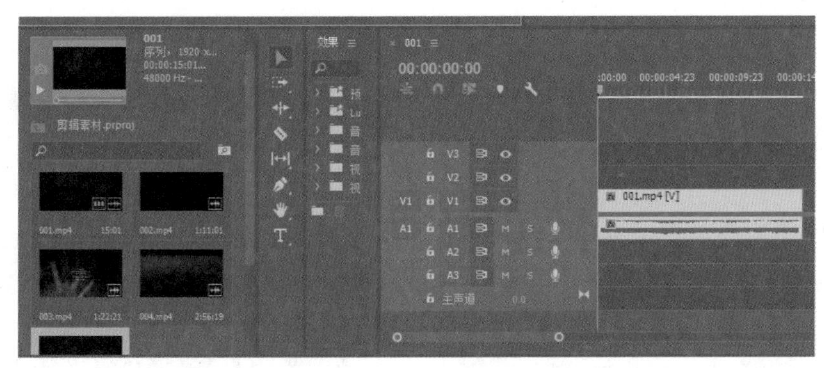

图 4-61

4.6.2 动手操练——插入和覆盖编辑

插入编辑是指在播放指示器位置添加素材，同时播放指示器后面的素材将向后移动；覆盖编辑是指在播放指示器位置添加素材，添加素材与播放指示器后面的素材重叠的部分将被覆盖，且不会向后移动。下面分别讲解插入和覆盖编辑的具体操作方法。

（1）继续 4.6.1 小节的项目文件进行操作（也可以打开本书配套资源的“插入覆盖 .prproj”文件），进入工作界面后，可查看“时间线”面板中已经添加的素材片段，如图 4-62 所示，可以看到该素材片段的持续时间为 15 秒。

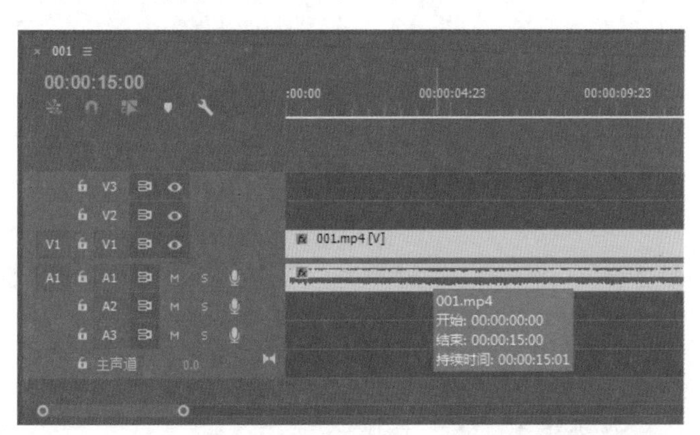

图 4-62

（2）在“时间线”面板中，将播放指示器移动到 00:00:05:00 位置，如图 4-63 所示。

（3）将“项目”面板中的“002.mp4”素材拖入“源”监视器面板中，然后单击“源”监视器面板下方的“插入”按钮，如图 4-64 所示。

（4）上述操作完成后，“002.mp4”素材将被插入序列中 00:00:05:00 位置，同时“001.mp4”素材被分割为两部分，原本位于播放指示器后方的“001.mp4”素材向后移动了，如图 4-65 所示。

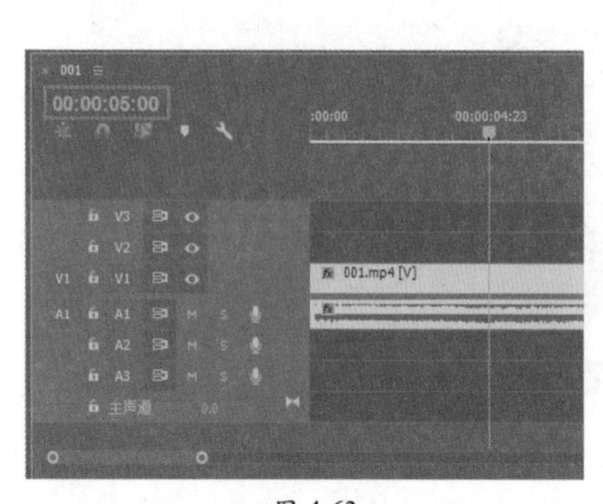
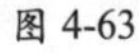

图 4-63

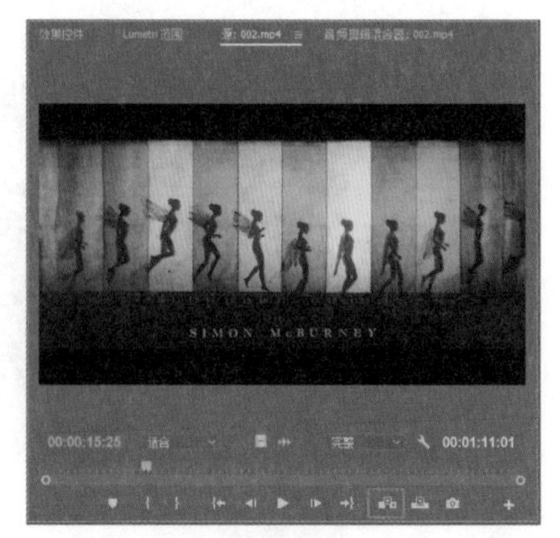

图 4-64

（5）覆盖编辑操作。在“时间线”面板中，将播放指示器移动到00:00:25:00位置，如图4-66所示。

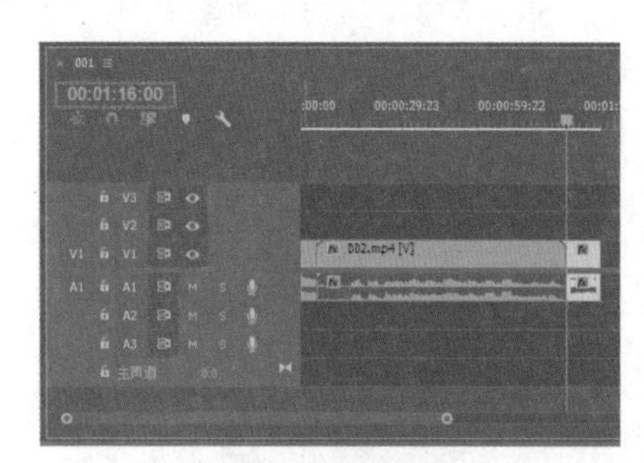

图 4-65

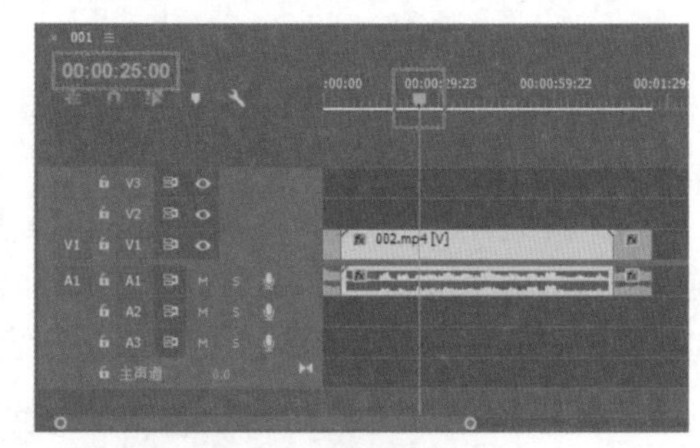

图 4-66

（6）将“项目”面板中的“003.mp4”素材拖入“源”监视器面板中，然后单击“源”监视器面板下方的“覆盖”按钮，如图4-67所示。

（7）上述操作完成后，“003.mp4”素材将被插入00:00:25:00位置，同时原本位于播放指示器后方的素材被替换（即被覆盖）成了“003.mp4”，如图4-68所示。

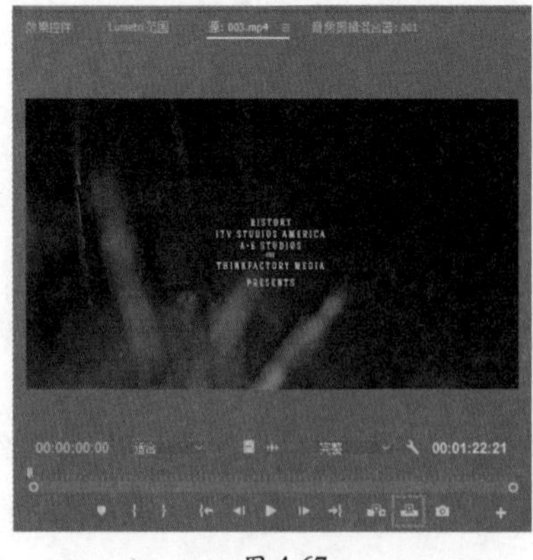

图 4-67

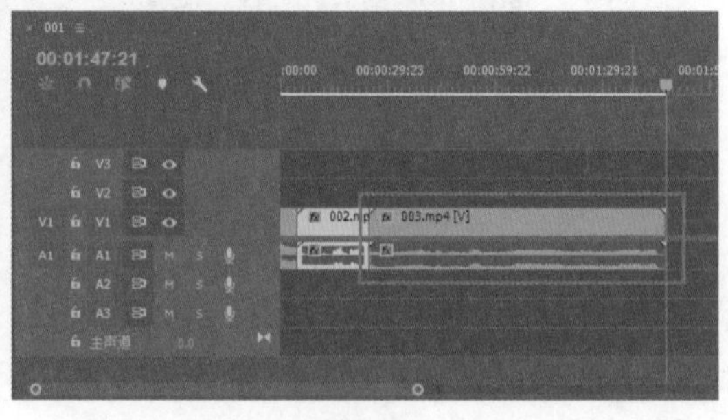

图 4-68

（8）在“节目”监视器面板中可以预览调整后的影片效果，如图4-69所示。

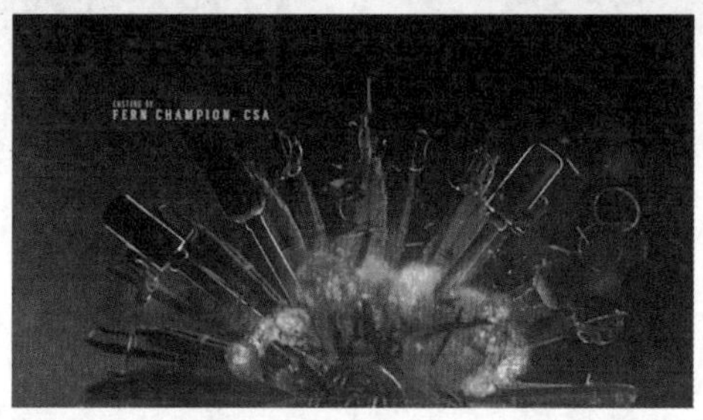

图4-69

（9）还有一种比较高效的素材剪辑方法，在“源”监视器面板中编辑完素材后，直接将画面拖动到“项目”面板上停留1秒，会出现6个不同的选项，如图4-70所示。可以选择是否替换、叠加、覆盖或插入片头和片尾。

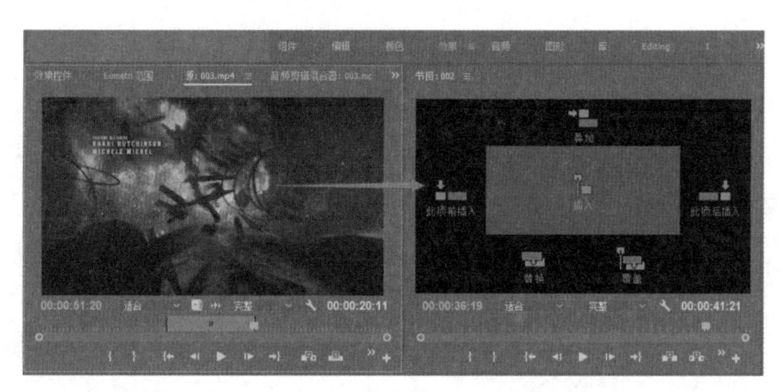

图4-70

4.6.3 动手操练——提升和提取编辑

通过执行“序列”菜单中的“提升”或“提取”命令，可以使序列标记从“时间线”面板中轻松移除素材片段。

在执行“提升”编辑操作时，会从“时间线”面板中提升出一个片段，然后在已删除素材的地方留下一段空白区域；在执行“提取”编辑操作时，会移除素材的一部分，素材后面的帧会前移，补上删除部分的空缺，因此不会有空白区域。

（1）启动Premiere软件，按【Ctrl+O】组合键，打开路径文件夹中的“提升和

提取 .prproj”文件。在序列中有一段持续时间为 1 分 20 秒左右的素材，如图 4-71 所示，然后将播放指示器移动到 00:00:05:00 位置，按【I】键标记入点，如图 4-72 所示。

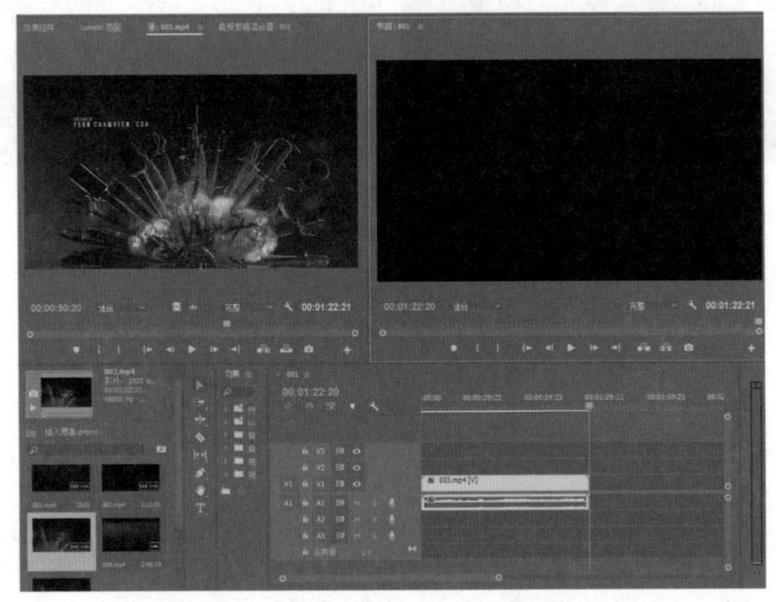

图 4-71

（2）将播放指示器移动到 00:00:20:00 位置，按【O】键标记出点，如图 4-73 所示。

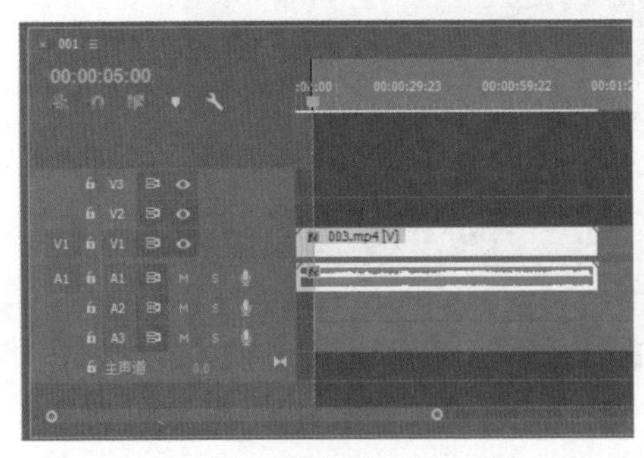

图 4-72

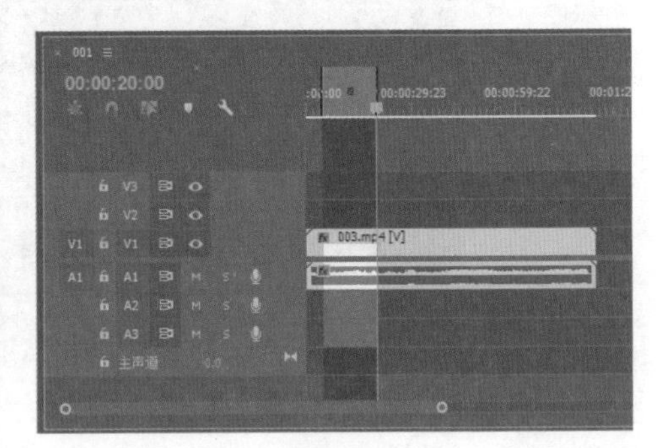

图 4-73

（3）标记好片段的出入点后，执行“序列\提升”命令，或者在“节目”监视器面板中单击“提升”按钮，即可完成“提升”编辑操作，如图 4-74 所示，此时在视频轨道中将留下一段空白区域。

（4）执行“编辑\撤销”命令，撤销上一步操作，使素材回到未执行“提升”命令前的状态。接着，执行“序列\提取”命令，或者在“节目”监视器面板中单击“提取”按钮，即可完成“提取”编辑操作，如图 4-75 所示，此时从入点到出点之间的素材都已被移除，并且出点之后的素材向前移动，在视频轨道中没有留下空白区域。

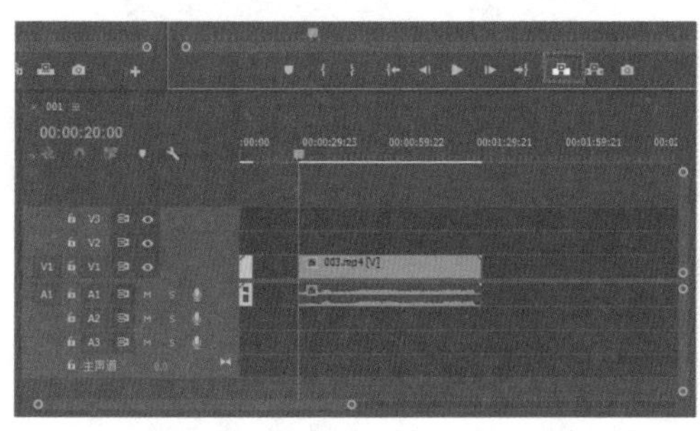

图 4-74

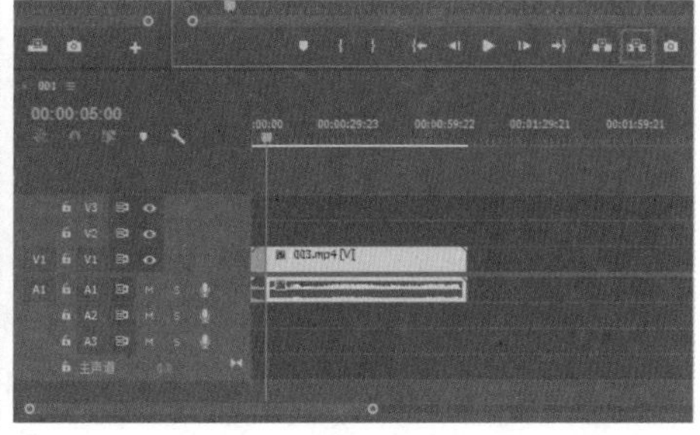

图 4-75

4.6.4 动手操练——分离和链接素材

在 Premiere 中处理带有音频的视频素材时，有时需要将捆绑在一起的视频和音频分开成独立个体，分别进行处理，这就需要用到分离操作。而对某些单独的视频和音频需要同时进行编辑处理时，就需要将它们链接起来，便于一次性操作。

（1）启动 Premiere 软件，按【Ctrl+O】组合键，打开路径文件夹中的“分离和链接 .prproj”文件，如图 4-76 所示。要将链接的视频和音频分离，可选择序列中的素材片段，执行“剪辑 \ 取消链接”命令，或按【Ctrl+L】组合键，即可分离视频和音频，此时视频素材的命名后面少了“[V]”字符，如图 4-77 所示。

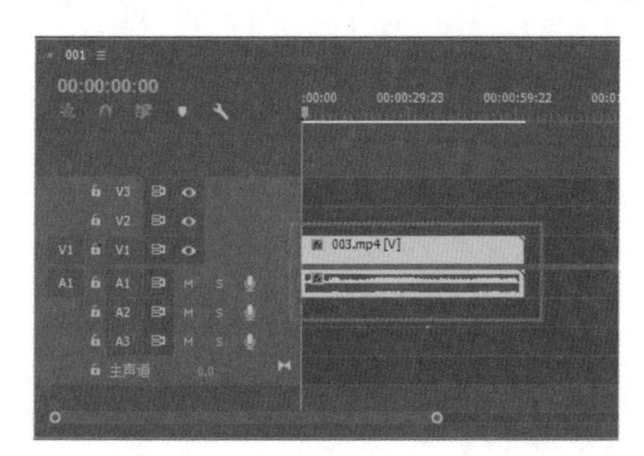

图 4-76

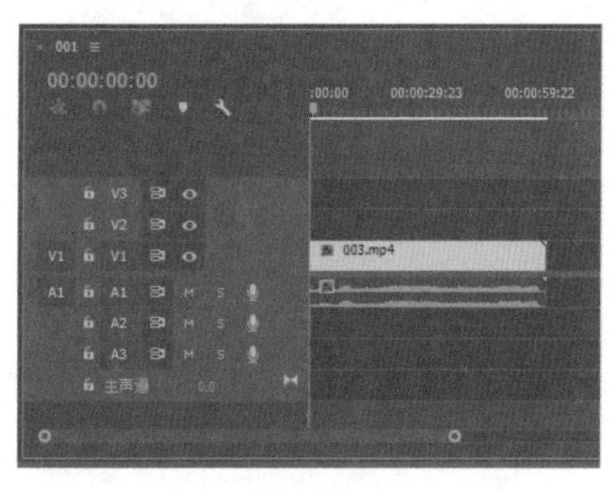

图 4-77

（2）若要将视频和音频重新链接起来，只需同时选择要链接的视频和音频素材，执行“剪辑 \ 链接”命令，或按【Ctrl+L】组合键，即可链接视频和音频素材，此时视频素材的名称后方重新出现了“[V]”字符，如图 4-78 所示。

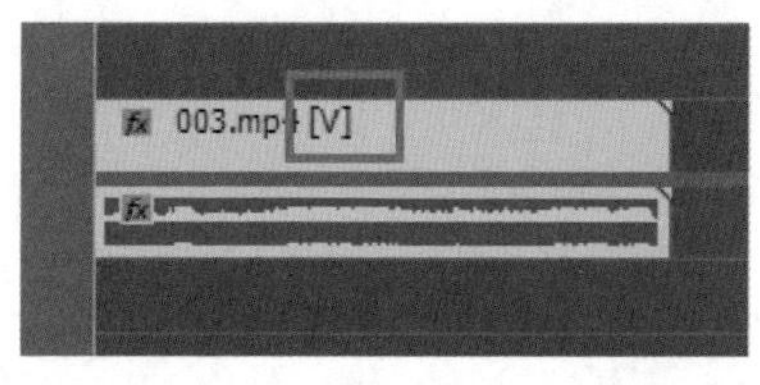

图 4-78

第5章 Premiere字幕编辑

字幕就是以各种字体、效果或动画出现在屏幕上的文字。随着影视艺术的发展和现代科技的应用，字幕在影视作品中的表现也在发生变化，以往只是为了说明故事发生的背景、叙述故事的情节等，现在却以各种各样的形式、字体及艺术手段而成为现代影视作品中不可或缺的组成部分。

 5.1 创建字幕的方法

在 Premiere 中创建字幕有很多种方法，大致上可分为从“文件”菜单中创建、从“图形”菜单中创建、从“窗口”菜单中创建、从“项目”面板中创建、从字幕模板中创建和使用快捷键创建 6 种创建方法，用户可根据自身的操作习惯选择合适的创建方法。在学习创建字幕的方法前，首先要了解 Premiere 中字幕的种类。

5.1.1 字幕的种类

在 Premiere 中，字幕分为 3 种类型，即“默认静止”“默认滚动”及“默认爬行”。字幕在被创建之后可在这 3 种类型之间随意转换。

1.“默认静止”字幕

“默认静止”字幕是指在默认状态下停留在画面指定位置不动的字幕。对于这种类型的字幕，若需要使其在画面中产生移动效果，必须为其设置位移关键帧。“默认静止”字幕的效果如图 5-1 所示。

图 5-1

2.“默认滚动”字幕

创建“默认滚动”字幕后，其默认的状态为在画面中从下到上进行垂直运动，运动速度取决于该字幕文件的持续时间长度。“默认滚动”字幕不需要设置关键帧动画，除非用户根据需要更改其运动状态。“默认滚动”字幕的运动效果如图 5-2 所示。

图 5-2

3.“默认爬行”字幕

创建“默认爬行”字幕后，其默认状态为沿画面水平方向进行运动。其运动方向既可以是从左至右，也可以是从右至左，从右至左的运动效果如图 5-3 所示。

图 5-3

5.1.2 创建字幕的几种方法

介绍完 Premiere 的字幕种类后，下面介绍在 Premiere 中创建字幕的几种方法。

1. 利用在工具箱创建字幕

在工具箱中单击“文字工具”按钮T，然后在“节目”监视器面板中单击并输入文本，即可在画面中创建字幕，如图 5-4 所示。

默认状态下，创建的字幕的字体颜色为白色，若要对文字的颜色等属性进行更改，则选择轨道上的字幕素材。在“效果控件”面板中展开“文本”属性栏，在其中可以对文字的属性进行调整，如图 5-5 所示。

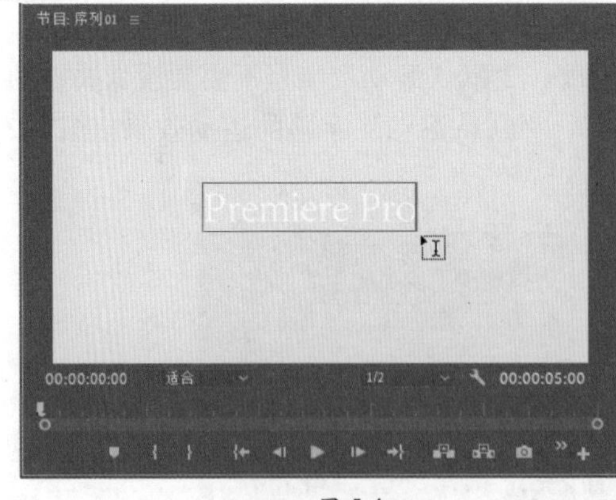

图 5-4

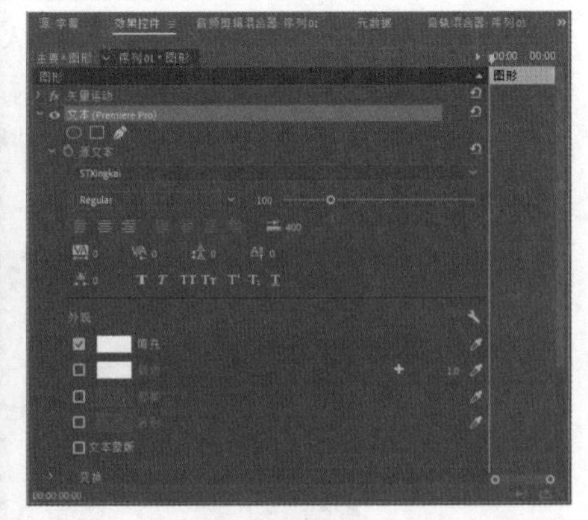

图 5-5

此外，还可以执行“窗口 \ 基本图形”命令，如图 5-6 所示，打开“基本图形”面板，在“编辑”选项卡中可对文字的参数及属性进行设置，如图 5-7 所示。

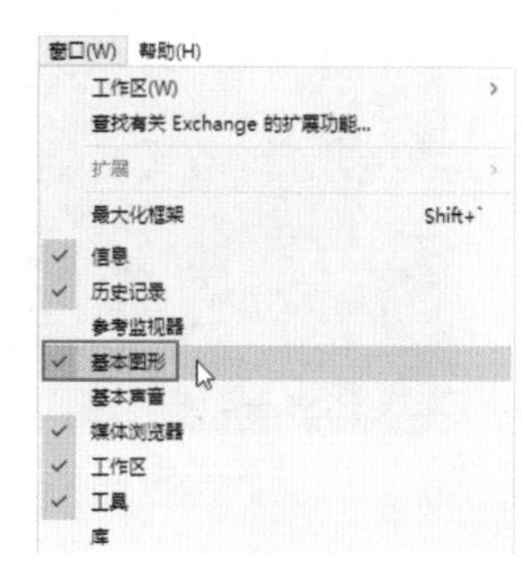

图 5-6

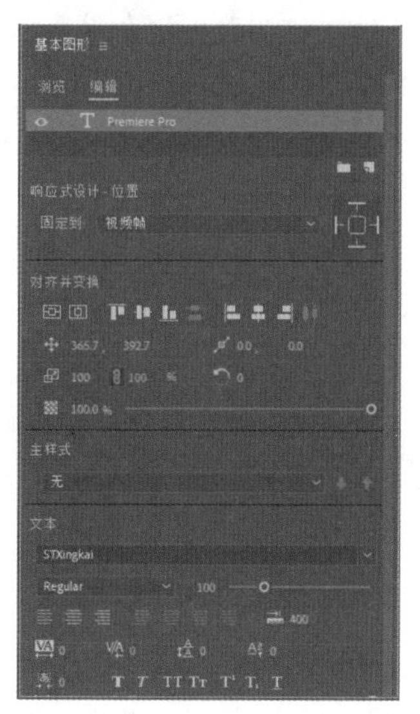

图 5-7

2. 利用“旧版标题”菜单创建字幕

用户如果需要按旧版模式创建字幕，需要执行“文件 \ 新建 \ 旧版标题”命令，如图 5-8 所示，弹出“新建字幕”对话框，在其中可设置字幕名称、像素长宽比和时基等参数，如图 5-9 所示。单击“确定”按钮，即可打开“旧版标题设计器”（也可以称为“字幕”面板）进行字幕编辑。

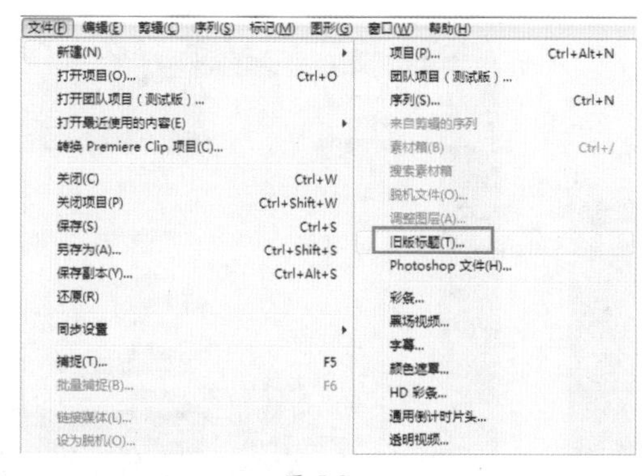

图 5-8

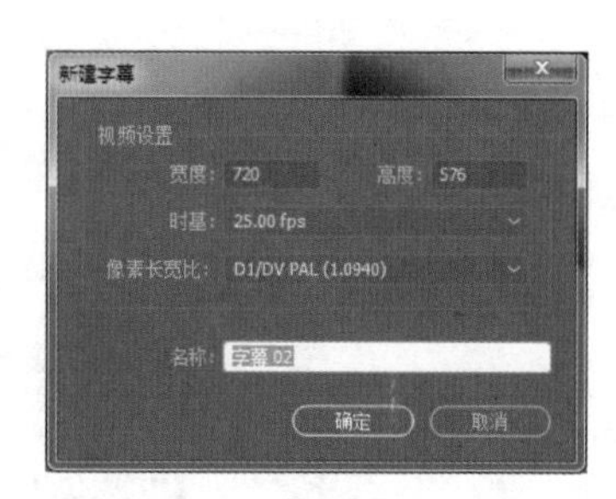

图 5-9

利用旧版标题创建方式，在创建字幕的同时，还可以在标题设计器中使用钢笔工具或形状工具绘制形状，这种创建方式更加符合 Premiere 老用户的使用习惯。

3. 利用“新建”菜单创建字幕

执行“文件 \ 新建 \ 字幕”命令，如图 5-10 所示，弹出“新建字幕”对话框，如图 5-11 所示，用户可以在该对话框中自行设置字幕类型，并进行相关参数设置，单击“确定”按钮，即可在“项目”面板中生成对应的字幕素材。

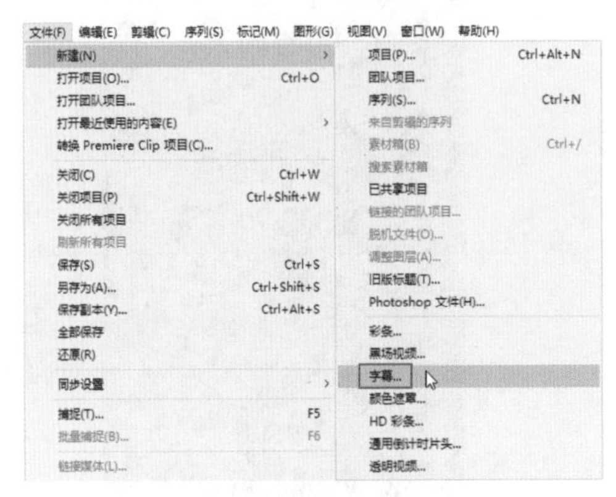

图 5-10

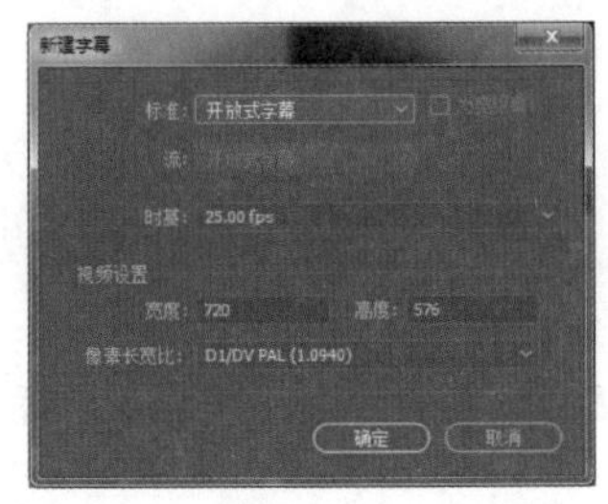

图 5-11

4. 利用“项目”面板创建字幕

在 Premiere 的工作界面中，单击“项目”面板右下角的“新建项”按钮，在打开的下拉列表中选择“字幕”选项，如图 5-12 所示。弹出“新建字幕”对话框，在其中完成参数设置后，单击“确定”按钮，即可创建所需的字幕文件。

在“项目”面板的空白处右击，在弹出的快捷菜单中选择“新建项目 \ 字幕”命令，如图 5-13 所示，弹出“新建字幕”对话框，在其中完成参数设置后，单击“确定”按钮，即可创建所需的字幕文件。

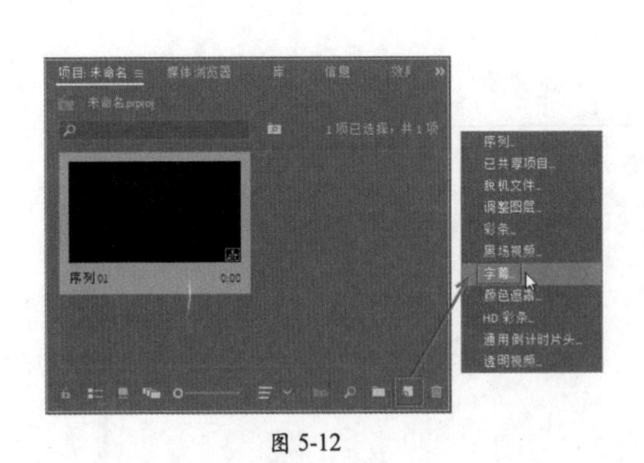

图 5-12

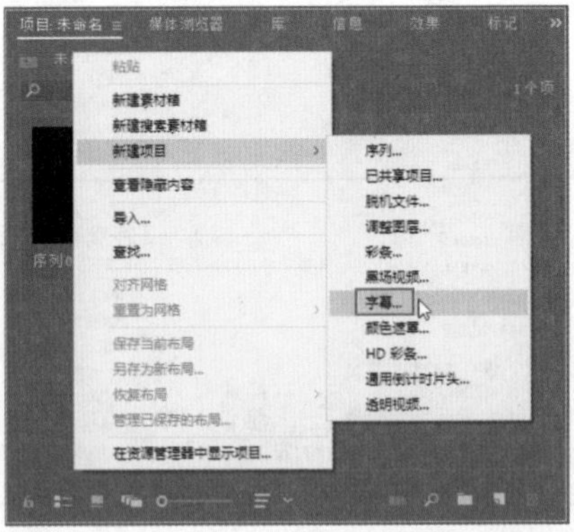

图 5-13

5.1.3 动手操练——创建并添加字幕

下面将以实例的形式，讲解在项目中创建并添加字幕的具体操作步骤。

（1）启动 Premiere 软件，新建一个项目文件。进入工作界面后，在“时间线”面板中添加一个背景图像素材“85952*.jpg”，如图 5-14 所示。在“节目”监视器面板中可以预览当前素材效果，如图 5-15 所示。

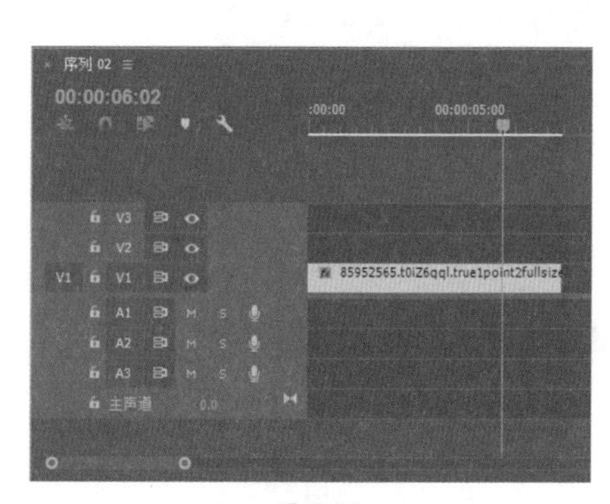

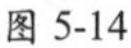

图 5-14

图 5-15

（2）执行“文件 \ 新建 \ 旧版标题”命令，弹出“新建字幕”对话框，保持默认设置，单击“确定”按钮，如图 5-16 所示。

（3）打开“字幕”面板，在“文字工具”按钮T处于选中状态的前提下，在工作区域合适位置单击并输入文字“国际象棋”。然后选中文字对象，在右侧的“旧版标题属性”面板中设置字体、颜色等参数，如图 5-17 所示。

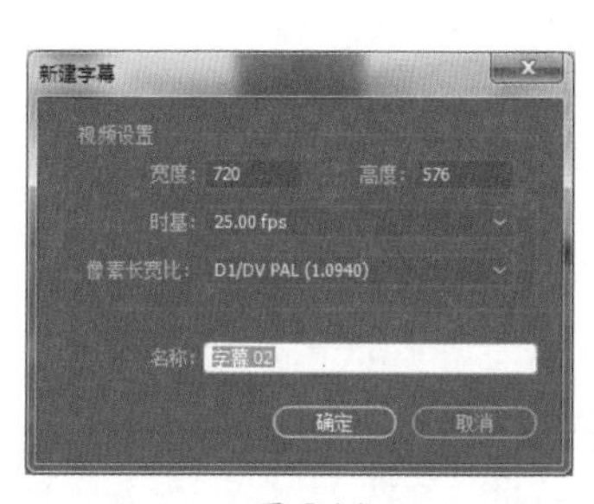

图 5-16

图 5-17

（4）完成字幕设置后，单击面板右上角的“关闭”按钮，返回工作界面。此时在“项目”面板中已生成了字幕素材，将该素材拖曳添加至“时间线”面板的 V2 视频轨道中，如图 5-18 所示。

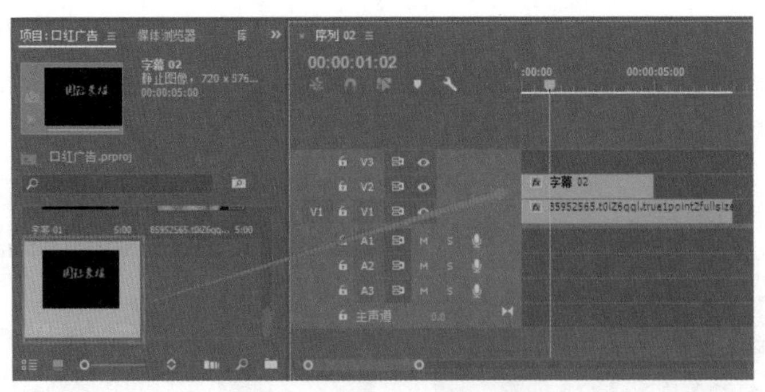

图 5-18

至此，就完成了字幕的创建和添加工作。添加字幕后的画面效果如图 5-19 所示。

图 5-19

提 示

创建字幕素材后，若想对字幕参数进行调整，在“项目”面板中双击字幕素材，可再次打开“字幕”面板进行参数调整。

5.2 字幕素材的编辑

在创建字幕时，必然会要用到“标题设计器”，即“字幕”面板，如图 5-20 所示，工作区域是指制作文字及图案的显示界面，其上方为字幕栏，左侧为工具箱和字幕动作栏，右侧为旧版标题属性栏，下方为旧版标题样式栏。

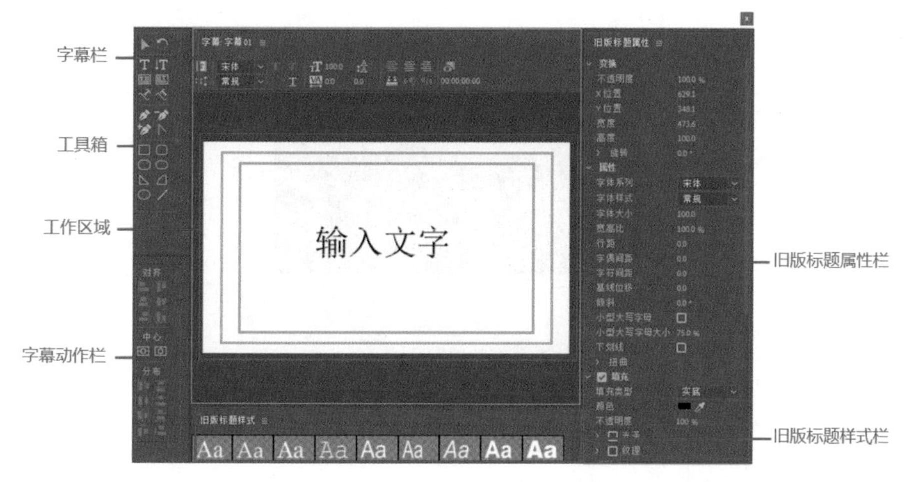

图 5-20

5.2.1 字幕栏

在“字幕”面板中，可基于当前字幕新建字幕、设置字幕滚动、字体大小和对齐方式等。默认情况下，字幕栏位于工作区域的上方，如图 5-21 所示。

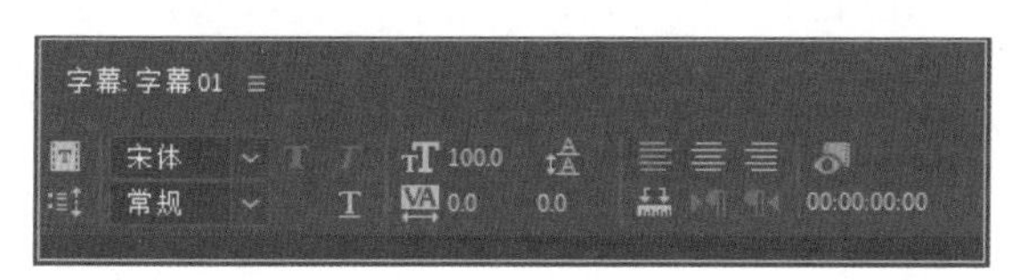

图 5-21

字幕栏中各项参数的介绍如下。

字幕: 字幕 01 ≡字幕列表：在不关闭“字幕”面板的情况下，可单击≡按钮，在打开的下拉列表中对字幕进行切换编辑。

基于当前字幕新建字幕：在当前字幕的基础上创建一个新的“字幕”面板。

宋体字体：设置字体系列。

常规字体类型：设置字体的样式。

字体大小：设置文字字号的大小。

字偶间距：设置文字之间的间距。

行距：设置每行文字之间的间距。

左对齐、居中、右对齐：设置文字的对齐方式。

显示背景视频：单击该按钮可显示或隐藏背景图像。

滚动 / 游动选项：单击该按钮可弹出“滚动 / 游动选项”对话框，如图 5-22 所示，在其中可设置字幕的类型、滚动方向和时间帧等参数。

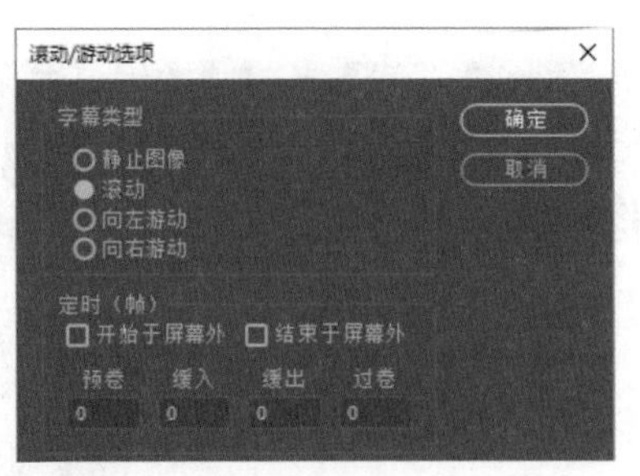

图 5-22

“滚动 / 游动选项”对话框中各参数的介绍如下。

静止图像：字幕不产生运动效果。

滚动：设置字幕沿垂直方向滚动。选择“开始于屏幕外”和“结束于屏幕外”复选框后，字幕将从下向上滚动。

向左游动：字幕沿水平方向左滚动。

向右游动：字幕沿水平方向右滚动。

开始于屏幕外：选择该复选框，字幕从屏幕外开始进入工作区域。

结束于屏幕外：选择该复选框，字幕从工作区域中滚动到屏幕外结束。

预卷：设置字幕滚动的开始帧数。

缓入：方框中的数值表示字幕开始运动后，多少帧内的运动速度是由慢到快的。

缓出：方框中的数值表示字幕结束运动前，多少帧内的运动速度是由快到慢的。

过卷：设置字幕滚动的结束帧数。

5.2.2 工具箱

工具箱中包括选择文字、制作文字、编辑文字和绘制图形的基本工具。默认情况下，工具箱位于工作区域的左侧，如图 5-23 所示。

工具箱中各个工具的介绍如下。

选择工具：用于在工作区域中选择、移动、缩放对象，配合【Shift】键，可以同时选择多个对象。

旋转工具：用于对文本或图形对象进行旋转操作，如图 5-24 所示。

图 5-23

图 5-24

文字工具：用于输入水平方向的文字。

垂直文字工具：用于输入垂直方向的文字。

区域文字工具：用于输入水平方向的多行文本。

垂直区域文字工具：用于输入垂直方向的多行文本。

路径文字：使用该工具可以创建出沿路径弯曲且平行于路径的文本。

垂直路径文字：使用该工具可以创建出沿路径弯曲且垂直于路径的文本。

钢笔工具：用于绘制和调整路径曲线。

添加锚点工具：用于在所选曲线路径或文本路径上增加锚点。

删除锚点工具：用于删除曲线路径和文本路径上的锚点。

转换锚点工具：使用该工具单击路径上的锚点，可以对锚点进行调整。

矩形工具：用于在工作区域中绘制矩形。按住【Shift】键的同时拖动鼠标，可以绘制正方形。

圆角矩形工具：用于在工作区域中绘制圆角矩形，其使用方法与矩形工具一致。

切角矩形工具：用于在工作区域中绘制切角矩形。

圆边矩形工具：用于在工作区域中绘制边角为圆形的矩形。

楔形工具：用于在工作区域中绘制三角形。

弧形工具：用于在工作区域中绘制弧形。

椭圆形工具：用于在工作区域中绘制椭圆形。

直线工具：用于在工作区域中绘制直线线段。

提 示

绘制图形时，按住【Shift】键，可以保持图形的长宽比；按住【Alt】键，可以从图形的中心位置绘制。另外，在使用“钢笔工具”绘制图形时，路径上的控制点越多，图形的形状则越精细，但过多的控制点不利于后期修改，因此在不影响效果的情况下，建设尽可能地减少控制点。

5.2.3 字幕动作栏

在字幕动作栏中可以针对多个字幕或形状进行对齐与分布设置。默认情况下，字幕动作栏位于工具箱下方，如图 5-25 所示。

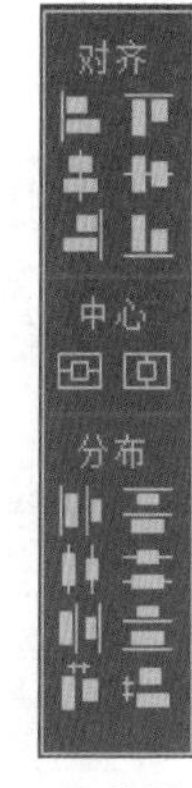

图 5-25

字幕动作栏中的功能按钮介绍如下。

在“对齐”选项组中可以对全选的多个对象进行排列位置的对齐调整。

水平靠左：使所选对象在水平方向上靠左边对齐。

垂直靠上：使所选对象在垂直方向上靠顶部对齐。

水平居中：使所选对象在水平方向上居中对齐。

垂直居中：使所选对象在垂直方向上居中对齐。

水平靠右：使所选对象在水平方向上靠右边对齐。

垂直靠下：使所选对象在垂直方向上靠底部对齐。

在“中心”选项组中可以调整对象的位置。

垂直居中：移动对象使其垂直居中。

水平居中：移动对象使其水平居中。

在“分布”选项组中可以使选中的对象按一定的方式进行分布。

水平靠左：对多个对象进行水平方向上的左对齐分布，并且每个对象左边缘之间的间距相同。

垂直靠上：对多个对象进行垂直方向上的顶部对齐分布，并且每个对象上边缘之间的间距相同。

水平居中：对多个对象进行水平方向上的居中均匀对齐分布。

垂直居中：对多个对象进行垂直方向上的居中均匀对齐分布。

水平靠右：对多个对象进行水平方向上的右对齐分布，并且每个对象右边缘之间的间距相同。

垂直靠下：对多个对象进行垂直方向上的底部对齐分布，并且每个对象下边缘之间的间距相同。

水平等距间隔：对多个对象进行水平方向上的均匀分布对齐。

垂直等距间隔：对多个对象进行垂直方向上的均匀分布对齐。

5.2.4 动手操练——制作滚动字幕

在“字幕”面板中，用户可以自行创建字幕，并可以根据需求赋予字幕不同的字体、填充颜色、描边颜色、动效等特性。下面通过实例来讲解如何在项目中创建滚动字幕效果。

（1）启动 Premiere 软件，新建一个项目文件。进入工作界面后，在“时间线”面板中添加背景图像素材“beach*.jpg”，如图 5-26 所示。在“节目”监视器面板中可以预览当前素材效果，如图 5-27 所示。

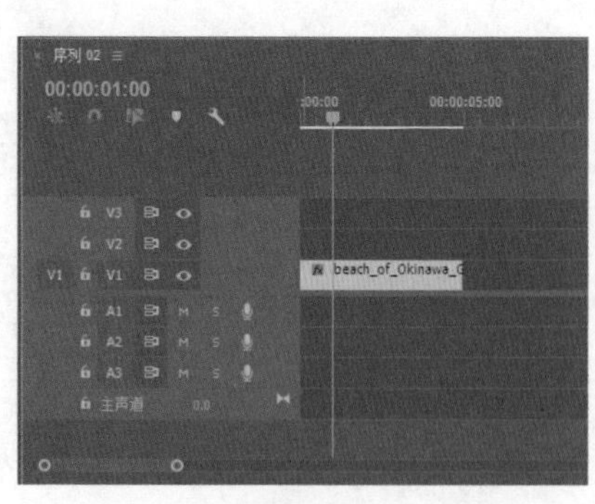

图 5-26

图 5-27

（2）执行“文件 \ 新建 \ 旧版标题”命令，弹出“新建字幕”对话框，保持默认设置，如图 5-28 所示，单击“确定”按钮。

（3）打开路径文件夹中的文本文档，复制文本内容。进入“字幕”面板，在“文字工具”按钮T处于选中状态的前提下，在工作区域单击，然后按【Ctrl+V】组合键粘贴刚才复制的文本内容，如图 5-29 所示。

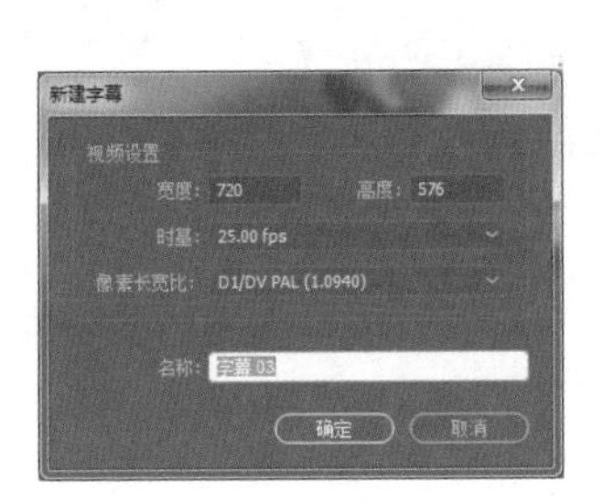

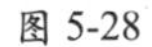

图 5-28

图 5-29

提 示

创建的部分文字不能正常显示，是由于当前的字体类型不支持该文字的显示，替换为合适的字体后即可正常显示。

（4）选中文字对象，在右侧的“旧版标题属性”面板中设置字体、行距和填充颜色等参数，并将文字摆放至合适位置，如图 5-30 所示。

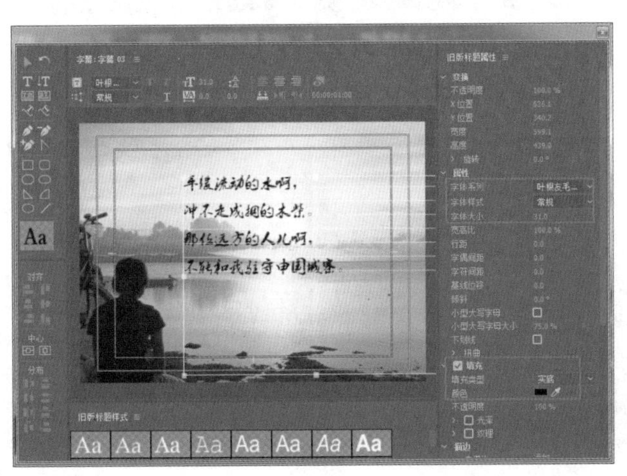

图 5-30

（5）单击“字幕”面板上方的“滚动 / 游动选项”按钮，弹出“滚动 / 游动选项”对话框，将“字幕类型”设置为“滚动”，选择“开始于屏幕外”复选框，在“过卷”下的文本框中输入数值 5（数字越大，滚动速度越快），如图 5-31 所示，单击“确定”按钮，完成设置。

（6）关闭“字幕”面板，回到 Premiere 工作界面。将“项目”面板中的“字幕 01”素材拖曳添加至“时间轴”面板的 V2 视频轨道中，如图 5-32 所示。

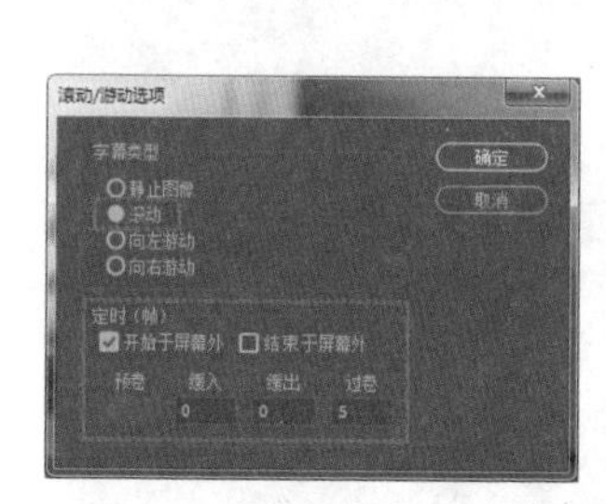

图 5-31

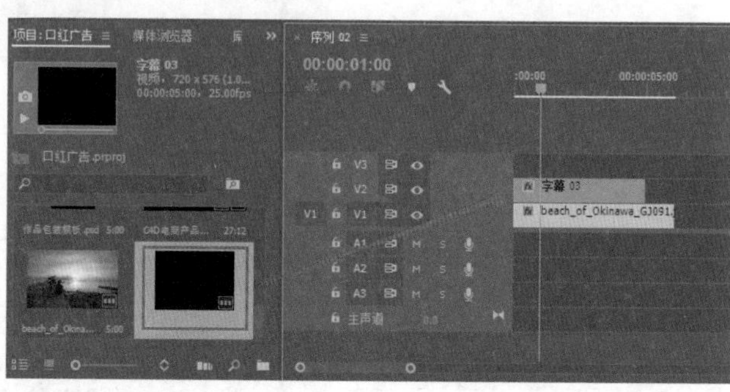

图 5-32

（7）在“时间线”面板中将鼠标移动到字幕素材右侧，出现红色箭头后拉长“持续时间”，让“时间线”面板中的字幕素材的时长与 V1 轨道的背景素材长度一致，如图 5-33 所示。

图 5-33

（8）在“节目”监视器面板中可预览最终的字幕效果，如图 5-34 所示。

图 5-34

5.3 旧版标题属性

"旧版标题属性"主要用于更改文字或形状的参数。默认情况下，"旧版标题属性"面板位于工作区域的右侧，如图 5-35 所示。

图 5-35

5.3.1 变换

"变换"选项主要用于设置字幕的不透明度、位置、宽度、高度和旋转等参数，如图 5-36 所示。

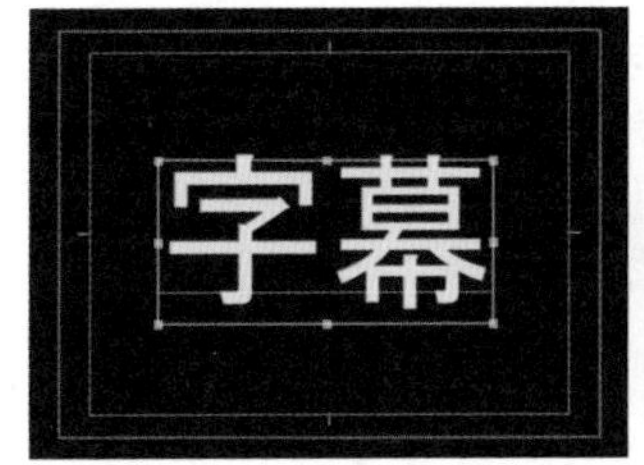

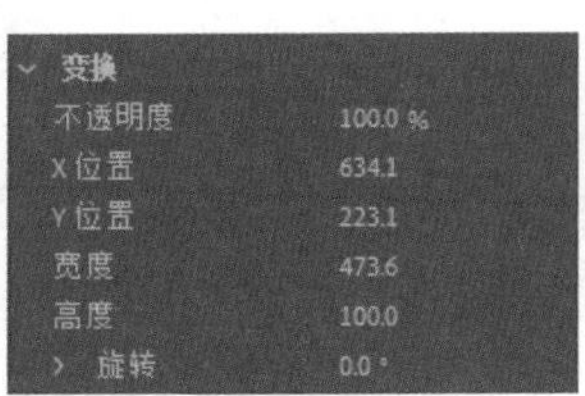

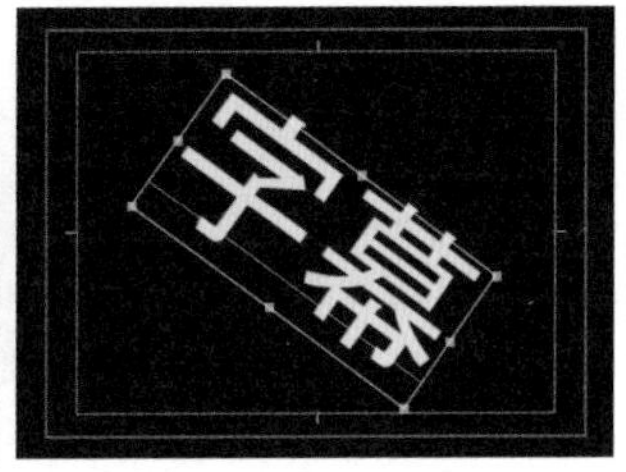

图 5-36

"变换"选项中各个参数的介绍如下。

不透明度：选中对象后，针对不透明度参数进行调整。

X 位置：选中对象后，设置对象在 *X* 轴上的位置。

Y 位置：与 X 位置相对，选中对象后，设置对象在 *Y* 轴上的位置。

宽度：设置所选对象的水平宽度数值。

高度：设置所选对象的垂直高度数值。

旋转：设置所选对象的旋转角度。

5.3.2 属性

"属性"选项用于对字体系列、字体大小、行距、字偶间距和倾斜等参数进行设置，如图 5-37 所示。

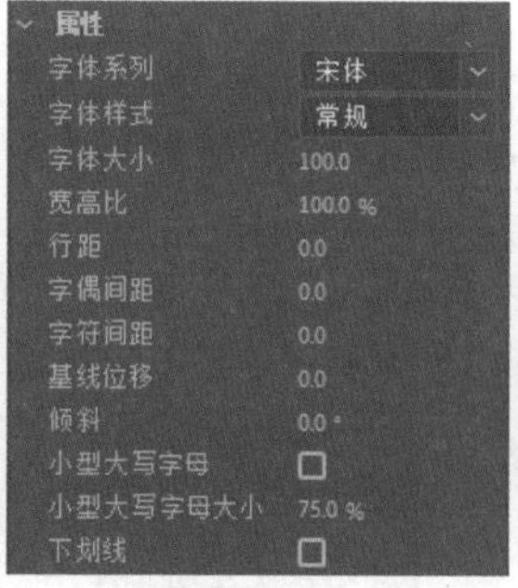

图 5-37

“属性”选项中各个参数的介绍如下。

字体系列：设置文字的字体。

字体样式：设置文字的字体样式。

字体大小：设置文字的大小。

宽高比：设置文字的长度和宽度的比例。

行距：设置文字的行间距或者列间距。

字偶间距：设置字与字之间的间距。

字符间距：在字距设置的基础上进一步设置文字的字距。

基线位移：调整文字的基线位置。

倾斜：调整文字的倾斜度。

小型大写字母：针对小写的英文字母进行调整。

小型大写字母大小：针对字母大小进行调整。

下画线：为选择文字添加下画线。

5.3.3 填充

默认情况下，对象的填充颜色为灰色，“填充”选项主要用于文字及形状内部的填充处理，如图 5-38 所示。

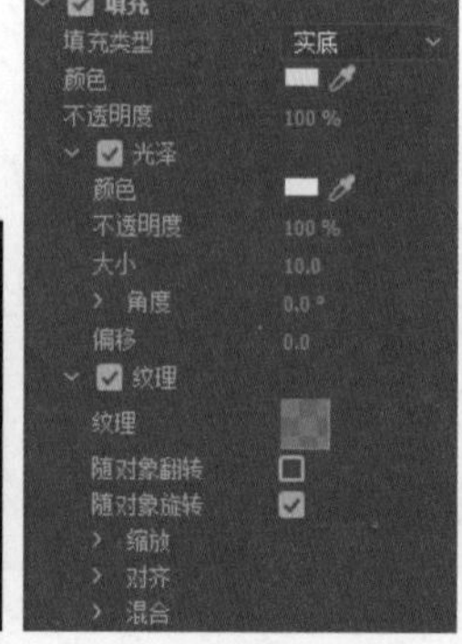

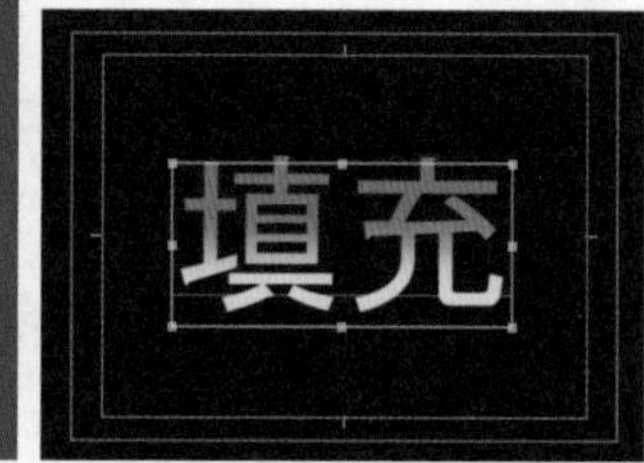

图 5-38

“填充”选项中各个参数的介绍如下。

填充类型：可以设置颜色在文字或图形中的填充类型。共包括“实底”“线性渐变”“径向渐变”等 7 种类型，如图 5-39 所示。

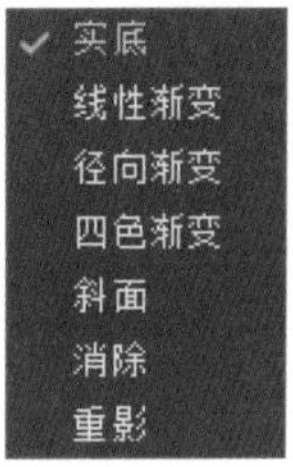

图 5-39

①实底：可以为文字或者图形对象填充单一的颜色。

②线性渐变：两种颜色以垂直或水平方向进行的混合性渐变，并可在“填充”选项面板中调整渐变颜色的透明度和角度。

③径向渐变：两种颜色由中心向四周发生混合渐变。

④四色渐变：为文字或者图形填充 4 种颜色混合的渐变，并针对单独的颜色进行“不透明度”设置。

⑤斜面：选中文字或者图形对象，调节参数，可为对象添加阴影效果。

⑥消除：选择“消除”选项后，可删除文字中的填充内容。

⑦重影：去除文字的填充，与“消除”选项相似。

颜色：用来设置需要填充的颜色。

光泽：选择该复选框，可以为工作区中的文字或者图案添加光泽效果。

颜色：设置添加光泽的颜色。

不透明度：设置添加光泽的不透明度。

大小：设置添加光泽的高度。

角度：对光泽的角度进行设置。

偏移：设置光泽在文字或图案上的位置。

纹理：为文字添加纹理效果。

纹理：单击“纹理”右侧的按钮，弹出“选择纹理图像”对话框，在其中可以选择一张图片作为纹理元素进行填充。

随对象翻转：选择该复选框，填充的图片会随着文字的翻转而翻转。

随对象旋转：与“随对象翻转”的用法相同。

缩放：选择文字后，在“缩放”选项组下调整参数，即可对纹理的大小进行调整。

对齐：与“缩放”选项相似，同为调整纹理的位置。

混合：可进行“填充键”混合和“纹理键”混合。

5.3.4 描边

“描边”选项用于文字或者形状的描边处理，分为内描边和外描边两种，如图 5-40 所示。

“描边”选项中各个参数的介绍如下。

内描边：为文字内侧添加描边效果。

类型：包括“深度”“边缘”“凹进”3 种类型。

大小：用来设置描边宽度。

外描边：为文字外侧添加描边效果，与“内描边”的用法相同。

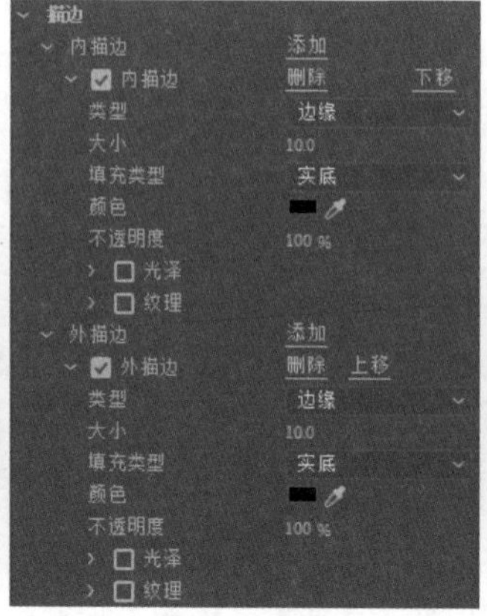

图 5-40

5.3.5 阴影

“阴影”选项可以为文字及图形对象添加阴影效果，如图 5-41 所示。

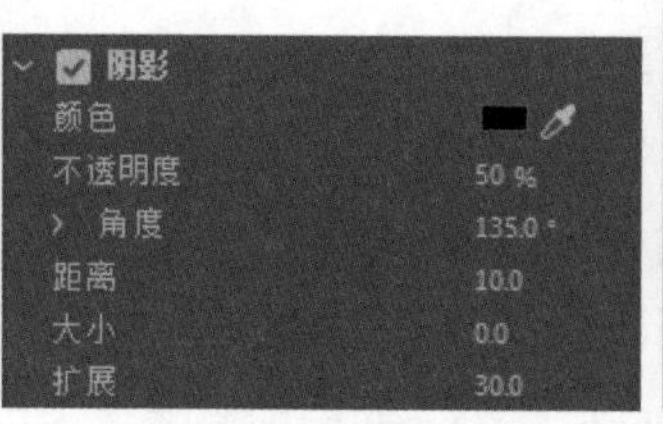

图 5-41

“阴影”选项中各个参数的介绍如下。

颜色：设置阴影的颜色。

不透明度：设置阴影的不透明度。

角度：设置阴影的角度。

距离：设置阴影与文字或图案之间的距离。

大小：设置阴影的大小。

扩展：设置阴影的模糊程度。

5.3.6 背景

“背景”选项可针对工作区域的背景部分进行更改处理，如图 5-42 所示。

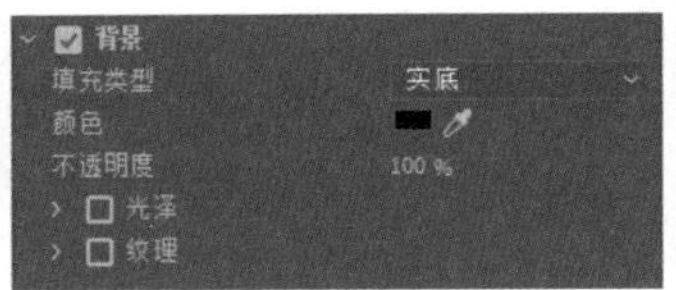

图 5-42

“背景”选项中各个参数的介绍如下。

填充类型：其中的类型与“填充”选项中的类型相同。

颜色：设置背景的填充颜色。

不透明度：设置背景填充颜色的不透明度。

5.3.7 旧版标题样式

“旧版标题样式”面板位于工作区域的底部，可以直接选择应用或通过菜单命令应用一个样式中的部分内容，还可以自定义新的字幕样式或导入外部样式文件。字幕样式是编辑好了的字体、填充色、描边及投影等效果的预设样式，如图 5-43 所示。

在“旧版标题样式”面板中包含了很多种样式类型，在样式库的空白区域右击，打开如图 5-44 所示的快捷菜单，此时可对样式库进行各类操作；若在样式上右击，则打开如图 5-45 所示的快捷菜单，此时可以对样式进行相应的操作。要为字幕对象应用样式，只需选中文字对象，再单击样式库中的某个样式，即可为对象添加该样式。

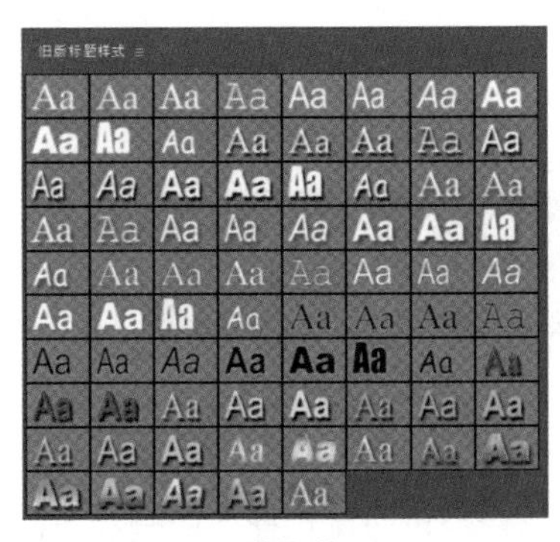

图 5-43

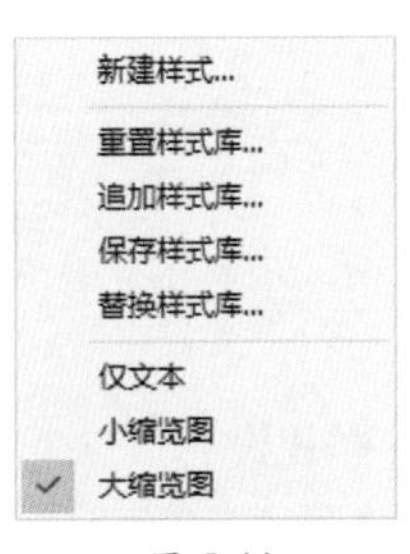

图 5-44

图 5-45

部分参数介绍如下。

新建样式：将用户自定义的字幕样式添加到样式库中，以便重复使用。

重置样式库：将样式库中的样式恢复到默认字幕样式库状态。

追加样式库：将保存的字幕样式添加到“字幕样式”面板中。

保存样式库：将当前面板中的样式保存为样式库文件。

替换样式库：用所选样式库中的样式替换当前的样式。

应用样式：选择“字幕”面板中的字幕对象，然后单击字幕样式库中想要使用的样式，即可为对象应用该样式。

应用带字体大小的样式：为对象应用该样式，并应用该样式的字体大小属性。

仅应用样式颜色：只为字幕对象应用该样式的颜色属性。

复制样式：将选中的样式复制一份。

删除样式：将选中的样式删除。

重命名样式：将选中的样式进行重新命名。

单击“旧版标题样式”面板右上角的≡按钮，打开如图 5-46 所示的快捷菜单，在其中可以进行“新建样式”“应用样式”“重置样式库”等操作。

部分参数介绍如下。

关闭面板：执行该命令，可以将“旧版标题样式”面板隐藏。

浮动面板：可将“字幕”面板中的各个模块进行重组拆分调整。

新建样式：可在“旧版标题样式”中新建样式，并可以在弹出的对话框中设置相应的名称，如图 5-47 所示。

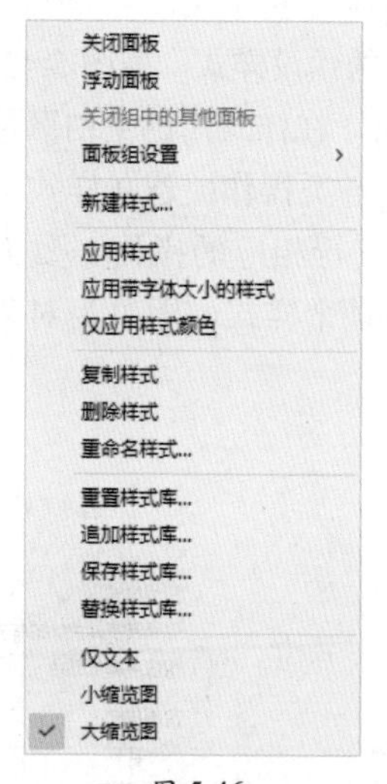

图 5-46

图 5-47

应用样式：可对文字进行样式设置。

应用带字体大小的样式：选择文字对象后，执行该命令可应用该样式的全部属性。

仅应用样式颜色：针对该样式的颜色进行应用。

复制样式：选择某样式后，执行该命令可对样式进行复制。

删除样式：选择不需要的样式，执行该命令可将样式删除。

重命名样式：对样式进行重命名操作。

重置样式库：执行该命令，样式库将进行还原。

追加样式库：添加样式种类，选中要添加的样式并单击打开，即可进行追加。

保存样式库：将样式库进行保存。

替换样式库：打开一个新的样式库并替换原有的样式库。

仅文本：执行该命令，样式库中只显示样式的名称。

小缩览图 / 大缩览图：设置样式库中样式图标显示的大小。

5.3.8 动手操练——为字幕添加样式

在“字幕”面板的工作区域中输入文本内容后，为文字对象应用“旧版标题样式”面板中的文字样式，可以有效地简化创作流程，帮助用户快速获取完整的文字效果。

（1）启动 Premiere 软件，新建一个项目文件。进入工作界面后，在“时间线”面板中添加一个背景图像素材“006.bmp”，如图 5-48 所示。在“节目”监视器面板中可以预览当前素材效果，如图 5-49 所示。

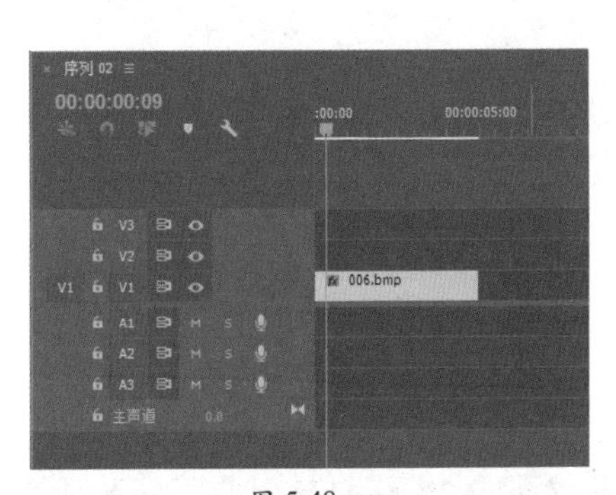

图 5-48

图 5-49

（2）执行“文件 \ 新建 \ 旧版标题”命令，弹出“新建字幕”对话框，保持默认设置，如图 5-50 所示，单击“确定”按钮。

（3）打开“字幕”面板，在“文字工具”按钮 T 处于选中状态的前提下，在工作区域的合适位置单击并输入文字“电影胶片”，如图 5-51 所示。

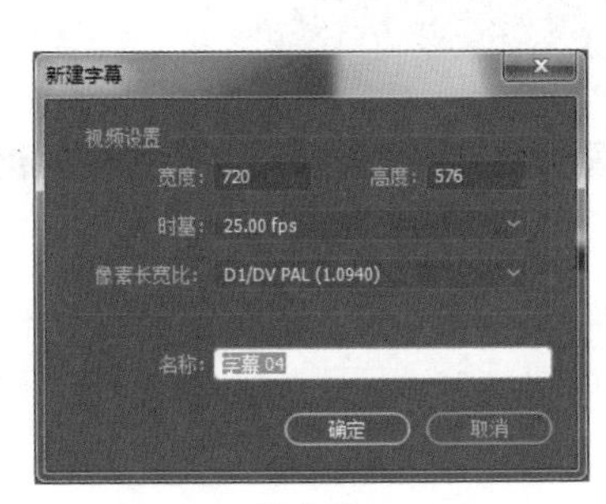

图 5-50

图 5-51

（4）使用“选择工具”选中文字对象，在“旧版标题属性”面板中设置文字的字体和大小参数，将文字移动到合适位置，此时得到的效果如图 5-52 所示。

图 5-52

（5）确定文字对象处于选中状态下，在“旧版标题样式”面板中右击所选择的样式，在弹出的快捷菜单中选择“仅应用样式颜色”命令，如图 5-53 所示。完成上述操作后，该样式被应用到文字对象上，效果如图 5-54 所示。

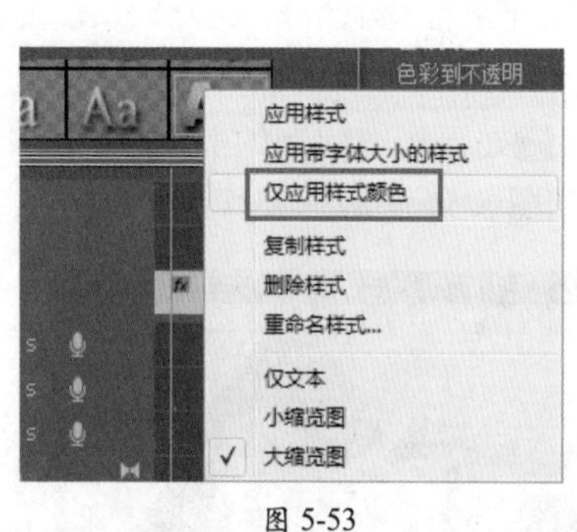

图 5-53

图 5-54

（6）关闭“字幕”面板，回到 Premiere 工作界面。将“项目”面板中的字幕素材拖曳添加至“时间线”面板的 V2 视频轨道中，如图 5-55 所示。

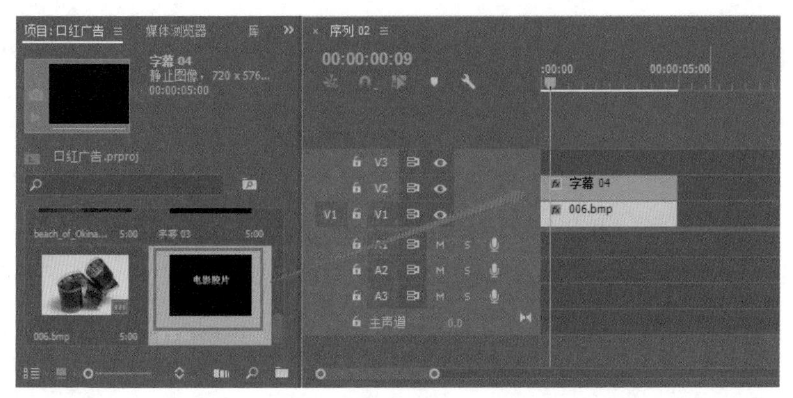

图 5-55

至此，就完成了字幕的创建及样式的添加。添加字幕后的画面效果如图 5-56 所示。

图 5-56

字幕制作的手法千变万化，实现一种字幕效果的方法也有多种，读者在学习时切记不要只局限于书本知识，在制作时要根据实例的具体情况思考制作方法，并同时思考这些方法是否还能实现其他的字幕效果，灵活地运用所学知识。另外，建议读者在观看电视节目或 MTV 时，思考当前呈现的字幕效果可以通过什么方法来实现，以及实现的方法有哪些，注意平时知识的积累，能够在今后的实际工作中更好地解决问题。

第 6 章 Premiere 视频效果应用

利用 Premiere 编辑影片时，系统自带了为数众多的视频效果，这些视频效果能对原始素材进行调整，如调整画面的对比度、为画面添加粒子或者光照等。这些视频效果为影视作品增添了较强的艺术效果，同时为观众带来了丰富多彩、精美绝伦的视觉盛宴。

6.1 添加视频效果

在本节中，将介绍 Premiere 系统内置视频效果的分类、如何为素材添加系统内置视频效果，以及如何控制所添加的视频效果等知识。

6.1.1 系统内置视频效果的分类

在 Premiere 中，系统内置的视频效果分为“变换”组、“图像控制”组、“通道”组、“键控”组等 18 个视频效果组，如图 6-1 所示。

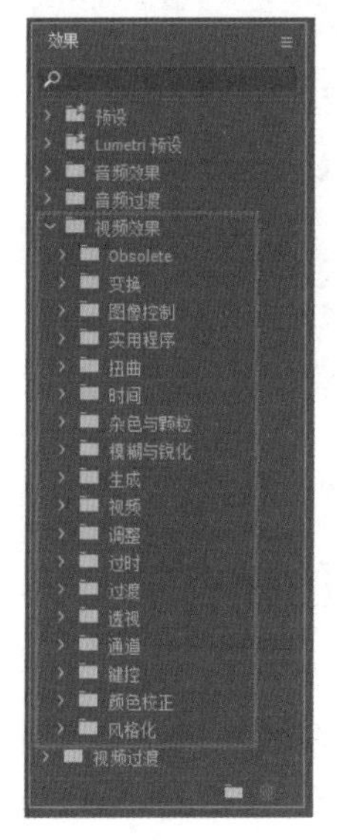

图 6-1

6.1.2 动手操练——为素材添加视频效果

下面介绍如何为素材应用 Premiere 内置的视频效果，为素材应用视频效果后的画面效果如图 6-2 所示。

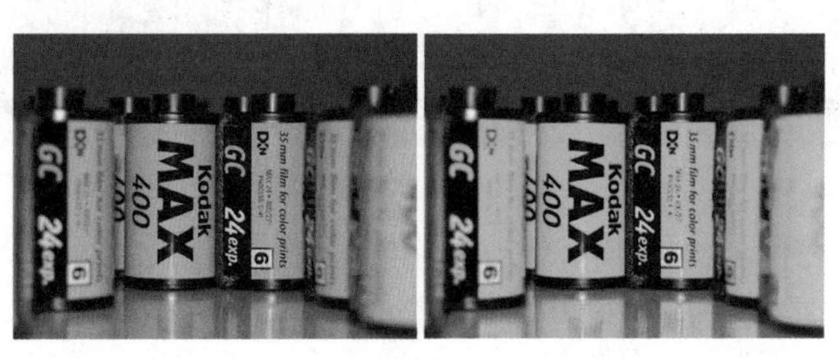

图 6-2

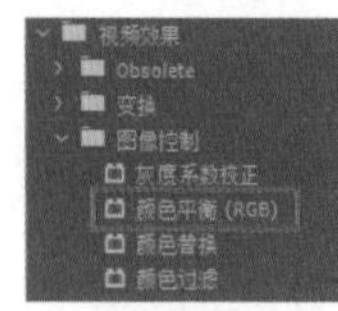

图 6-3

为视频素材添加视频效果的操作步骤如下。

（1）打开“效果”面板，展开“视频效果”文件夹，从中选择一种特效类别，如图 6-3 所示。

（2）从效果列表中选择一种需要的效果，将“Nao*.jpg”素材文件拖放到“时间线”面板中，从“效果”面板中选择一种需要的效果拖放到素材上，如图 6-4 所示。

应用了视频效果后，“时间线”面板中的视频素材上会显示一条紫色的边界线。

（3）添加特效后，打开“效果控件”面板，在其中可以对效果参数进行调整，如图 6-5 所示。

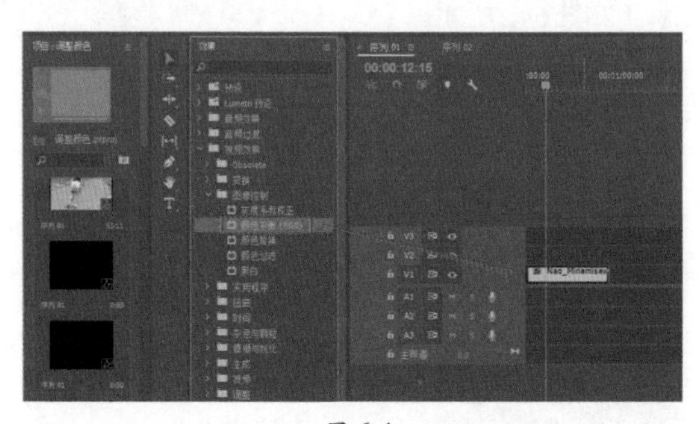

图 6-4

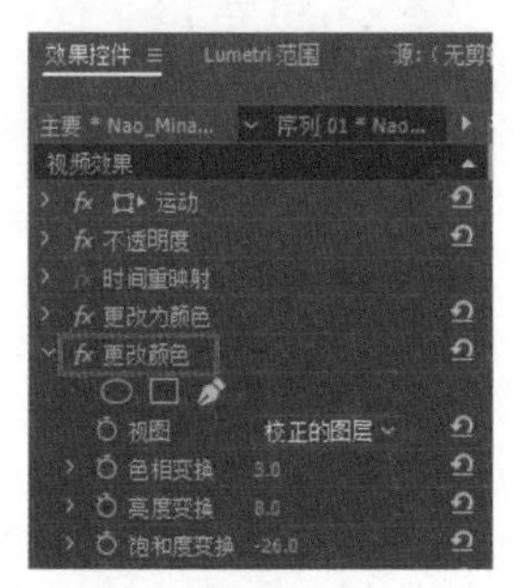

图 6-5

6.1.3 添加视频效果的顺序

在利用 Premiere 的视频效果调整素材时，有时使用一个视频效果即可达到调整目的，但是在很多时候需要为素材添加两个甚至两个以上的视频效果，通过这些视频效果的共同作用，素材才能达到满意的视觉效果。使用视频效果调整素材后的效果如图 6-6 所示。

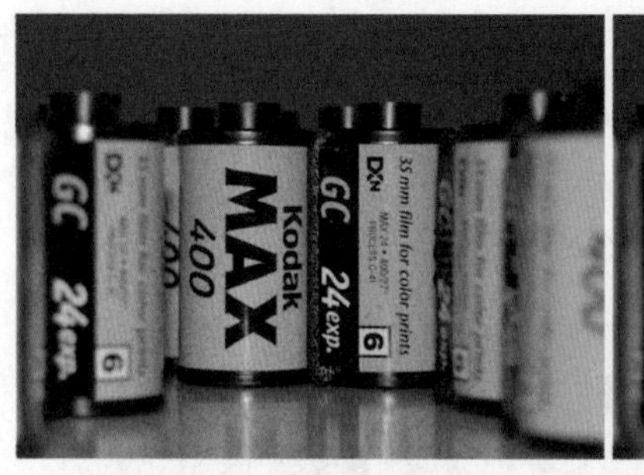

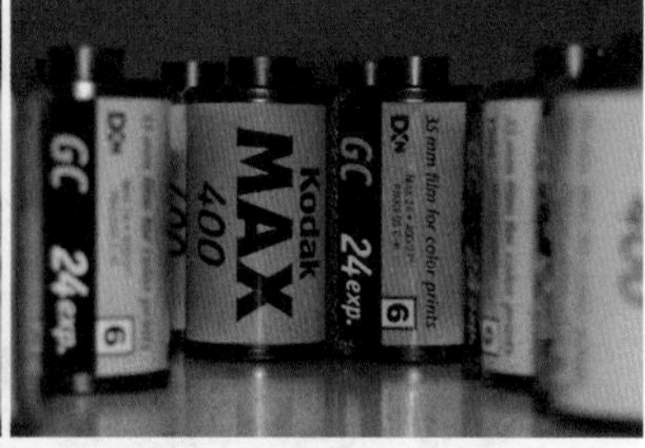

图 6-6

在 Premiere 中，系统按照素材“效果控件”面板中的视频效果从“上”至“下”的顺序进行运算。若为素材使用单个视频效果，那么视频效果在“效果控件”面板中的位置没有什么要求，而如果为素材应用了多个视频效果，那么就一定要注意视频效果在“效果控件”面板中的排列顺序，视频效果排列顺序不同，画面的最终效果也会不同。下面通过实例来进行说明，默认视频效果顺序下，画面的效果如图 6-7 所示。

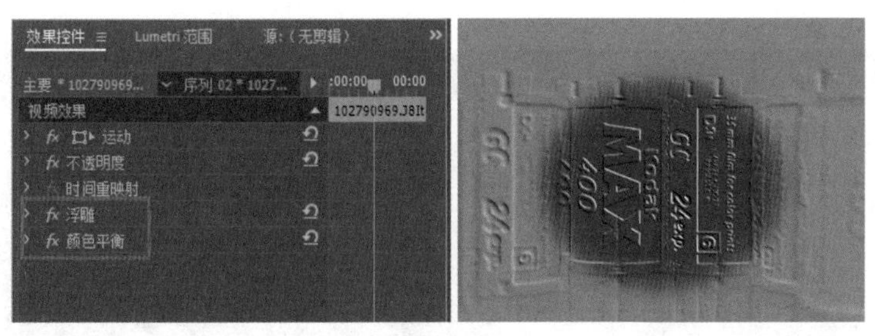

图 6-7

在“效果控件”面板中，选择“浮雕”视频效果，按住鼠标左键并向下拖动，将该视频效果调整到“颜色平衡”视频效果之后，此时“节目”面板中的效果如图 6-8 所示。

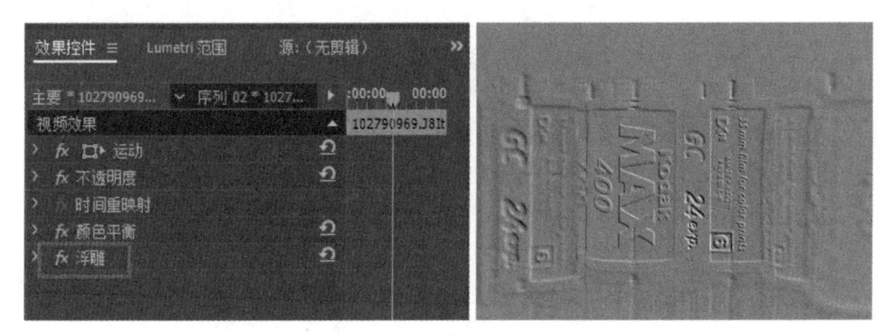

图 6-8

当为素材应用视频效果的数量在 3 个及 3 个以上时，更需要注意各个视频效果在“效果控件”面板中的顺序。

6.2 图像控制类效果

通过“效果”面板中的“图像控制”类效果，可以平衡画面中强弱、浓淡、轻重的色彩关系，使画面更加符合观众的视觉感受。其中包括“灰度系数校正”“颜色平衡（RGB）”“颜色替换”“颜色过滤”和“黑白”共 5 种效果，如图 6-9 所示。

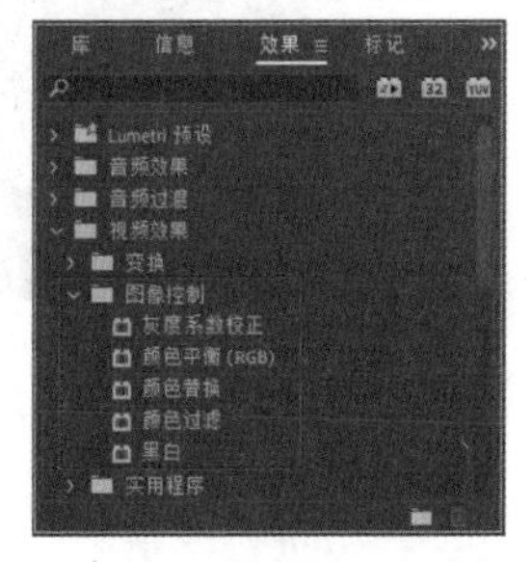

图 6-9

6.2.1 灰度系数校正

“灰度系数校正”效果可以在不改变图像高亮区域和低亮区域的情况下，使图像变亮或者变暗，其应用前后的对比效果如图 6-10 所示。

图 6-10

为素材添加“灰度系数校正”效果后，在“效果控件”面板中可对该效果的相关参数进行调整，如图 6-11 所示。

图 6-11

相关参数介绍如下。

灰度系数：设置素材文件的灰度效果，数值越小画面越亮，数值越大画面越暗。

6.2.2 颜色平衡（RGB）

“颜色平衡（RGB）”效果可通过单独改变画面中像素的 RGB 值来调整图像的颜色，其应用前后的对比效果如图 6-12 所示。

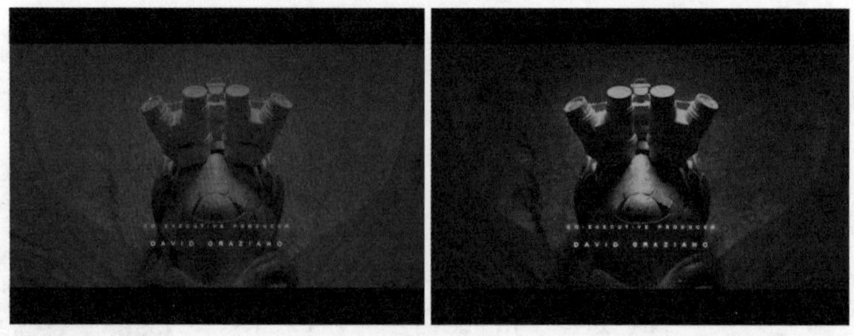

图 6-12

为素材添加“颜色平衡（RGB）”效果后，在“效果控件”面板中可对该效果的相关参数进行调整，如图 6-13 所示。

相关参数介绍如下。

红色：针对素材文件中的红色数量进行调整。

绿色：针对素材文件中的绿色数量进行调整。

蓝色：针对素材文件中的蓝色数量进行调整。

图 6-13

6.2.3 颜色替换

“颜色替换”效果能将图像中指定的颜色替换为另一种指定颜色，而其他颜色保持不变，其应用前后的对比效果如图 6-14 所示。

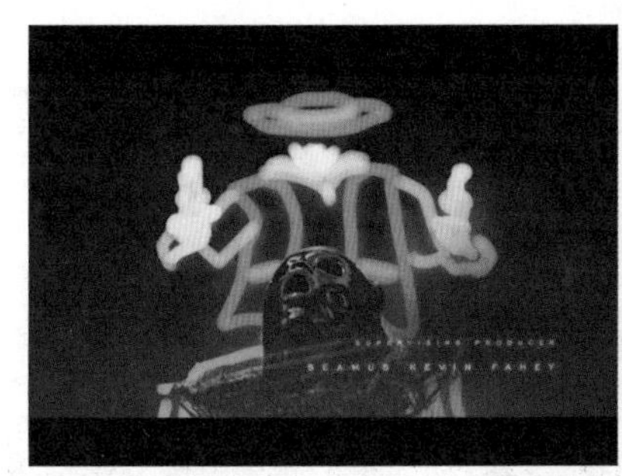

图 6-14

为素材添加“颜色替换”效果后，在“效果控件”面板中可对该效果的相关参数进行调整，如图 6-15 所示。

相关参数介绍如下。

相似性：设置目标颜色的容差数值。

目标颜色：画面中的取样颜色。

替换颜色：即“目标颜色”被替换后的颜色。

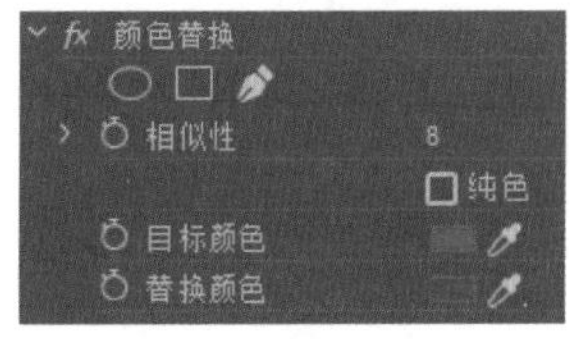

图 6-15

6.2.4 颜色过滤

“颜色过渡”效果能过滤掉图像中除指定颜色外的其他颜色，即图像中只保留指定的颜色，其他颜色以灰度模式显示，其应用前后的对比效果如图 6-16 所示。

图 6-16

为素材添加“颜色过滤”效果后，在“效果控件”面板中可对该效果的相关参数进行调整，如图 6-17 所示。

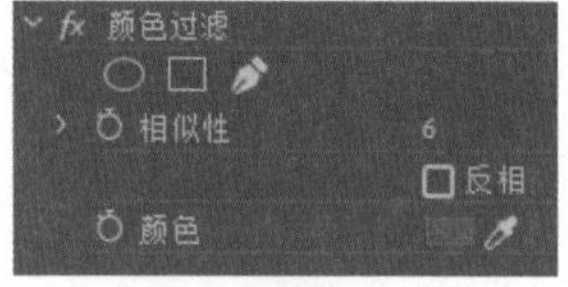

图 6-17

相关参数介绍如下。

相似性：设置画面中的灰度值。

颜色：选择的颜色将会被保留。

6.2.5 黑白

“黑白”效果能忽略图像的颜色信息，将彩色图像转换为黑白灰度模式的图像，其应用前后的对比效果如图 6-18 所示。

图 6-18

6.2.6 动手操练——制作黑白电视画面效果

本实例将应用“黑白”视频效果模拟黑白电视机的画面效果。该特效可以忽略图像的颜色信息，将彩色图像转换为黑白灰度模式的图像。通过学习本实例，读者可掌握画面去色技能。

（1）启动 Premiere 软件，按【Ctrl+O】组合键，打开“黑白 .prproj”文件，显示效果如图 6-19 所示。

图 6-19

（2）打开“效果”面板，将“黑白”效果拖曳到“时间线”面板中的素材文件上，如图 6-20 所示。

（3）打开“节目”面板，预览添加“黑白”视频效果后的素材效果，如图 6-21 所示。

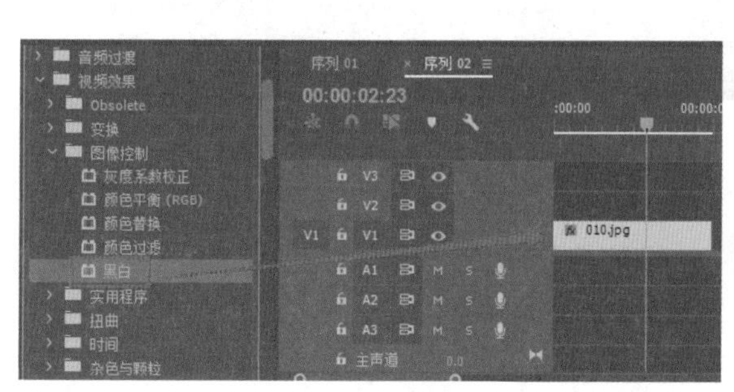

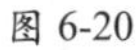

图 6-20

图 6-21

6.3 过时类效果

Premiere 中的“过时”类效果包含“RGB 曲线”“RGB 颜色校正器”“三向颜色校正器”“亮度曲线”“亮度校正器”“快速模糊”“快速颜色校正器”“自动对比度”“自动色阶”“自动颜色”和“阴影 / 高光”等 11 种视频效果，如图 6-22 所示。

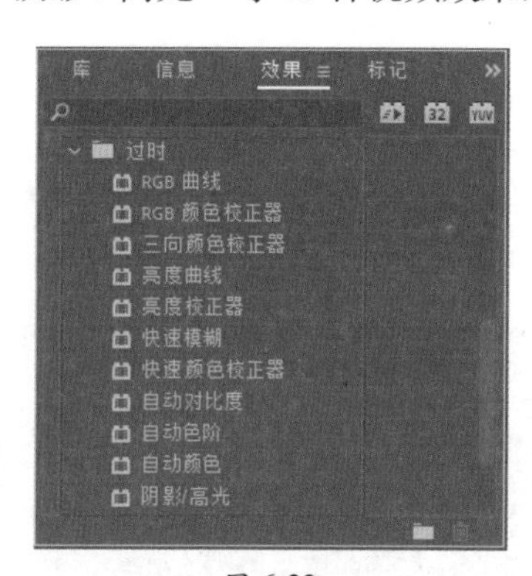

图 6-22

6.3.1 RGB 曲线

“RGB 曲线”效果通过调整红、绿、蓝通道和主通道的曲线来调节 RGB 色彩值的效果，其应用前后的对比效果如图 6-23 所示。

图 6-23

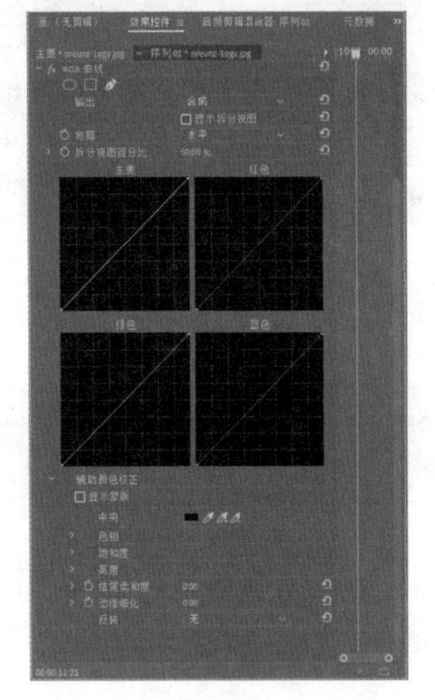

图 6-24

为素材添加“RGB 曲线”效果后，在“效果控件”面板中可对该效果的相关参数进行调整，如图 6-24 所示。

相关参数介绍如下。

输出：其中包括“合成”和“亮度”两种输出类型。

布局：其中包括“水平”和“垂直”两种布局类型。

拆分视图百分比：调整素材文件的视图大小。

辅助颜色校正：可以通过色相、饱和度和明度定义颜色，并针对画面中的颜色进行校正。

6.3.2 RGB 颜色校正器

“RGB 颜色校正器”效果通过修改 RGB 参数来改变画面颜色和亮度的效果，其应用前后的对比效果如图 6-25 所示。

图 6-25

为素材添加“RGB 颜色校正器”效果后，在“效果控件”面板中可对该效果的相关参数进行调整，如图 6-26 所示。

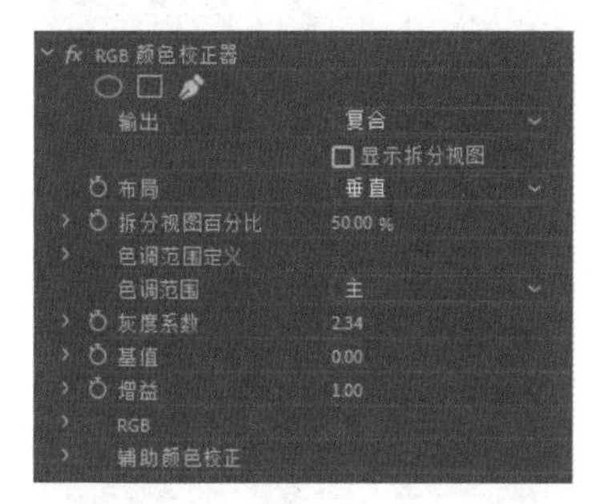

图 6-26

相关参数介绍如下。

输出：可通过“复合”“亮度”和“色调范围”调整素材文件的输出值。

布局：以“水平”或“垂直”的方式确定视图布局。

拆分视图百分比：调整需要校正视图的百分比。

色调范围：可通过“高光”“中间调”和“阴影”来控制画面的明暗数值。

灰度系数：用来调整画面中的灰度值。

基值：从 Alpha 通道中以颗粒状滤出的一种杂色。

增益：可调节音频轨道混合器中的增减效果。

RGB：可对红、绿、蓝中的灰度系数、基值和增益数值进行设置。

辅助颜色校正：可对选择的颜色进行进一步准确校正。

6.3.3 三向颜色校正器

“三向颜色校正器”效果可对素材的阴影、中间调和高光进行调整，其应用前后的对比效果如图 6-27 所示。

图 6-27

为素材添加“三向颜色校正器”效果后，在“效果控件”面板中可对该效果的相关参数进行调整，如图 6-28 所示。

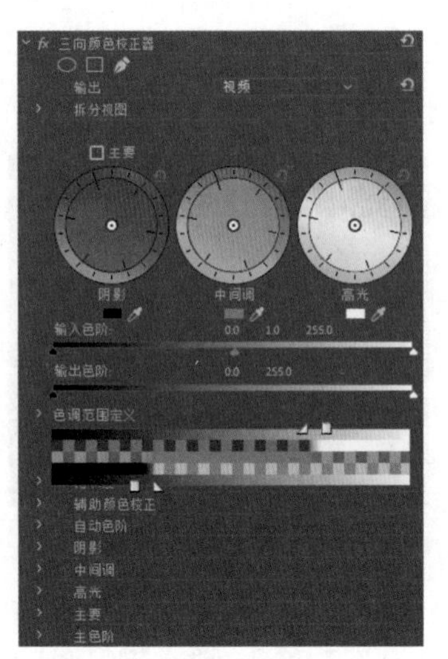

图 6-28

相关参数介绍如下。

输出：可查看素材文件的色调范围，包含“视频”输出和“亮度”输出两种类型。

拆分视图：可在该参数下设置视图的校正情况。

色调范围定义：拖动滑块，在该参数下可调节阴影、高光和中间调的色调范围阈值。

饱和度：用来调整素材文件的饱和度情况。

辅助颜色校正：可对颜色进行进一步的精确调整。

自动色阶：调整素材文件的阴影和高光情况。

阴影：针对画面中的阴影部分进行调整，其中包含“阴影色相角度”“阴影平衡数量级”“阴影平衡增益”和“阴影平衡角度”。

中间调：调整素材的中间调颜色，其中包含“中间调色相角度”“中间调平衡数量级”“中间调平衡增益”和“中间调平衡角度”。

高光：调整素材文件的高光部分，其中包含“高光色相角度”“高光平衡数量级”“高光平衡增益”和“高光平衡角度”。

主要：调整画面中的整体色调偏向，其中包含“主色相角度”“主平衡数量级”“主平衡增益”和“主平衡角度”。

主色阶：调整画面中的黑白灰色阶，其中包含“主输入黑色阶”“主输入灰色阶”“主输入白色阶”“主输出黑色阶”和“主输出白色阶”。

6.3.4 亮度曲线

“亮度曲线”效果可以通过调整亮度值的曲线来调节图像的亮度值，其应用前后的对比效果如图 6-29 所示。

图 6-29

为素材添加“亮度曲线”效果后，在“效果控件”面板中可对该效果的相关参数进行调整，如图 6-30 所示。

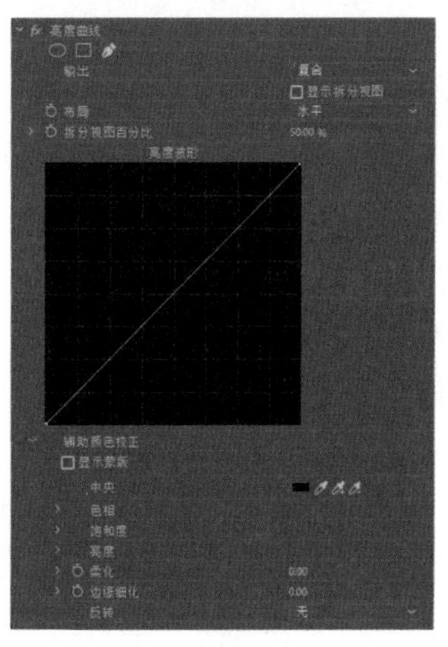

图 6-30

相关参数介绍如下。

输出：可通过“输出”查看素材文件的最终效果，其中包含“复合”和“亮度”两种方式。

显示拆分视图：选择该复选框，可显示素材文件调整前后的对比效果。

布局：包含“水平”和“垂直”两种布局方式。

拆分视图百分比：用来调整视图的大小情况。

6.3.5 亮度校正器

“亮度校正器”效果可调整画面的亮度、对比度和灰度值，其应用前后的对比效果如图 6-31 所示。

图 6-31

为素材添加“亮度校正器”效果后，在“效果控件”面板中可对该效果的相关参数进行调整，如图 6-32 所示。

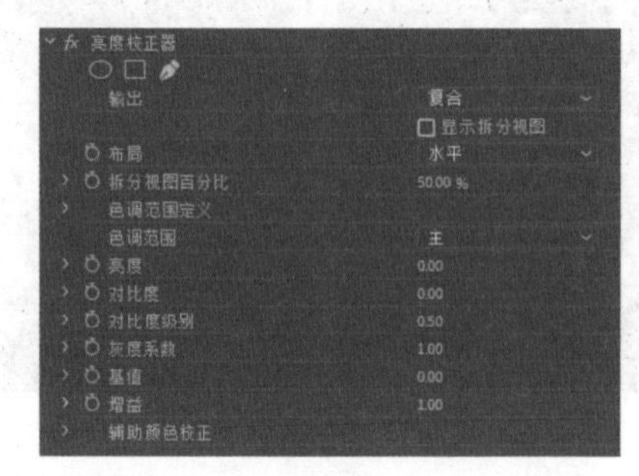

图 6-32

相关参数介绍如下。

输出：在下拉列表中包含“复合”“亮度”和“色调范围”3 种类型。

布局：在下拉列表中包含“垂直”和“水平”两种布局方式。

拆分视图百分比：校正画面中视图的大小情况。

色调范围定义：包含“阴影”“中间调”和“高光”3 种类型。

亮度：可控制画面的明暗程度和不透明度。

对比度：调整 Alpha 通道中的明暗对比度。

对比度级别：设置素材文件的原始对比值。

灰度系数：调节图像中的灰度值。

基值：画面会根据参数的调节变暗或者变亮。

增益：通过调整素材文件的亮度，从而调整画面的整体效果。在画面中，较亮的像素受到的影响大于较暗的像素受到的影响。

色相平衡和角度：可手动调整色盘，从而更便捷地针对画面进行调色。

6.3.6 快速模糊

“快速模糊”效果可以对图像进行量化模糊，并且可以将模糊设置为横向、纵向或全部，其应用前后的对比效果如图 6-33 所示。

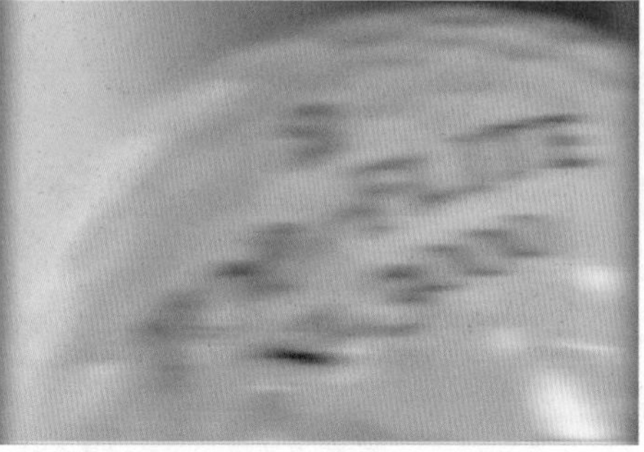

图 6-33

为素材添加“快速模糊”效果后，在“效果控件”面板中可对该效果的相关参数进行调整，如图 6-34 所示。

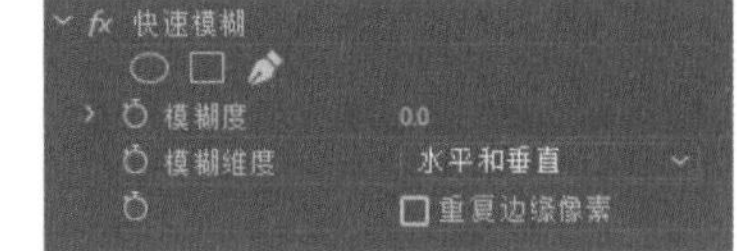

图 6-34

相关参数介绍如下。

模糊度：通过调整数值可更改画面的模糊程度。

模糊维度：可调整模糊的方向，其中包含“水平和垂直”“水平”和“垂直”3 个选项。

重复边缘像素：选择该复选框，图像的边缘将保持清晰。

6.3.7 快速颜色校正器

“快速颜色校正器”效果可使用色相和饱和度来调整素材文件的颜色，其应用前后的对比效果如图 6-35 所示。

图 6-35

为素材添加“快速颜色校正器”效果后，在“效果控件”面板中可对该效果的相关参数进行调整，如图 6-36 所示。

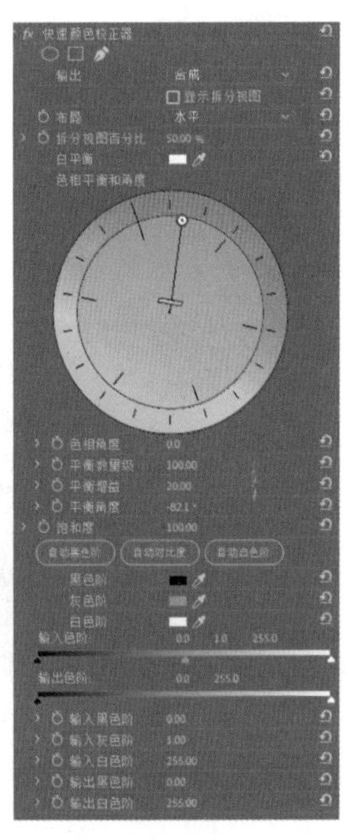

图 6-36

相关参数介绍如下。

输出：包含“合成”和“亮度”两种输出方式。

布局：包括“水平”和“垂直”两种布局类型。

拆分视图百分比：可调整和校正视图的大小，默认值为 50%。

色相平衡和角度：可手动调整色盘，从而更便捷地针对画面进行调色。

色相角度：控制高光、中间调或阴影区域的色相。

饱和度：用来调整素材文件的饱和度。

输入黑色阶 / 灰色阶 / 白色阶：用来调整高光、中间调或阴影的数量。

6.3.8 自动对比度

“自动对比度”效果用于调节总对比度和色彩混合，而不添加或去除色彩，其应用前后的对比效果如图 6-37 所示。

图 6-37

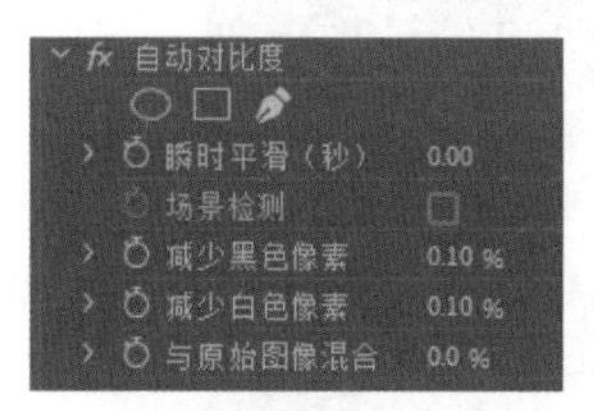

图 6-38

为素材添加“自动对比度”效果后，在“效果控件”面板中可对该效果的相关参数进行调整，如图 6-38 所示。

相关参数介绍如下。

瞬时平滑（秒）：控制素材文件的平滑程度。

场景检测：根据“瞬时平滑”参数自动进行对比度检测处理。

减少黑色像素：控制暗部像素在画面中占的百分比。

减少白色像素：控制亮部像素在画面中占的百分比。

与原始图像混合：控制素材间的混合程度。

6.3.9 自动色阶

“自动色阶”效果用于自动校正高光和阴影，由于其分别调节每个色彩通道，所以可能会添加或去除某些色彩，其应用前后的对比效果如图 6-39 所示。

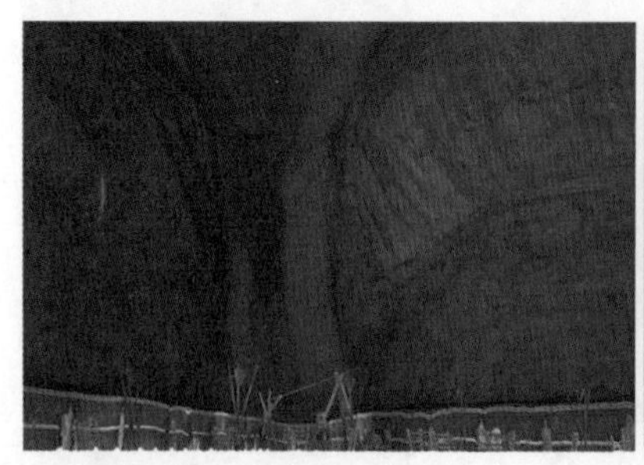

图 6-39

为素材添加“自动色阶”效果后，在“效果控件”面板中可对该效果的相关参数进行调整，如图 6-40 所示。

相关参数介绍如下。

瞬时平滑（秒）：控制素材文件的平滑程度。

场景检测：根据“瞬时平滑”参数自动进行色阶检测处理。

减少黑色像素：控制暗部像素在画面中占的百分比。

减少白色像素：控制亮部像素在画面中占的百分比。

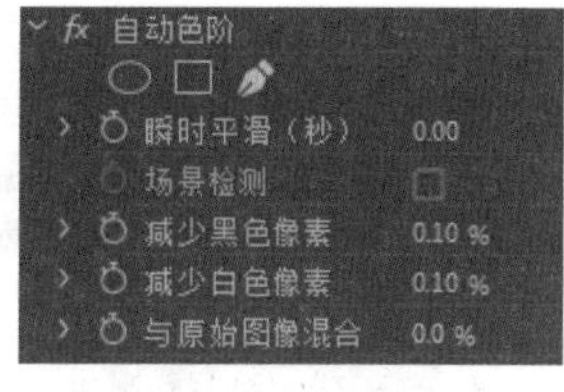

图 6-40

6.3.10 自动颜色

“自动颜色”效果用于去除黑、白像素，并中和中间调，调节素材片段的对比度和色彩，其应用前后的对比效果如图 6-41 所示。

图 6-41

为素材添加“自动颜色”效果后，在“效果控件”面板中可对该效果的相关参数进行调整，如图 6-42 所示。

相关参数介绍如下。

瞬时平滑（秒）：控制素材文件的平滑程度。

场景检测：根据“瞬时平滑”参数自动进行颜色检测处理。

减少黑色像素：控制暗部像素在画面中占的百分比。

减少白色像素：控制亮部像素在画面中占的百分比。

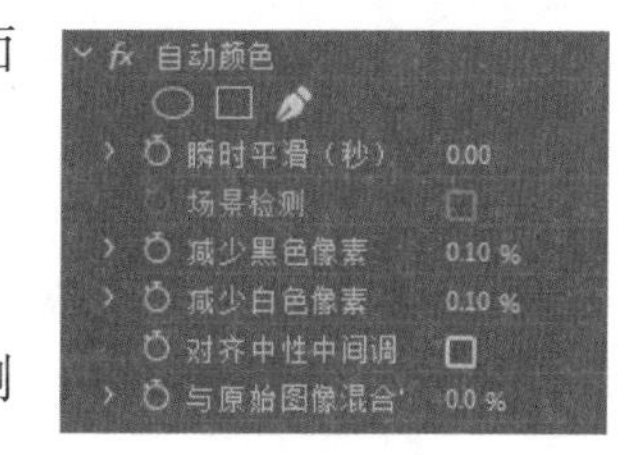

图 6-42

6.3.11 阴影 / 高光

“阴影 / 高光”效果用于对图像中的阴影区域进行提亮，并对高光区进行减暗，从而使画面更富有层次感，其应用前后的对比效果如图 6-43 所示。

为素材添加“阴影 / 高光”效果后，在“效果控件”面板中可对该效果的相关参数进行调整，如图 6-44 所示。

图 6-43

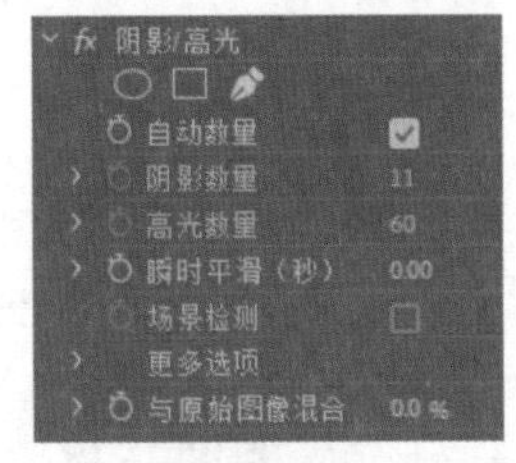

图 6-44

相关参数介绍如下。

自动数量：选择该复选框后，会自动调整素材文件的阴影和高光部分，此时该效果中的其他参数将不能使用。

阴影数量：控制素材文件中阴影的数量。

高光数量：控制素材文件中高光的数量。

瞬时平滑（秒）：在调节时设置素材文件时间滤波的秒数。

场景检测：选择该复选框后，可进行场景检测。

更多选项：展开该效果，可以对素材文件的阴影、高光、中间调等参数进行调整。

6.4 颜色校正效果

“颜色校正”类效果可对素材的颜色进行细致校正，其中包含“亮度与对比度”“保留颜色”“更改颜色”“视频限制器”“通道混合器”“颜色平衡”等 12 种效果，如图 6-45 所示。

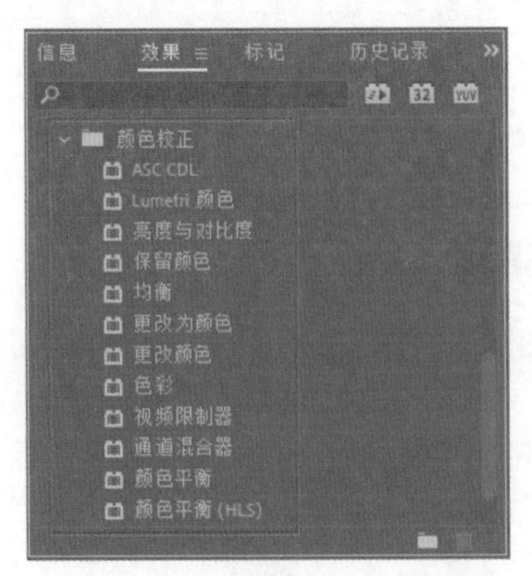

图 6-45

6.4.1 ASC CDL

"ASC CDL"效果可对素材文件进行红、绿、蓝3种色相及饱和度的调整。为素材添加"ASC CDL"效果后，在"效果控件"面板中可对该效果的相关参数进行调整，如图6-46所示。

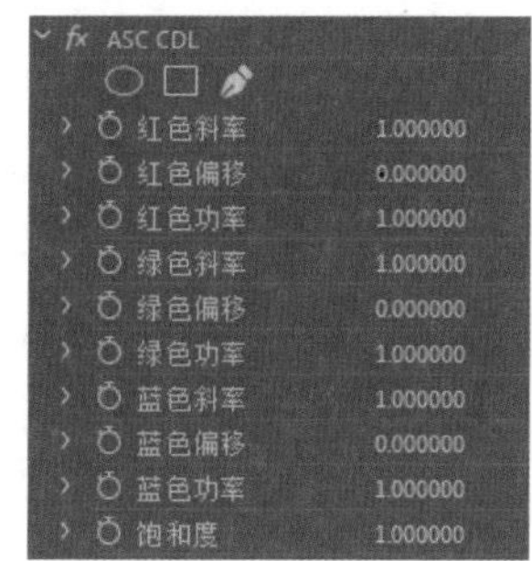

图 6-46

相关参数介绍如下。

红色斜率：调整素材文件中红色数量的斜率值。

红色偏移：调整素材文件中红色数量的偏移程度。

红色功率：调整素材文件中红色数量的功率大小。

绿色斜率：调整素材文件中绿色数量的斜率值。

绿色偏移：调整素材文件中绿色数量的偏移程度。

绿色功率：调整素材文件中绿色数量的功率大小。

蓝色斜率：调整素材文件中蓝色数量的斜率值。

蓝色偏移：调整素材文件中蓝色数量的偏移程度。

蓝色功率：调整素材文件中蓝色数量的功率大小。

6.4.2 Lumetri颜色

"Lumetri颜色"效果可在通道中对素材文件进行颜色调整，其应用前后的对比效果如图6-47所示。

图 6-47

为素材添加"Lumetri颜色"效果后，在"效果控件"面板中可对该效果的相关参数进行调整，如图6-48所示。

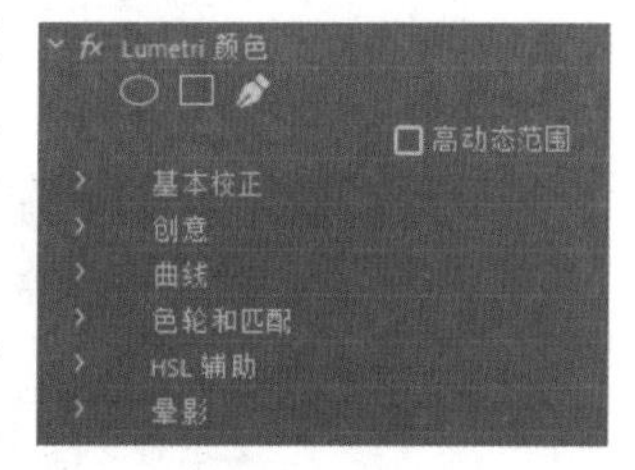

图 6-48

相关参数介绍如下。

高动态范围：选择该复选框，可针对"Lumetri颜色"面板的HDR模式进行调整。

基本校正：可调整素材文件的色温、对比度、曝光程度等，其中包含"白平衡""色调""饱和度"等参数。

创意：选择该选项下的“现用”复选框后，可启用该效果。

曲线：包含“现用”“RGB 曲线”“HDR 范围”“色相饱和度曲线”等效果参数。

色轮和匹配：选择该选项下的“现用”复选框后，可启用该效果。

HSL 辅助：对素材文件中颜色的调整具有辅助作用，其中包含“键”“色温”“色彩”“对比度”“锐化”“饱和度”等效果参数。

晕影：对素材文件中颜色的“数量”“中点”“圆度”“羽化”等效果进行调节。

6.4.3 亮度与对比度

“亮度与对比度”效果可以调整素材的亮度和对比度参数，其应用前后的对比效果如图 6-49 所示。

图 6-49

图 6-50

为素材添加“亮度与对比度”效果后，在“效果控件”面板中可对该效果的相关参数进行调整，如图 6-50 所示。

相关参数介绍如下。

亮度：调节画面的明暗程度。

对比度：调节画面中颜色的对比度。

6.4.4 保留颜色

“保留颜色”效果可以选择一种想要保留的颜色，并将其他颜色的饱和度降低，其应用前后的对比效果如图 6-51 所示。

图 6-51

为素材添加“保留颜色”效果后，在“效果控件”面板中可对该效果的相关参数进行调整，如图 6-52 所示。

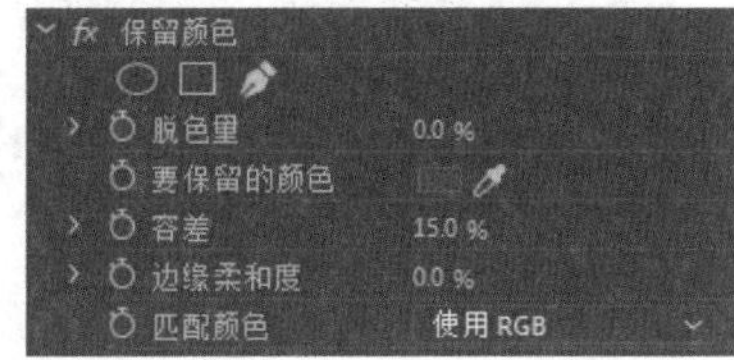

图 6-52

相关参数介绍如下。

脱色量：设置色彩的脱色强度，数值越大，饱和度越低。

要保留的颜色：选择素材中需要保留的颜色。

容差：设置画面中的颜色差值范围。

边缘柔和度：设置素材文件的边缘柔和程度。

匹配颜色：设置颜色的匹配情况。

6.4.5 均衡

“均衡”效果可通过 RGB、亮度、Photoshop 样式自动调整素材的颜色，其应用前后的对比效果如图 6-53 所示。

图 6-53

为素材添加“均衡”效果后，在“效果控件”面板中可对该效果的相关参数进行调整，如图 6-54 所示。

图 6-54

相关参数介绍如下。

均衡：设置画面中均衡的类型，在右侧的下拉列表中包含“RGB”“亮度”和“Photoshop 样式”选项。

均衡量：设置画面的曝光补偿程度。

6.4.6 更改为颜色

“更改为颜色”效果可将画面中的一种颜色更改为另外一种颜色，其应用前后的对比效果如图 6-55 所示。

为素材添加“更改为颜色”效果后，在“效果控件”面板中可对该效果的相关参数进行调整，如图 6-56 所示。

图 6-55

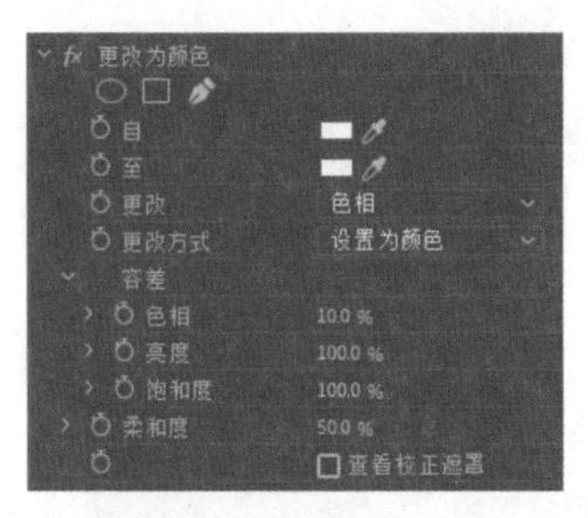

图 6-56

相关参数介绍如下。

自：从画面中选择一种目标颜色。

至：设置目标颜色所要替换的颜色。

更改：可设置更改的方式，在下拉列表中可选择“色相”“色相和亮度”“色相和饱和度”“色相、亮度和饱和度”选项。

更改方式：设置颜色的变换方式，包含“设置为颜色”和“变换为颜色”两个选项。

容差：可设置“色相”“亮度”和“饱和度”的数值。

柔和度：控制颜色被替换后的柔和程度。

查看校正遮罩：选择该复选框后，会以黑白颜色显现“自”和“至”的遮罩效果。

6.4.7 更改颜色

“更改颜色”效果与“更改为颜色”效果相似，通过调整指定颜色的色相，以制作出特殊的视觉效果，其应用前后的对比效果如图 6-57 所示。

图 6-57

为素材添加“更改颜色”效果后，在“效果控件”面板中可对该效果的相关参数进行调整，如图 6-58 所示。

相关参数介绍如下。

视图：设置校正颜色的类型。

色相变换：针对素材的色相进行调整。

亮度变换：针对素材的亮度进行调整。

饱和度变换：针对素材的饱和度进行调整。

匹配容差：设置颜色与颜色之间的差值范围。

匹配柔和度：设置所更改颜色的柔和程度。

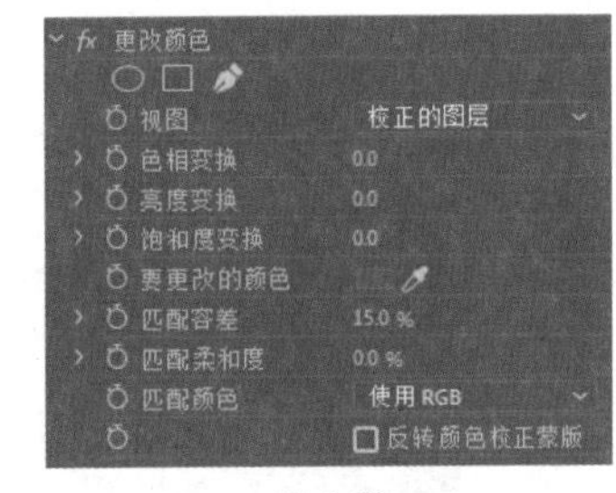

图 6-58

6.4.8 动手操练——替换对象颜色

本例将为素材添加“更改为颜色”和“更改颜色”效果，对画面主体对象的颜色进行替换。

（1）打开 Premiere，按【Ctrl+O】组合键，打开路径文件夹中的“调整颜色 .prproj”文件。进入工作界面后，可以看到“时间线”面板中已经添加好的素材，在“节目”监视器面板中可以预览当前素材效果，如图 6-59 所示。

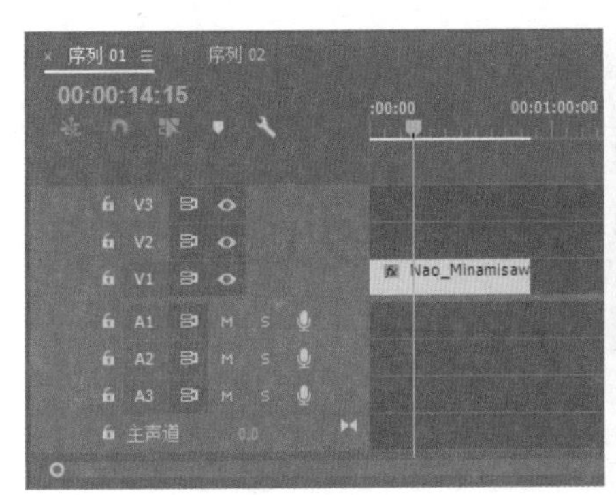

图 6-59

（2）在“效果”面板中展开“视频效果”选项栏，选择“颜色校正”效果组中的“更改为颜色”选项，将其拖曳添加至“时间线”面板的素材中，如图 6-60 所示。

图 6-60

（3）选择 V1 视频轨道上的素材，在“效果控件”面板中展开“更改为颜色”属性栏，设置“自”为蓝色，“至”为红色，“色相”为 30%。此时可以看到人物的蓝色服装变成了红色，如图 6-61 所示。

图 6-61

（4）更改地面颜色，在“效果”面板中展开“视频效果”选项栏，选择“颜色校正”效果组中的“更改颜色”选项，将其拖曳添加至“时间线”面板的素材中，如图 6-62 所示。

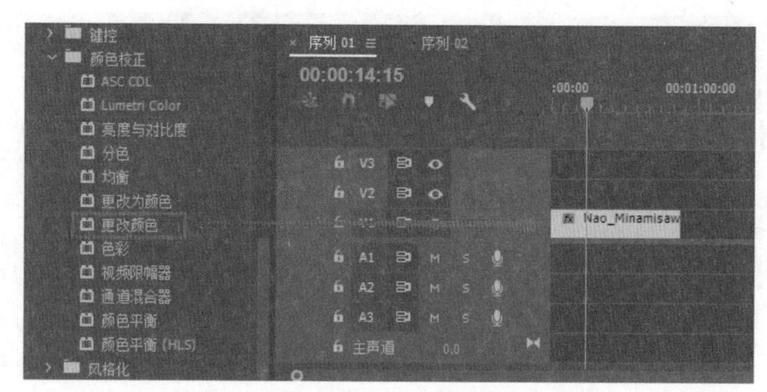

图 6-62

（5）选择 V1 视频轨道上的素材，在“效果控件”面板中展开“更改颜色”属性栏，单击按钮，选择画面中的地面区域。完成上述操作后，可在“节目”监视器面板中预览最终效果，如图 6-63 所示。

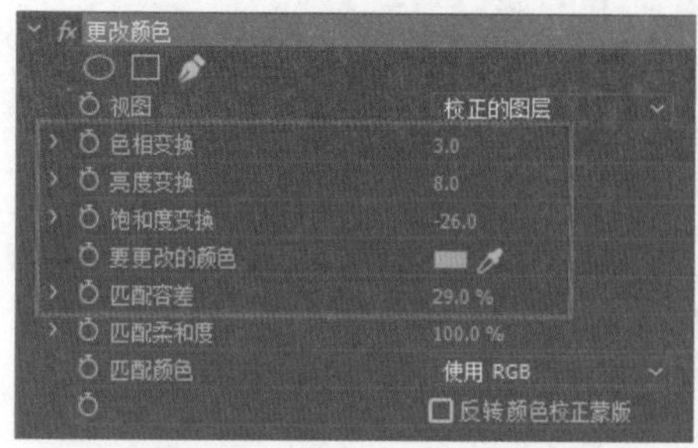

图 6-63

6.4.9 色彩

“色彩”效果先将画面修改成灰度模式，然后通过设置黑色和白色来调整画面效果，其应用前后的对比效果如图 6-64 所示。

图 6-64

为素材添加“色彩”效果后，在“效果控件”面板中可对该效果的相关参数进行调整，如图 6-65 所示。

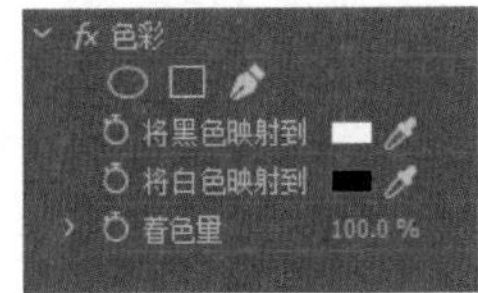

图 6-65

相关参数介绍如下。

将黑色映射到：控制暗色调区域的颜色。

将白色映射到：控制亮调区域的颜色。

着色量：控制颜色和原画面的混合度。

6.4.10 视频限幅器

“视频限幅器”效果可以对画面中素材的颜色值进行限幅调整，其应用前后的对比效果如图 6-66 所示。

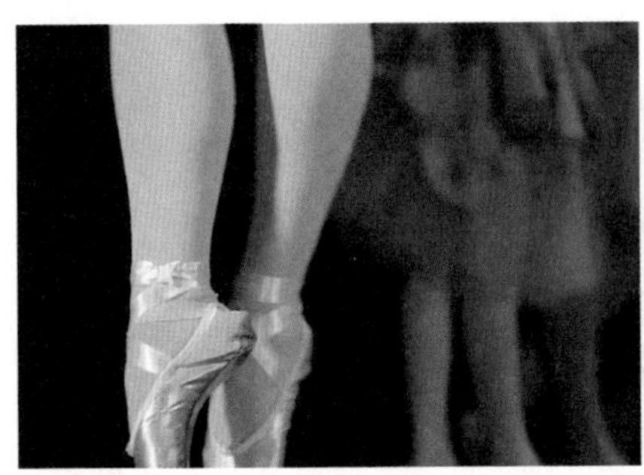
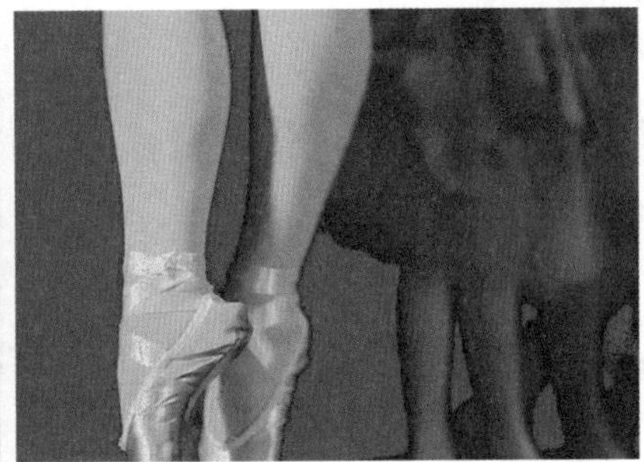

图 6-66

为素材添加“视频限幅器”效果后，在“效果控件”面板中可对该效果的相关参数进行调整，如图 6-67 所示。

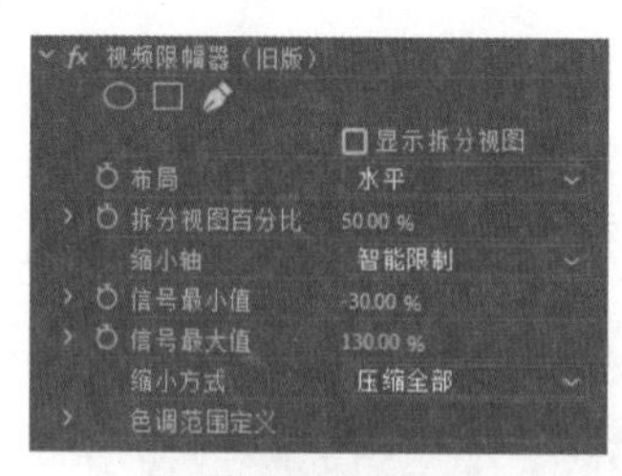

图 6-67

相关参数介绍如下。

显示拆分视图：选择该复选框后，可开启剪切视图模式，从而制作动画效果。

布局：包括“水平”和“垂直”两种布局方式。

拆分视图百分比：可调整视图的大小。

信号最小值：在画面中调整暗部区域的接收信号情况。

信号最大值：在画面中调整亮部区域的接收信号情况，数值越小，画面灰度越高。

色调范围定义：可针对“阴影”或“高光”的阈值和柔和度进行设置。

6.4.11 通道混合器

“通道混合器”效果常用于修改画面中的颜色，通过调整 RGB 各个通道中的 RGB 颜色参数来控制画面的整体色彩效果，其应用前后的对比效果如图 6-68 所示。

图 6-68

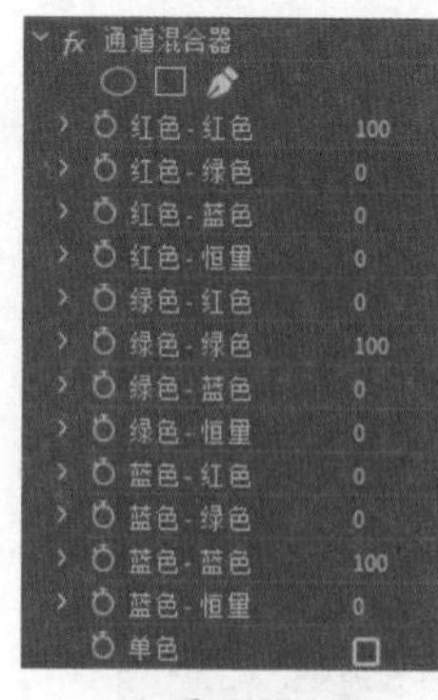

图 6-69

为素材添加“通道混合器”效果后，在“效果控件”面板中可对该效果的相关参数进行调整，如图 6-69 所示。

相关参数介绍如下。

红色 - 红色、绿色 - 绿色、蓝色 - 蓝色：分别可以调整画面中红、绿、蓝通道的颜色数量。

红色 - 绿色、红色 - 蓝色：调整在红色通道中绿色所占的比例，以此类推。

绿色 - 红色、绿色 - 蓝色：调整在绿色通道中红色所占的比例，以此类推。

蓝色 - 红色、蓝色 - 绿色：调整在蓝色通道中红色所占的比例，以此类推。

单色：选择该复选框，素材文件将变为黑白效果。

6.4.12 颜色平衡

“颜色平衡”效果可调整画面的色彩效果，其应用前后的对比效果如图 6-70 所示。

图 6-70

为素材添加“颜色平衡”效果后，在“效果控件”面板中可对该效果的相关参数进行调整，如图 6-71 所示。

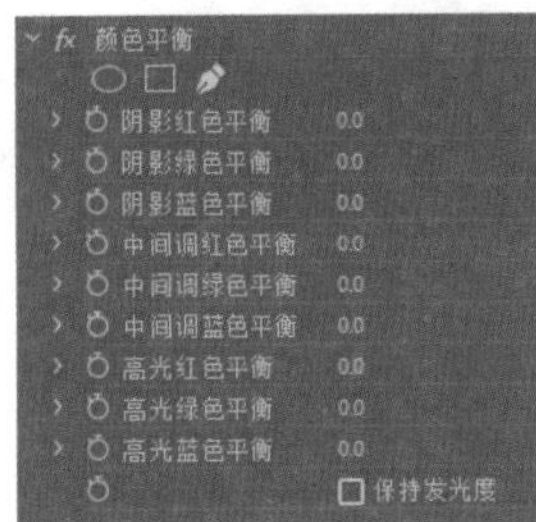

图 6-71

相关参数介绍如下。

阴影红色平衡、阴影绿色平衡、阴影蓝色平衡：调整素材中阴影部分的红、绿、蓝颜色平衡情况。

中间调红色平衡、中间调绿色平衡、中间调蓝色平衡：调整素材的中间调部分的红、绿、蓝颜色平衡情况。

高光红色平衡、高光绿色平衡、高光蓝色平衡：调整素材中高光部分的红、绿、蓝颜色平衡情况。

6.4.13 颜色平衡（HLS）

“颜色平衡（HLS）”效果可通过色相、亮度和饱和度等参数调节画面色调，其应用前后的对比效果如图 6-72 所示。

图 6-72

为素材添加“颜色平衡（HLS）”效果后，在“效果控件”面板中可对该效果的相关参数进行调整，如图 6-73 所示。

图 6-73

相关参数介绍如下。

色相：调整素材的颜色偏向。

亮度：调整素材的明亮程度，数值越大，画面灰度越高。

饱和度：调整素材的饱和度强度，数值为 -100 时，为黑白效果。

6.5 键控

“键控”类效果可对素材的颜色进行细致校正，其中包含“Alpha 调整”“亮度键”“图像遮罩键”“颜色键”等 9 种效果，如图 6-74 所示。

键控
Alpha 调整
亮度键
图像遮罩键
差值遮罩
移除遮罩
超级键
轨道遮罩键
非红色键
颜色键

图 6-74

本节介绍的键控，也被称为抠像，是两个视频信号输入源的画面在切换过程中的一种基本切换方式。抠像特技通过键控器实现两个画面的合成，是一种在一个画面中沿着一定的轮廓抠去一部分而镶入另一个画面的特技手段，常用于字幕叠加及给人物置换背景等。在本节中，任意颜色的抠像操作、画面亮度抠像效果、实现文字渐隐于画面效果、实现变色画面和为画面替换前景等都是重点。抠像在实际应用中十分普遍，如一些新闻播报节目，一般都是在蓝盒或者绿盒（即周围背景为蓝色或者绿色的演播室）中进行录制的，录制后再由后期编辑人员使用各种抠像特效，将主持人背后的蓝色或者绿色背景扣除，再为节目素材添加各种背景素材，如图 6-75 所示。

图 6-75

6.5.1 Alpha 调整

“Alpha 调整”效果可以为包含 Alpha 通道的导入图像创建透明效果，其应用前后的对比效果如图 6-76 所示。

图 6-76

Alpha 通道是指图像的透明度和半透明度。Premiere 能够读取来自 Photoshop 和 3D 图形软件等程序中的 Alpha 通道，还能够将 Illustrator 文件中的不透明区域转换成 Alpha 通道。下面简单介绍“Alpha 调整”效果的各项属性参数，如图 6-77 所示。

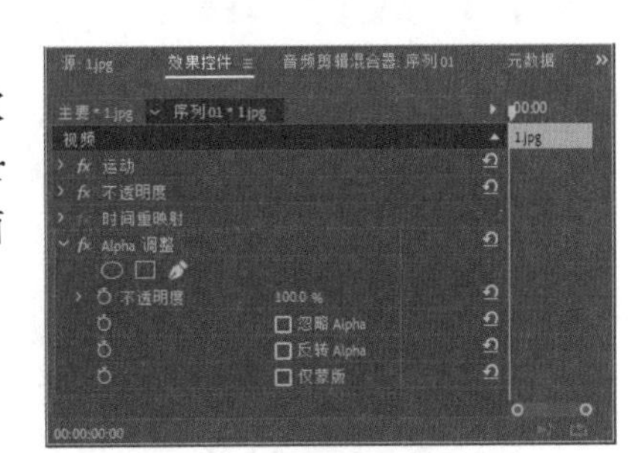

图 6-77

相关参数介绍如下。

不透明度：数值越小，图像越透明。

忽略 Alpha：选择该复选框后，Premiere 会忽略 Alpha 通道。

反转 Alpha：选择该复选框后，Alpha 通道会进行反转。

仅蒙版：选择该复选框，将只显示 Alpha 通道的蒙版，而不显示其中的图像。

6.5.2 亮度键

使用“亮度键”效果可以去除素材中较暗的图像区域，通过“阈值”和“屏蔽度”参数可以微调效果。其应用前后的对比效果如图 6-78 所示。

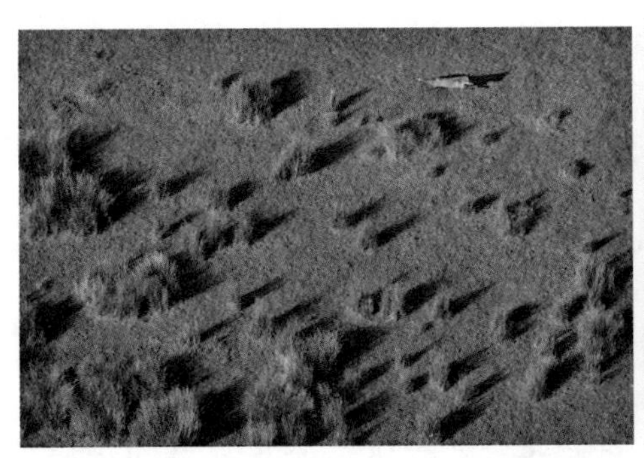

图 6-78

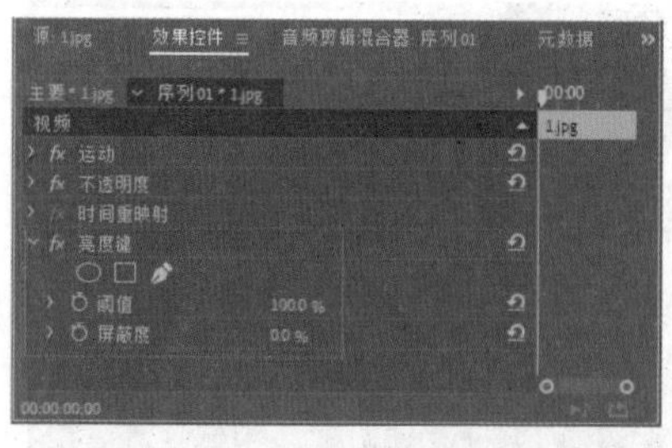

图 6-79

为素材添加“亮度键”效果后，可在“效果控件”面板中对其相关参数进行调整，如图 6-79 所示。

相关参数介绍如下。

阈值：增大数值时，可增加被去除的暗色值范围。

屏蔽度：用于设置素材的屏蔽程度，数值越大，图像越透明。

6.5.3 图像遮罩键

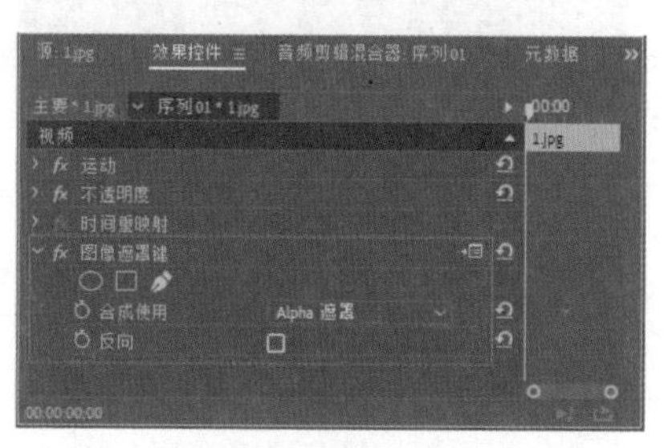

图 6-80

使用“图像遮罩键”效果可为当前图层叠加上另外一个图像素材，被叠加的图像自身的白色区域将完全透明，黑色区域为不透明，而介于黑白之间的颜色将按照亮度值的大小呈现为不同的半透明效果，如图 6-80 所示。

相关参数介绍如下。

合成使用：用来指定创建复合效果的遮罩方式，在右侧的下拉列表中可以选择“Alpha 遮罩”和“亮度遮罩”选项。

反向：选择该复选框后，可以使遮罩反向。

6.5.4 差值遮罩

“差值遮罩”效果可以去除两个素材中相匹配的图像区域。是否使用“差值遮罩”效果取决于项目中使用何种素材，如果项目中的背景是静态的，而且位于运动素材之上，就需要使用“差值遮罩”效果将图像区域从静态素材中去掉。“差值遮罩”效果应用前后的对比效果如图 6-81 所示。

图 6-81

为素材添加“差值遮罩”效果后，可在“效果控件”面板中对其相关参数进行调整，如图 6-82 所示。

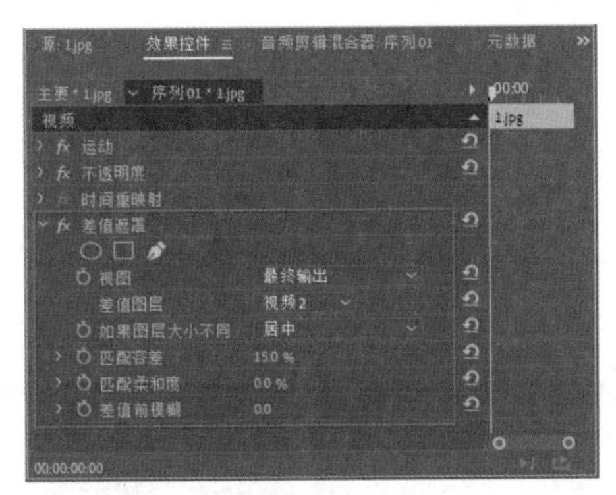

图 6-82

相关参数介绍如下。

视图：用于设置显示视图的模式，在右侧的下拉列表中可以选择“最终输出”“仅限源”和“仅限遮罩”3 种模式。

差值图层：用于指定以哪个视频轨道中的素材作为差值图层。

如果图层大小不同：用于设置图层是否居中，或者伸缩以适合屏幕大小。

匹配容差：用于设置素材图层的容差值，使之与另一素材相匹配。

匹配柔和度：用于设置素材的柔和程度。

差值前模糊：用于设置素材的模糊程度，数值越大，素材越模糊。

6.5.5 移除遮罩

“移除遮罩”效果可以由 Alpha 通道创建透明区域，而这种 Alpha 通道是在红色、绿色、蓝色和 Alpha 的共同作用下产生的。通常“移除遮罩”效果用来去除黑色或者白色背景，尤其是对于处理纯白或者纯黑背景的图像非常有用。

为素材添加“移除遮罩”效果后，可在“效果控件”面板中对其相关参数进行调整，如图 6-83 所示。

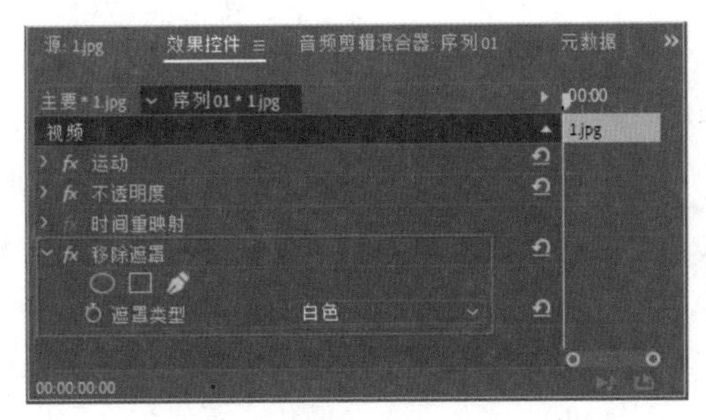

图 6-83

相关参数介绍如下。

遮罩类型：用于指定遮罩的类型，在右侧的下拉列表中可以选择“白色”或“黑色”两种类型。

6.5.6 超级键

“超级键”又称极致键，该效果可以使用指定颜色或相似颜色调整图像的容差值来显示图像透明度，也可以使用它来修改图像的色彩显示。“超级键”效果应用前后的对比效果如图 6-84 所示。

图 6-84

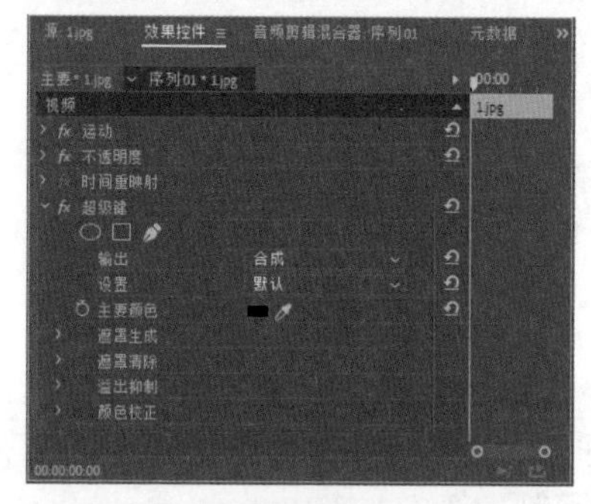

图 6-85

为素材添加“超级键”效果后，可在“效果控件”面板中对其相关参数进行调整，如图 6-85 所示。

相关参数介绍如下。

主要颜色：用于吸取需要被键出的颜色。

遮罩生成：展开该属性栏可以自行设置遮罩层的各类属性。

6.5.7 轨道遮罩键

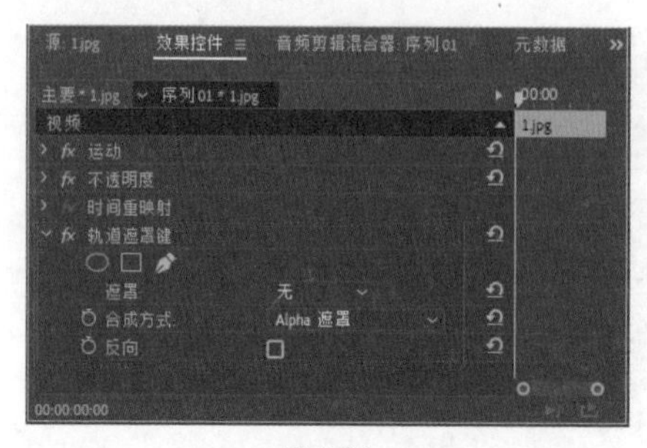

图 6-86

“轨道遮罩键”效果可以创建移动或滑动蒙版效果。通常，蒙版设置在运动屏幕的黑白图像上，与蒙版上的黑色相对应的图像区域为透明区域，与白色相对应的图像区域则不透明，灰色区域创建混合效果，即呈半透明状态。

为素材添加“轨道遮罩键”效果后，可在“效果控件”面板中对其相关参数进行调整，如图 6-86 所示。

相关参数介绍如下。

遮罩：在右侧的下拉列表中可展开选项，为素材指定一个遮罩。

合成方式：用来指定应用遮罩的方式，在右侧的下拉列表中可以选择“Alpha 遮罩”和“亮度遮罩”两个选项。

反向：选择该复选框后，可使遮罩反向。

6.5.8 非红色键

“非红色键”效果可以同时去除蓝色和绿色背景，它包括两个混合滑块，可以混合两个轨道素材。“非红色键”效果应用前后的对比效果如图 6-87 所示。

图 6-87

为素材添加“非红色键”效果后，可在“效果控件”面板中对其相关参数进行调整，如图 6-88 所示。

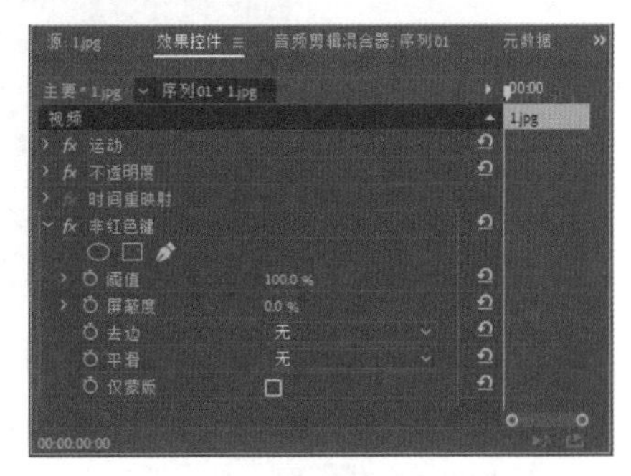

图 6-88

相关参数介绍如下。

阈值：减小数值可以去除更多的绿色和蓝色区域。

屏蔽度：用于微调键控的屏蔽程度。

去边：可以在右侧下拉列表中选择“无”“绿色”和“蓝色”3 种去边效果。

平滑：用于设置锯齿消除程度，通过混合像素颜色来平滑边缘。在右侧的下拉列表中可以选择“无”“低”和“高”3 种消除锯齿程度。

仅蒙版：选择该复选框后，将显示素材的 Alpha 通道。

6.5.9 颜色键

Premiere 提供的“颜色键”视频效果提供了用于选择抠像颜色的控件，之后再将“颜色键”效果指定的颜色变为黑色，并且通过调整颜色的容差范围，来增大或者缩小效果影响范围，最终实现任意颜色的抠像操作效果，其应用前后的对比效果如图 6-89 所示。

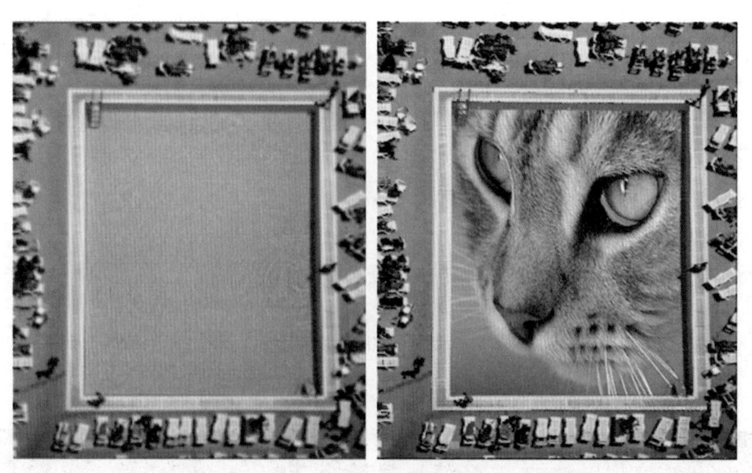

图 6-89

为素材添加“颜色键”效果后，可在“效果控件”面板中对其相关参数进行调整，如图 6-90 所示。

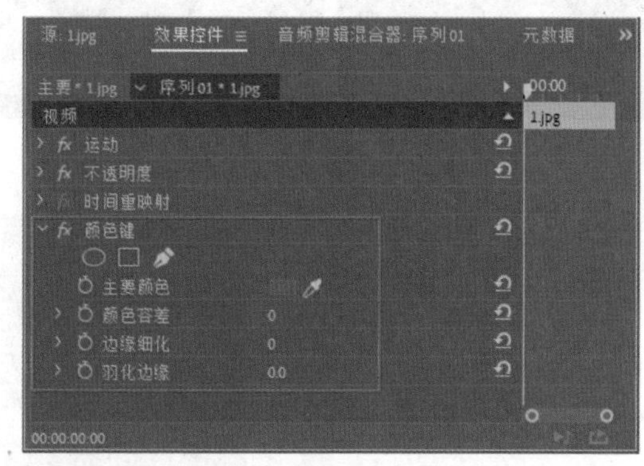

图 6-90

相关参数介绍如下。

主要颜色：用于吸取需要被键出的颜色。

颜色容差：用于设置素材的容差度，容差度越大，被键出的颜色区域越透明。

边缘细化：用于设置键出边缘的细化程度，数值越小，边缘越粗糙。

羽化边缘：用于设置键出边缘的柔化程度，数值越大，边缘越柔和。

6.5.10 动手操练——任意颜色的抠像操作

本实例将应用“键控”视频效果组中的“颜色键”视频效果进行图像抠像操作。通过学习本实例的操作，可以使读者掌握使用“颜色键”视频效果的操作方法。

（1）打开 Premiere，按【Ctrl+O】组合键，打开“转场和抠像 .prproj”文件，人物前景图片和作为背景的风景图片已经分别放入 V2 和 V1 轨道，如图 6-91 所示。

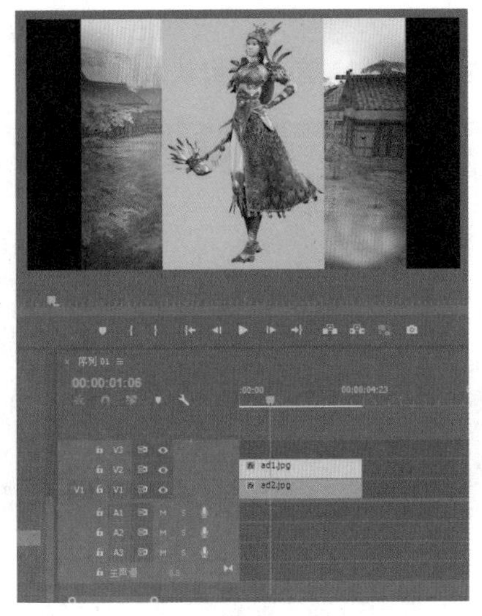

图 6-91

（2）打开“效果”面板并将如图 6-92 所示的“颜色键”视频效果拖动到 V2 轨道中的素材文件上。

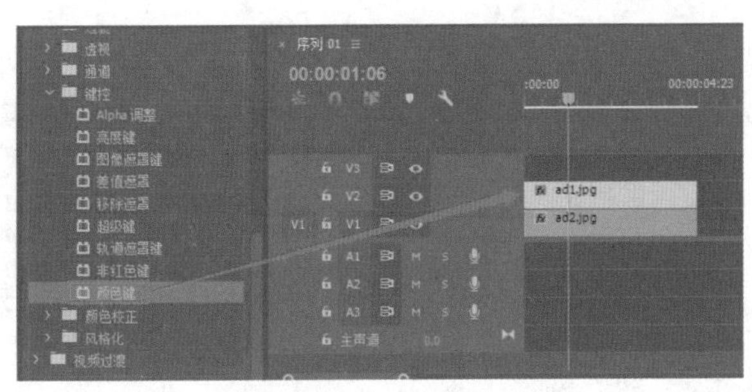

图 6-92

（3）打开“节目”面板，在该面板的预览区中可观察到“颜色键”视频效果的默认参数并未对画面起任何作用，如图 6-93 所示。

图 6-93

（4）打开“效果控件”面板，单击“主要颜色”后的按钮，在人物素材的绿色区域取色，绿色背景被抠除，但是还有锯齿状边缘，如图 6-94 所示。

图 6-94

（5）在“效果控件”面板中设置“颜色容差”为 100，可以看到锯齿状边缘变得柔和，抠像效果完成，如图 6-95 所示。对于边缘比较复杂的画面，可以配合“边缘细化”和“羽化边缘”参数来控制抠像效果。

图 6-95

（6）在“节目”面板中可以预览修改参数后的抠像效果，如图 6-96 所示。

图 6-96

第7章 Premiere 转场过渡效果

影像是把几个画面连接起来形成一个主题，因此，不管单个影像的部分有多美，如果衔接不好，缺乏连续性，也同样是一个不完善的作品。这里就要牵扯到画面的转换问题，不同的情节需要不同的画面转换，也就是转场。在非编辑软件中，经常需要运用软件自身强大的转场特效来增加作品的艺术感染力。

7.1 转场特效概述

影视创作的编辑是由影视作品的内容所决定的，在影视作品中，从一个镜头到下一个镜头，一场画面到下一场画面之间，必须根据作品内容合理、清晰且创意性地编排剪辑在一起，这就是镜头段落的过渡，用专业术语表达就是“转场”。

转场是两个相邻视频素材之间的过渡方式。使用转场，可以使镜头之间的衔接过渡变得美观、自然。

默认状态下，两个相邻素材片段之间的转换采用硬切的方式，没有任何过渡，如图 7-1 所示。

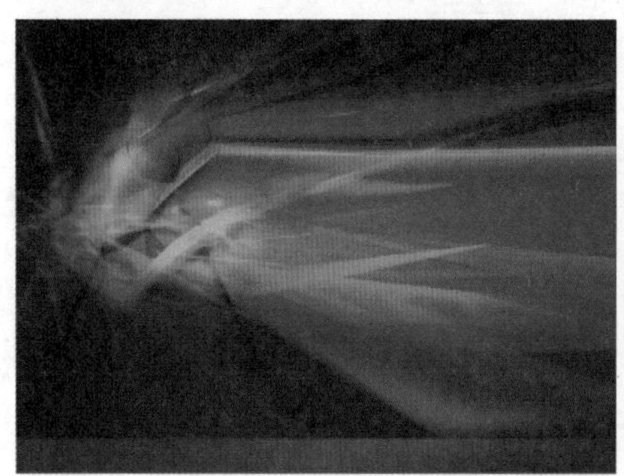

图 7-1

要使镜头连贯流畅、创造效果及新的时空关系，就需要对其添加转场特效，如图 7-2 所示。

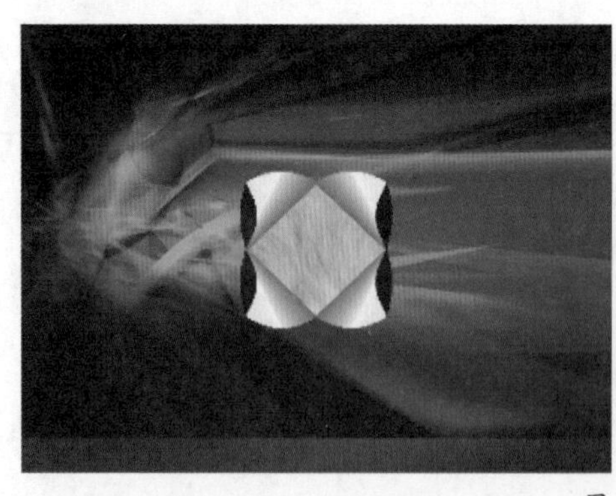

图 7-2

转场通常为双边转场，将临近编辑点的两段视频或音频素材的端点进行合并。除此之外，还可以进行单边转场，转场效果可影响素材片段的开头或结尾。使用单边转场可以更灵活地控制转场效果。

7.2 创建视频转场

创建视频转场时，应确保在“时间线”面板的同一视频轨道中有两个或两个以上素材，一般的转场流程包括以下几个步骤。

（1）添加转场。

（2）改变转场设置。

（3）预览转场效果。

下面分别进行讲解。

7.2.1 “视频过渡”文件夹

在添加转场前，先来认识一下“视频过渡”文件夹。

在 Premiere 中，转场和滤镜都以“效果”的形式存放于“效果”面板中，如图 7-3 所示。

其中“视频过渡”文件夹中存放了大量预置的视频转场。单击文件夹左侧的›图标，可以将其展开，其中共包含 7 个子文件夹，每个子文件夹对应一类视频转场。单击各个子文件夹左侧的›图标可以将其展开。

7.2.2 动手操练——添加转场效果

淡化过渡可以使画面平稳地进行过渡。本实例将使用“3D 运动”转场特效组中的“翻转”特效，实现画面的翻转过渡效果。

（1）新建项目，将本书资源中的素材文件“Professional01.jpg”和“Professional02.jpg”导入到“项目”面板，效果如图 7-4 所示。

图 7-3

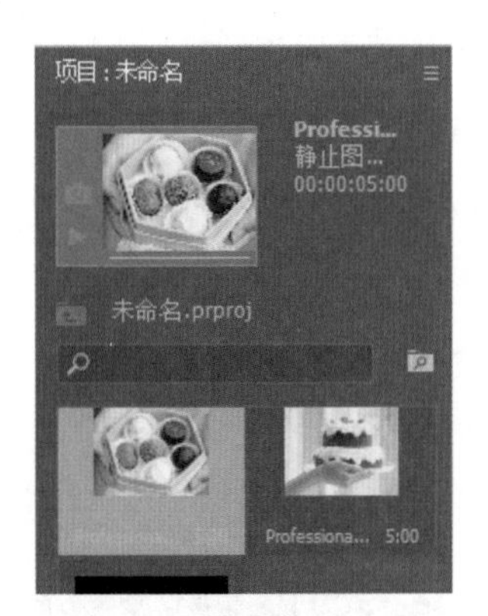

图 7-4

（2）将导入到“项目”面板的素材文件插入“时间线”面板中，效果如图 7-5 所示。

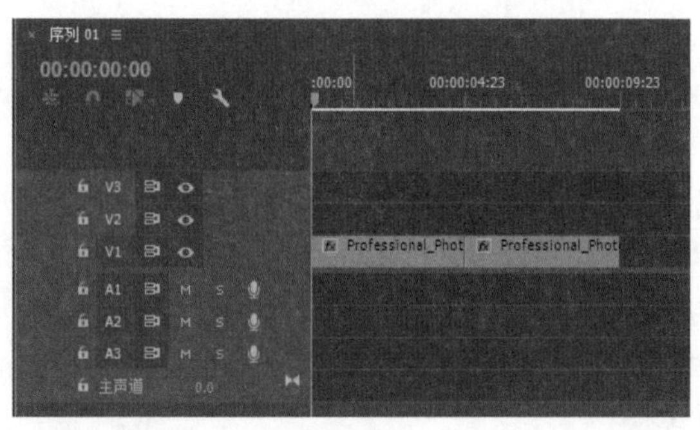

图 7-5

（3）在“效果”面板中将如图 7-6 所示的“翻转”转场特效添加到“时间线”面板中两个素材的连接处。

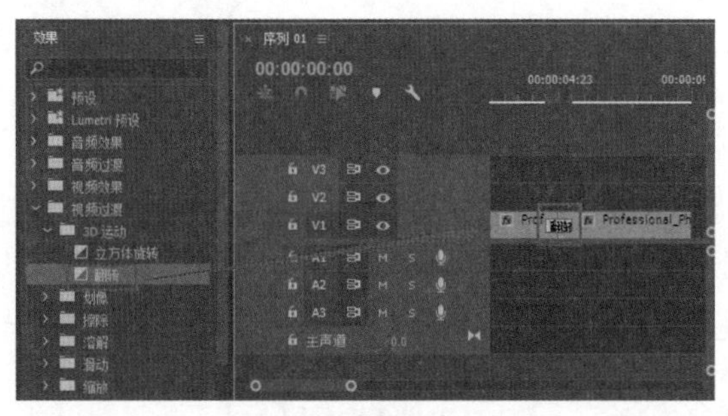

图 7-6

（4）选择添加的“翻转”转场特效，在“效果控件”面板中设置参数，如图 7-7 所示，最后保存编辑项目。

默认情况下，预览面板用 A、B 来表示实际的素材，如果要显示出对应的素材，可以选择“效果控件”面板中的“显示实际源”复选框，即可在预览面板中显示出对应素材，如图 7-8 所示。

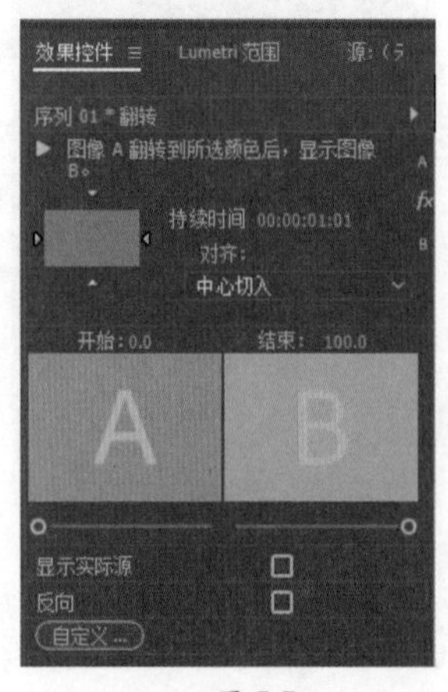

图 7-7

图 7-8

7.2.3 替换转场

当修改项目时，经常需要使用新的转场替换之前添加的转场。此时只需从“效果”面板中将所需要的转场拖放到轨道中的原有转场上，即可完成替换。

替换转场后，其对齐方式和持续时间保持不变，而其他属性会自动更新为新转场的默认设置。

7.2.4 预览转场

如果要预览添加的转场效果，可以拖动“时间线”面板上方的时间滑块至转场标志上，如图 7-9 所示。

此时可以在“节目”面板上观察到过渡过程中的一帧画面，如图 7-10 所示。

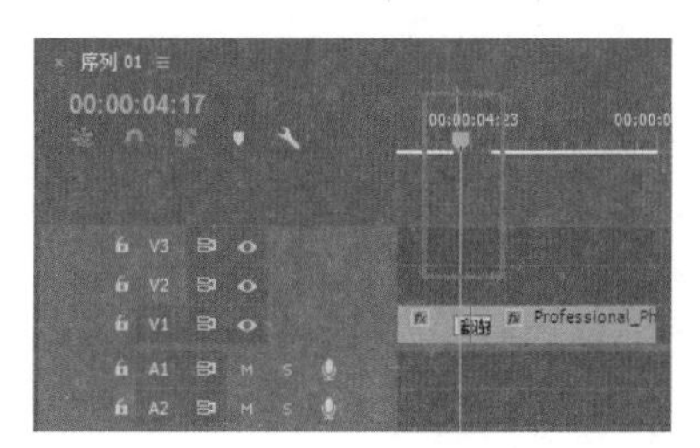

图 7-9

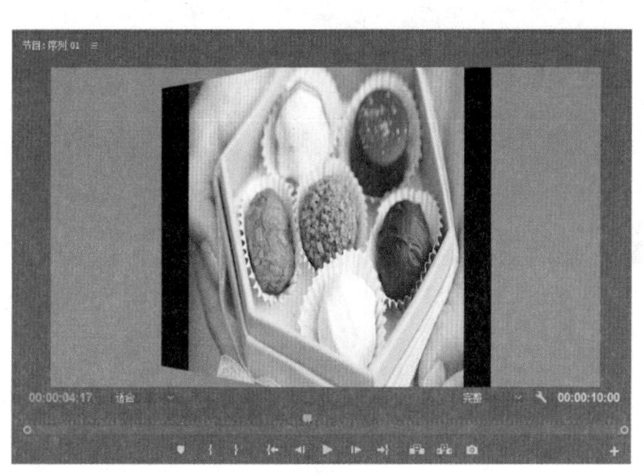

图 7-10

如果要连续观看效果，可以单击▶按钮进行播放，也可以再次左右移动时间滑块。

7.2.5 删除转场

添加转场后，如果要删除转场，可以选中轨道中添加的转场效果，再按【Delete】键，或者在要删除的转场标志上右击，在弹出的快捷菜单中选择“清除”命令，如图 7-11 所示。

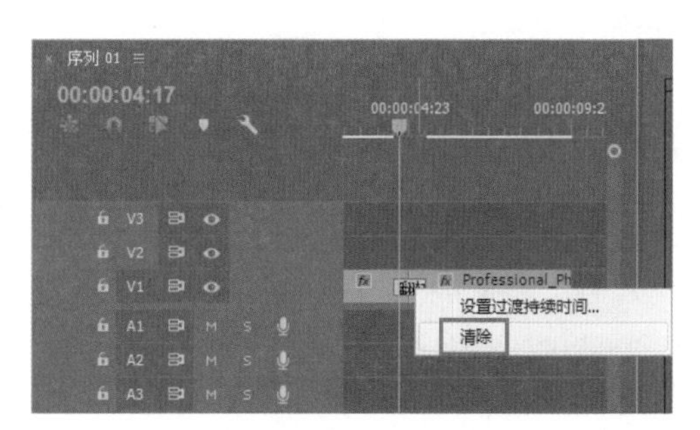

图 7-11

7.3 设置转场

添加转场后，可以根据需要设置转场的持续时间、对齐方式等参数，还可以将一种转场特效设置为默认转场。设置默认转场后，只需使用一个快捷键即可在两个素材间快速添加转场特效。

7.3.1 动手操练——设置默认转场

为了提高编辑效率，可以将使用频率最高的视频转场或音频转场设置为默认转场。默认转场在“效果”面板中的图标具有蓝色外框，如图 7-12 所示。

图 7-12

要将转场效果设置为默认转场，具体操作步骤如下。

（1）打开“效果”面板，展开“视频过渡”文件夹及其子文件夹，选中要设置为默认转场的转场。

（2）在选中的转场名称上右击，在弹出的快捷菜单中选择“将所选过渡设置为默认过渡”命令，如图 7-13 所示。

（3）设置为默认转场的转场名称前的小矩形框上将会出现一个蓝色的边框，表示设置成功，如图 7-14 所示。

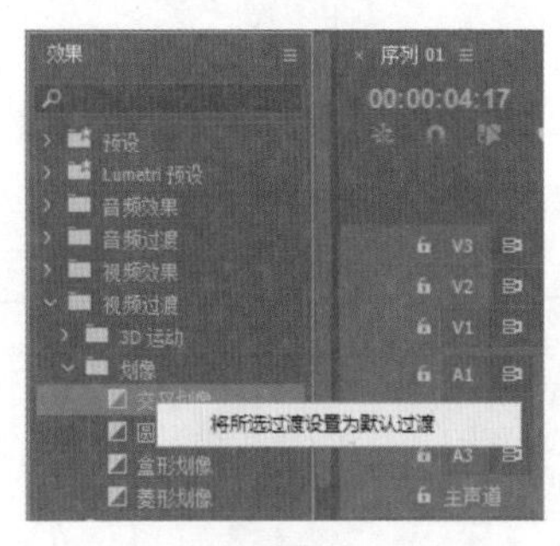

图 7-13

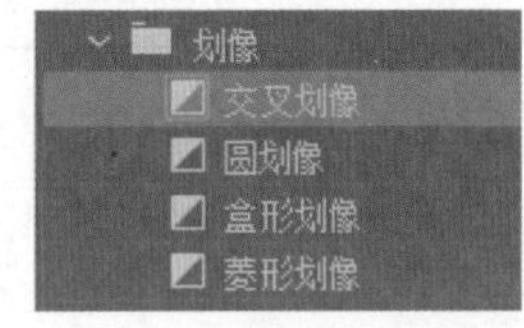

图 7-14

7.3.2 动手操练——添加默认转场

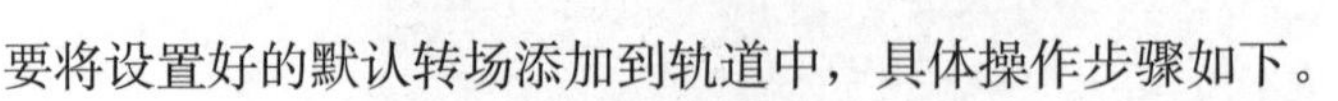

要将设置好的默认转场添加到轨道中，具体操作步骤如下。

（1）单击轨道标签，选中要添加转场的目标轨道，拖动时间滑块到素材之间的编辑点上。

（2）选择“序列 \ 应用默认过渡到选择项”命令或按【Shift+D】组合键，如图 7-15 所示。

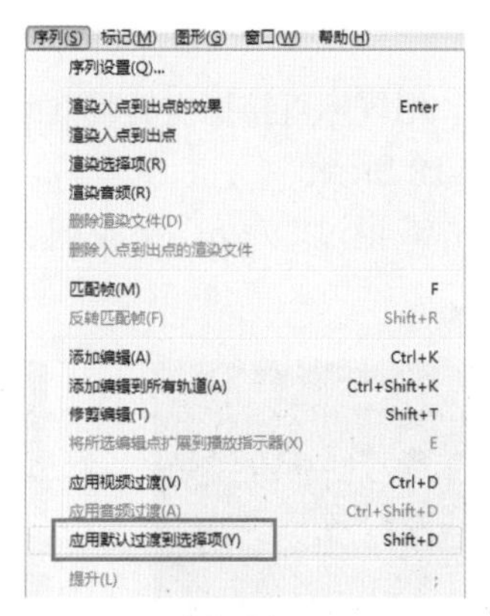

图 7-15

（3）执行命令后，即可为素材片段添加默认转场效果。

7.3.3 动手操练——设置默认转场的持续时间

（1）单击“效果”面板右上角的■图标，在打开的菜单中选择“设置默认过渡持续时间”命令，如图 7-16 所示。

（2）弹出“首选项”对话框，在其中设置“视频过渡默认持续时间”选项，默认视频过渡持续时间的单位为“帧”，如图 7-17 所示。

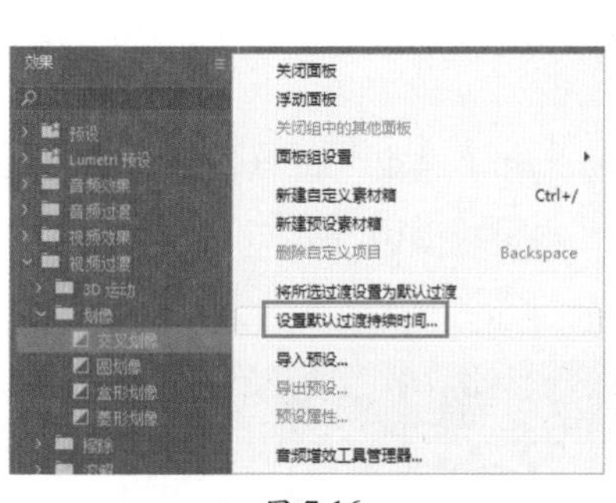

图 7-16

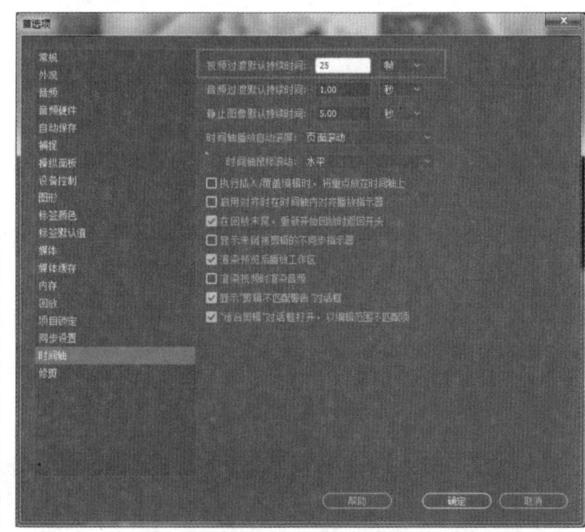

图 7-17

（3）设置完成后单击“确定“按钮，即可将默认过渡长度设置为所需要的值。

7.3.4 设置转场的对齐方式

可以在“时间线”面板或“效果控件”面板中对素材片段之间的转场的对齐方

式进行设置。

（1）在“时间线”面板中，用鼠标直接拖曳转场效果，将其拖放到一个新的位置，即可完成转场的对齐，如图 7-18 所示。

（2）在“效果控件”面板中，通过“对齐”下拉列表也可以设置转场的对齐方式，如图 7-19 所示。

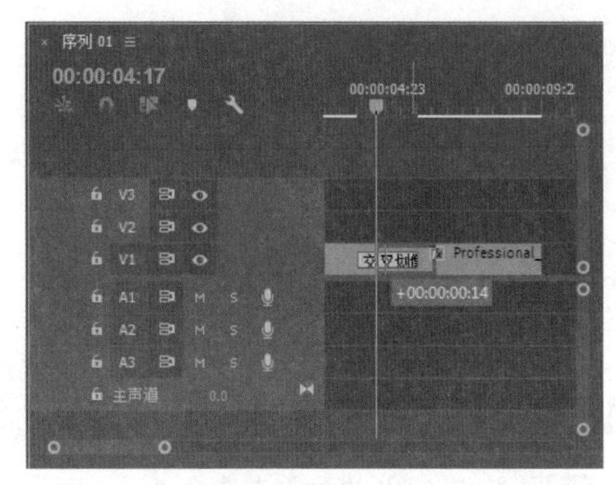

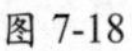
图 7-18

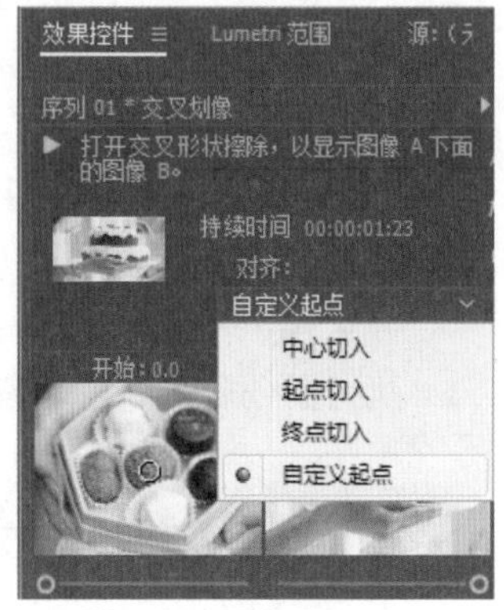

图 7-19

“对齐”下拉列表中各选项的含义如下。

中心切入：可以使转场在前后两个素材的中心位置居中。

起点切入：可以使转场的起点位于第 2 个素材开始的位置。

终点切入：可以使转场的结束点位于第 1 个素材结束的位置。

自定义起点：可以自定义设置转场的起点和终点。

7.3.5 设置开始和结束位置

默认情况下，转场是从素材 A 的 0% 开始，到素材 B 的 100% 处结束，如图 7-20 所示。

要想在“效果控件”面板中调整转场的“开始”和“结束”位置，只需左右拖动该数值框，或直接在数值框中输入百分比，即可调整转场的“开始”和“结束”位置，如图 7-21 所示。

图 7-20

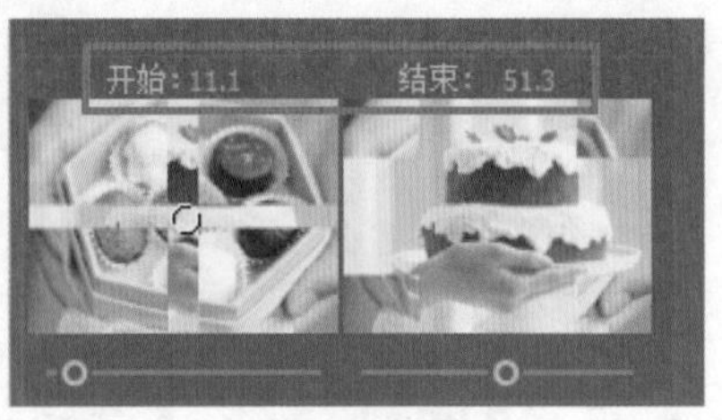

图 7-21

7.4 常用的视频转场效果

在 Premiere 中，转场按照不同分类被分别放置在不同的文件夹中，本节将对转场效果按照不同的分类进行介绍。

7.4.1 “3D 运动”转场效果

“3D 运动”转场主要通过三维空间的转化达到转场过渡的效果，共提供了两种不同的转场效果，如图 7-22 所示。

图 7-22

1. 立方体旋转

“立方体旋转”转场：类似于立方体旋转，前后两段素材分别相当于立方体的两个相邻的面，如图 7-23 所示。

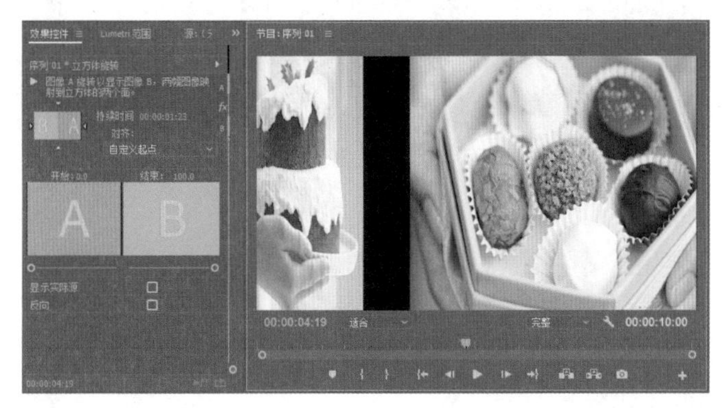

图 7-23

2. 翻转

“翻转”转场：前一段素材逐渐反转到后一段素材，效果就像翻转一样，如图 7-24 所示。

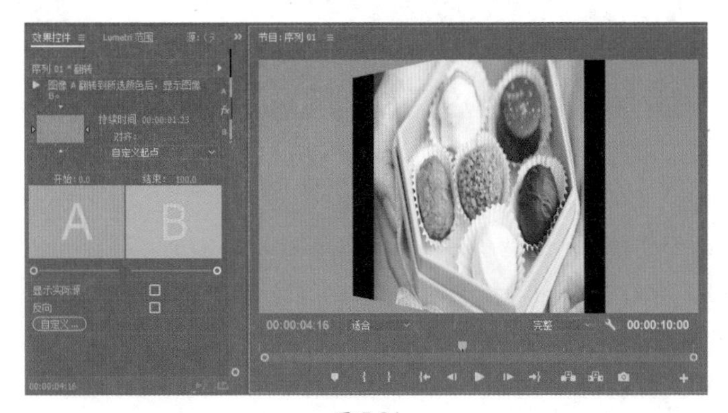

图 7-24

7.4.2 “划像”转场效果

“划像”转场主要通过画面中不同形状的孔形面积的变化达到转场过渡的效果，共包含 4 种不同的转场效果，如图 7-25 所示。

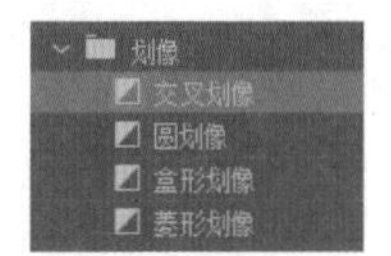

图 7-25

1. 交叉划像

“交叉划像”转场：前一段素材画面从关键点以十字形扩散开，逐渐显示出后一段素材画面，如图 7-26 所示。

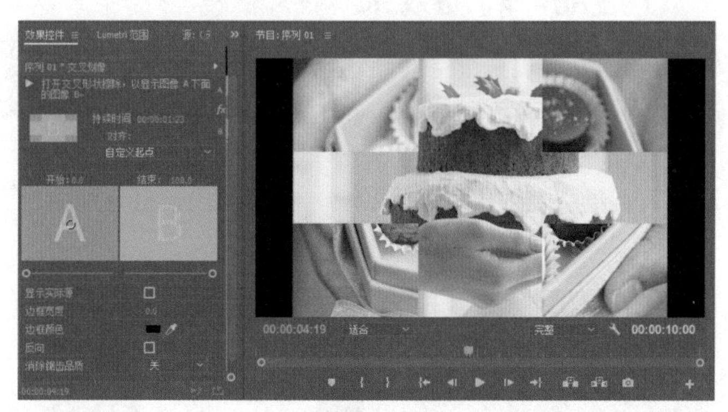

图 7-26

2. 圆划像

“圆划像”转场：前一段素材画面中出现一个圆形的孔，逐渐放大，直到完全显示出后一段素材画面，如图 7-27 所示。

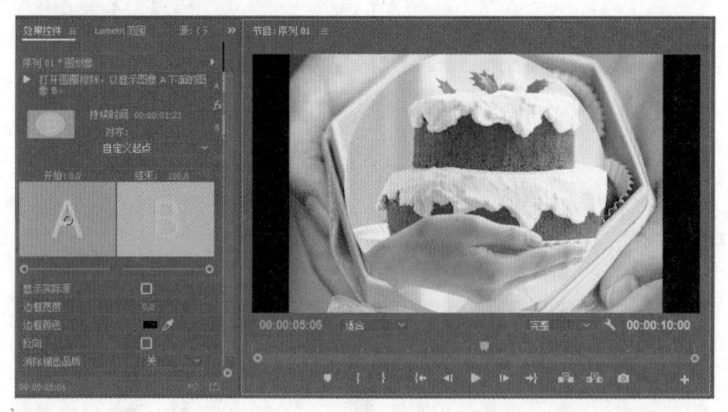

图 7-27

3. 盒形划像

“盒形划像”转场：前一段素材画面中出现一个矩形的孔，逐渐放大，直到完全显示出后一段素材画面，如图 7-28 所示。

4. 菱形划像

“菱形划像”转场：前一段素材画面中出现一个菱形的孔，逐渐放大，直到完全显示出后一段素材画面，如图 7-29 所示。

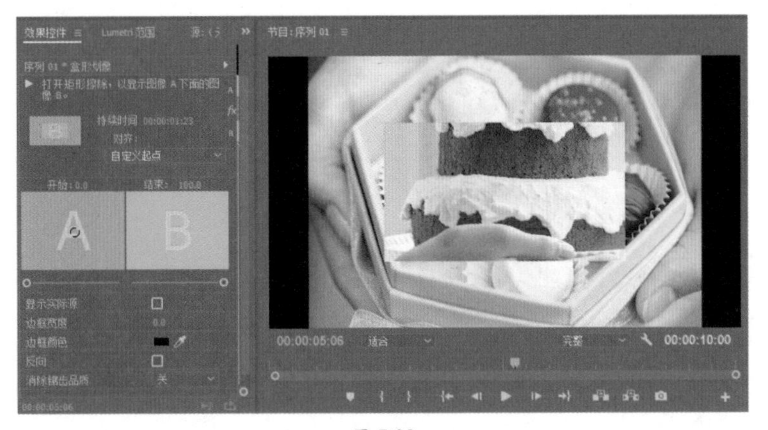

图 7-28

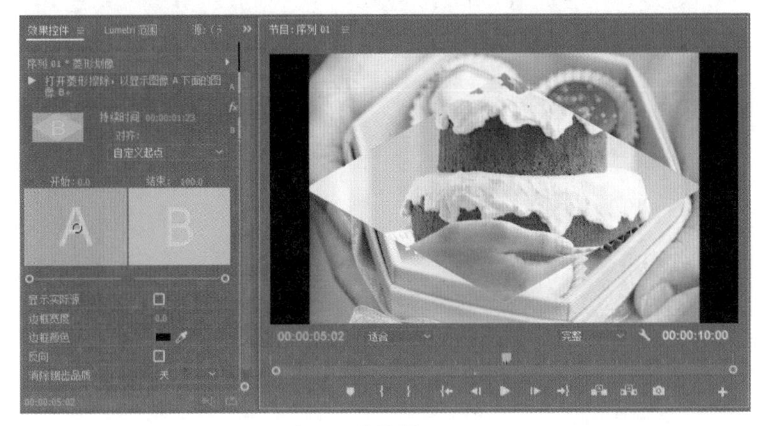

图 7-29

7.4.3 “擦除”转场效果

“擦除”转场主要通过各种形状和方式的擦除渐隐达到过渡的效果，共包含 17 种不同的转场，如图 7-30 所示。

这里仅介绍几种有特色的转场效果，其余的就不再一一赘述了，可以尝试操作一下。

图 7-30

1. 划出

“划出”转场：后一段素材画面从屏幕开始，逐渐扫过前一段素材画面，如图 7-31 所示。

2. 双侧平推门

“双侧平推门”转场：前一段素材画面用开门或关门的方式显示出后一段素材画面，如图 7-32 所示。

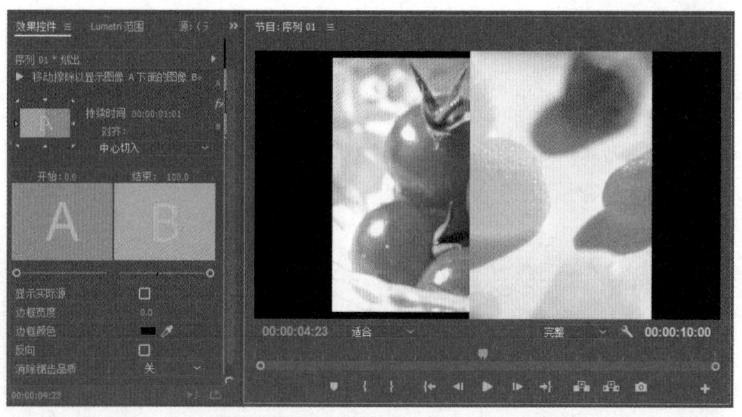

图 7-31

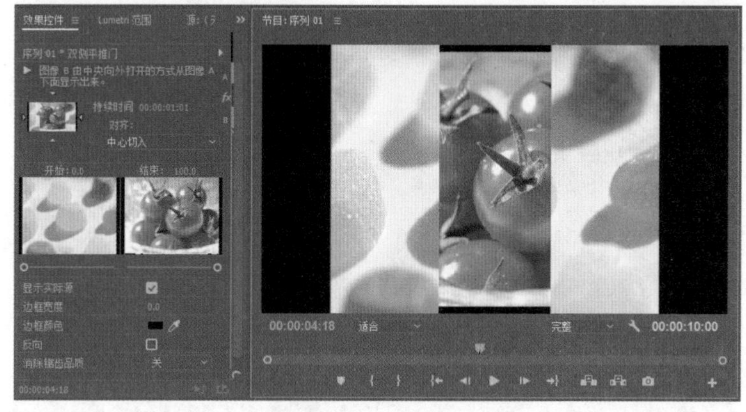

图 7-32

3. 带状擦除

“带状擦除”转场：后一段素材画面用水平、垂直或者对角线的方式呈带状逐渐擦除前一段素材画面，使前一段素材画面逐渐消失，如图 7-33 所示。

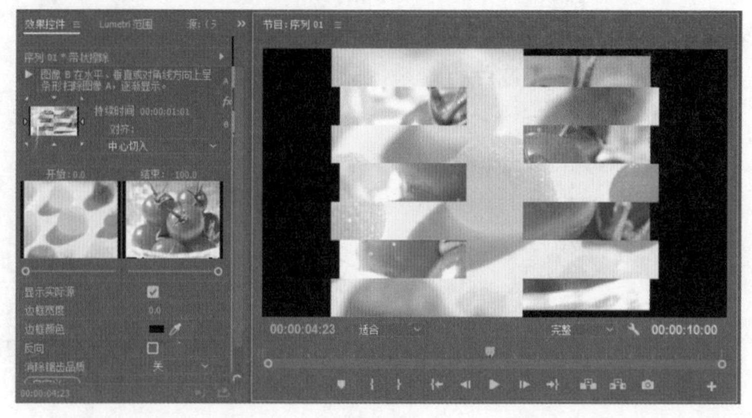

图 7-33

4. 径向擦除

“径向擦除”转场：后一段素材画面从屏幕的一角以扇形射线的方式进入，从而覆盖前一段素材画面，如图 7-34 所示。

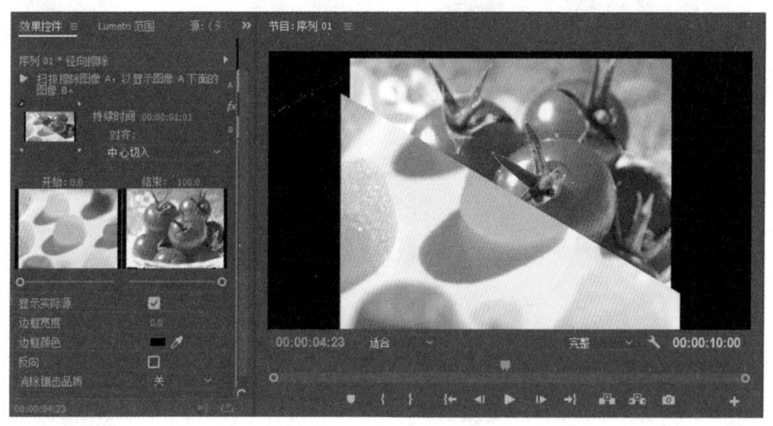

图 7-34

5. 插入

“插入”转场：后一段素材画面从前一段素材画面的四个角中的一角斜向插入，如图 7-35 所示。

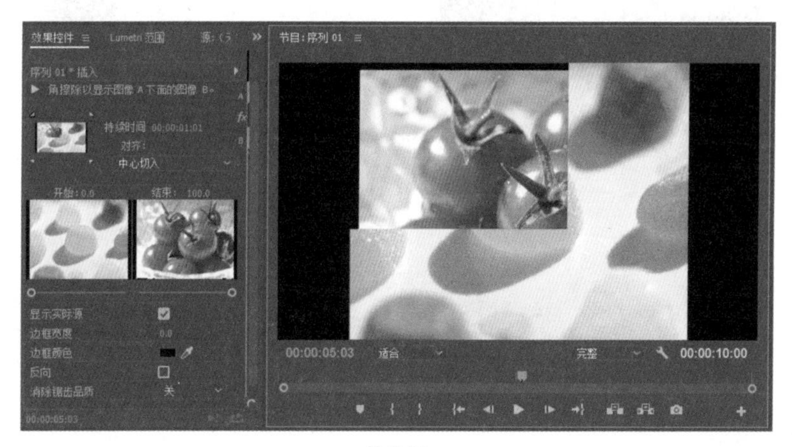

图 7-35

6. 棋盘擦除

“棋盘擦除”转场：后一段素材画面以棋盘的方式将前一段素材画面逐渐擦除，如图 7-36 所示。

7. 渐变擦除

“渐变擦除”转场：类似于一种动态蒙版，使用一张图片作为辅助，通过计算图片的色阶，自动生成渐变划像的动态转场效果，如图 7-37 所示。

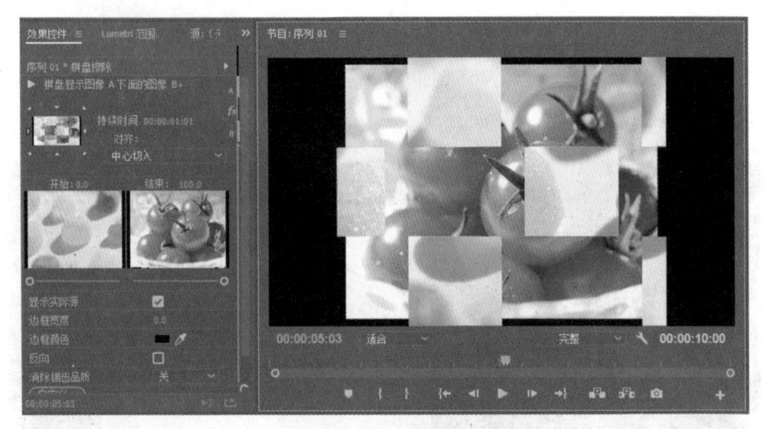
效果控件
Lumetri 范围
节目：序列 01
序列 01 * 棋盘擦除
棋盘显示图像 A 下面的图像 B。
持续时间 00:00:01:01
对齐：
中心切入
开始：0.0
结束：100.0
显示实际源
边框宽度
边框颜色
反向
消除锯齿品质
关
00:00:05:03
适合
完整
00:00:10:00

图 7-36

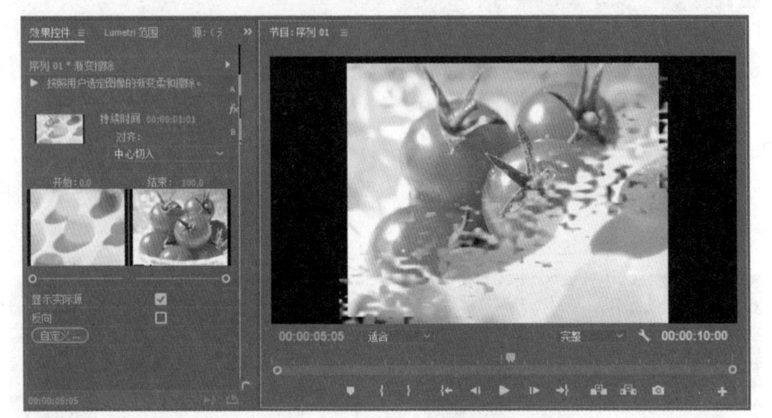
效果控件
Lumetri 范围
节目：序列 01
序列 01 * 渐变擦除
按照用户选定图像的渐变柔和擦除。
持续时间 00:00:01:01
对齐：
中心切入
开始：0.0
结束：100.0
显示实际源
反向
自定义...
00:00:05:05
适合
完整
00:00:10:00

图 7-37

第8章 Premiere关键帧动画

在Premiere中，通过为素材的运动参数添加关键帧，可以产生基本的位置、缩放、旋转和不透明度等动画效果，还可以为已经添加至素材的视频效果属性添加关键帧，从而营造出丰富的视觉效果。

8.1 初识关键帧

关键帧动画主要通过为素材的不同时刻设置不同的属性，使时间推进的这个过程产生变换效果。

8.1.1 什么是关键帧

影片是由一张张连续的图像组成的，每一张图像代表一帧。帧是动画中最小单位的单幅影像画面，相当于电影胶片上的每一格镜头，在动画软件的时间线上，帧表现为一格或一个标记。在影片编辑处理中，PAL 制式为每秒 25 帧，NTSC 制式为每秒 30 帧，而“关键帧”是指动画上关键的时刻，任何动画要表现运动或变化，都至少要在前后给出两个不同状态的关键帧，而中间状态的变化和衔接，由计算机自动创建完成，称为过渡帧或中间帧。

在 Premiere 中，用户可以通过设置动作、效果、音频及其他属性参数，制作出连贯的动画效果。图 8-1 所示为动画的关键帧。

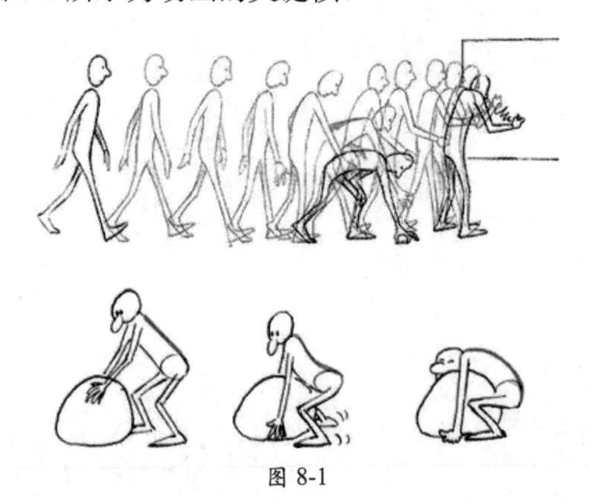

图 8-1

8.1.2 关键帧的设置原则

在 Premiere 中设置关键帧时，遵循以下几个原则可以有效地提高工作效率。

（1）使用关键帧创建动画时，可在“时间线”面板或“效果控件”面板中查看并编辑关键帧。在“时间线”面板中编辑关键帧，适用于只具有一维数值参数的属性，如素材的不透明度和音频音量等；而“效果控件”面板则更适合二维或多维数值的设置，如位置、缩放或旋转等。

（2）在“时间线”面板中，关键帧数值的变换会以图像的形式进行展现，因此可以更加直观地分析数值随时间变化的趋势。在“效果控件”面板中也可以以图像化显示关键帧，一旦某个属性的关键帧功能被激活，便可以显示其数值及速率图。

（3）在“效果控件”面板中可以一次性显示多个属性的关键帧，但只能显示所选的素材片段；而“时间线”面板则可以一次性显示多个轨道和多个素材的关键帧，但每个轨道或素材仅显示一种属性。

（4）音频轨道效果的关键帧可以在“时间线”面板或“音频剪辑混合器”面板中进行调节。

8.1.3 默认效果控件

效果的控制需要在“效果控件”面板中进行调整，在“效果控件”面板中默认的控件有3个，分别是运动、不透明度和时间重映射。

1. “运动”效果控件

在Premiere中，“运动”效果控件包括位置、缩放、旋转、锚点及防闪烁滤镜等参数，如图8-2所示。

相关参数说明如下。

位置：通过设置该参数，可以使素材图像在“节目”监视器面板中进行移动，参数后的两个值分别表示帧的中心点在画面上的X和Y坐标值，如果两个值均为0，则表示帧图像的中心点在画面左上角的原点处。

缩放：“缩放”数值为100时，代表图像为原大小。参数下方的“等比缩放”复选框默认为选择状态，若取消选择该复选框，则可分别对素材进行水平拉伸和垂直拉伸。在视频编辑中，设置的缩放动画效果可以作为视频的开场，或实现素材中局部内容的特写，这是视频编辑中常用的运动效果之一。

旋转：在设置“旋转”参数时，将素材的锚点设置在不同的位置，其旋转的轴心也不同。对象在旋转时将以其锚点作为旋转中心，用户可以根据需要对锚点位置进行调整。

锚点：即素材的轴心点，素材的位置、旋转和缩放都是基于锚点来进行操作的。通过调整参数右侧的坐标数值，可以改变锚点的位置。此外，在“效果控件”面板中选中“运动”栏，即可在“节目”监视器面板中看到锚点，如图8-3所示，并可以直接拖动改变锚点的位置。锚点是以帧图像左上角为原点得到的坐标值，所以在改变位置的值时，锚点坐标是相对不变的。

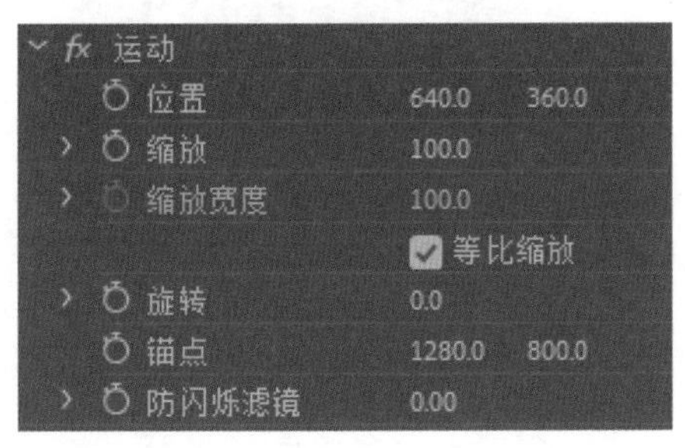

图 8-2

图 8-3

防闪烁滤镜：对处理的素材进行颜色的提取，减少或避免素材中画面闪烁的现象。

2.“不透明度”效果控件

图 8-4

“不透明度”效果控件包括不透明度和混合模式这两个选项，如图 8-4 所示。

相关参数说明如下。

不透明度：该参数可用来设置剪辑画面的显示，数值越小，画面越透明。通过设置不透明度关键帧，可以实现剪辑在序列中显示或消失、渐隐渐现等动画效果，常用于创建淡入淡出效果，使画面过渡自然。

混合模式：用于设置当前剪辑与其他剪辑混合的方式，与 Photoshop 中的图层混合模式相似。混合模式分为普通模式组、变暗模式组、变亮模式组、对比模式组、比较模式组和颜色模式组这 6 个组，共 27 个模式。

8.2 创建和删除关键帧

本节将介绍 Premiere 中创建关键帧的几种操作方法。

8.2.1 动手操练——添加关键帧

下面讲解创建关键帧动画的具体操作步骤。

（1）在“效果控件”面板中，每个属性前都有一个“切换动画”按钮，如图 8-5 所示，单击该按钮可激活关键帧，此时按钮会由灰色变为蓝色；再次单击该按钮，则会关闭该属性的关键帧，此时按钮变为灰色。

（2）在“效果控件”面板中，使用“切换动画”按钮为某一属性添加关键帧后（激活关键帧），属性右侧将出现“添加 / 移除关键帧”按钮，如图 8-6 所示。

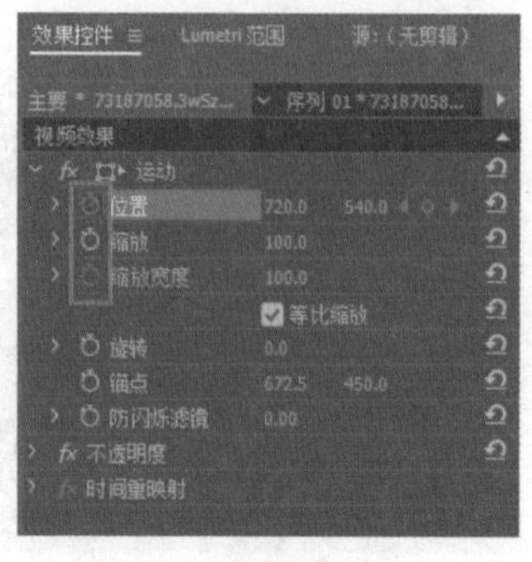

图 8-5

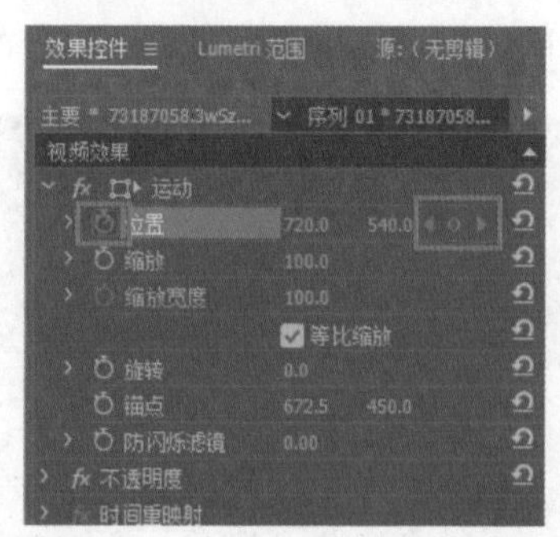

图 8-6

（3）当播放指示器处于关键帧位置时，“添加 / 移除关键帧”按钮为蓝色状态，此时单击该按钮可以移除该位置的关键帧；当播放指示器所处位置没有关键帧时，“添加 / 移除关键帧”按钮为灰色状态，此时单击该按钮可在当前时间点添加一个关键帧。

（4）在按钮旁边有两个箭头按钮，分别代表上一个关键帧和下一个关键帧，如果设置了多个关键帧，可以快速切换关键帧位置。

8.2.2 动手操练——为图像设置缩放关键帧

在将素材添加到“时间线”面板中后，选择需要设置关键帧动画的素材，然后在“效果控件”面板中通过调整播放指示器的位置确定需要插入关键帧的时间点，并通过更改所选属性的参数来生成关键帧动画。

（1）启动 Premiere 软件，在“时间线”面板中添加素材“76927*.jpg”，如图 8-7 所示。

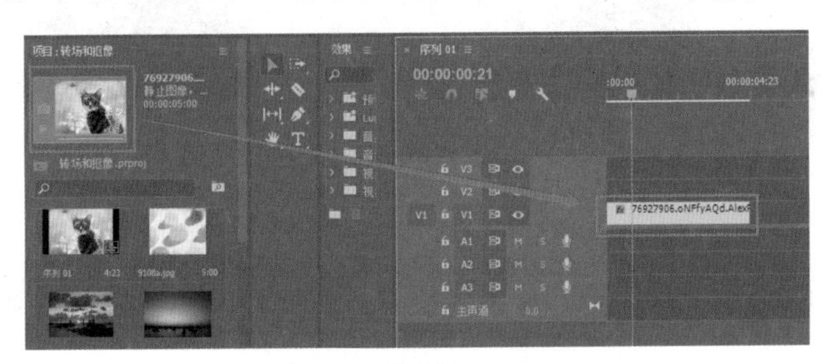

图 8-7

（2）在“时间线”面板中选择素材，进入“效果控件”面板，单击“缩放”属性前的“切换动画”按钮，在 00:00:00:00 时间点创建第 1 个关键帧，如图 8-8 所示。

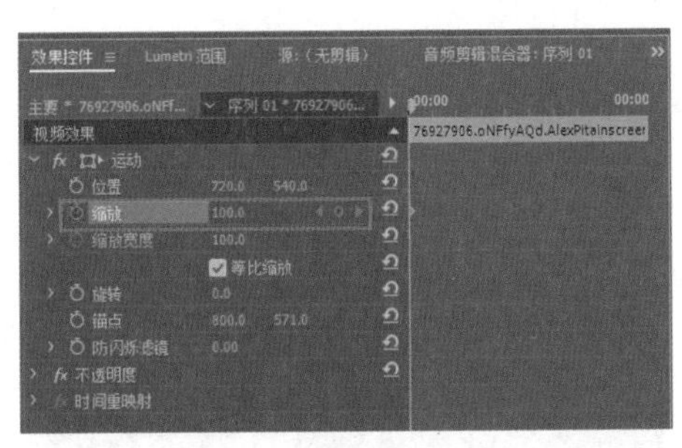

图 8-8

（3）调整播放指示器位置，将当前时间设置为 00:00:03:00，然后修改“缩放”参数为 200，此时会自动创建第 2 个关键帧。在创建关键帧时，需要在同一个属性中至少添加两个关键帧才能产生动画效果，如图 8-9 所示。

（4）完成上述操作后，在“节目”监视器面板中可预览缩放动画效果，如图 8-10 所示。

图 8-9

图 8-10

8.3 移动和复制关键帧

移动关键帧所在的位置可以控制动画的节奏，比如两个关键帧隔得越远，最终动画所呈现的节奏就越慢；两个关键帧隔得越近，最终动画所呈现的节奏就越快。此外，还可以对关键帧进行复制。

8.3.1 移动单个关键帧

在“效果控件”面板中，展开已经制作完成的关键帧效果，单击工具箱中的“移动工具”按钮，将光标放在需要移动的关键帧上方，按住鼠标左键左右移动，当移动到合适的位置时，释放鼠标左键，即可完成移动操作，如图 8-11 所示。

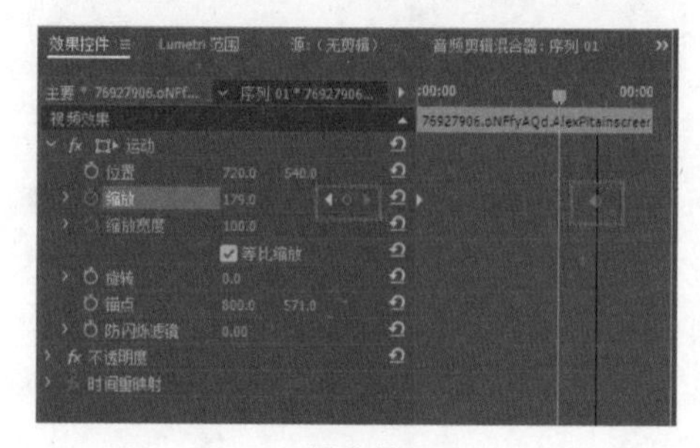

图 8-11

8.3.2 移动多个关键帧

下面讲解移动多个关键帧的具体操作方法。

（1）单击工具箱中的“移动工具”按钮▶，按住鼠标左键将需要移动的关键帧进行框选，接着将选中的关键帧向左或向右进行拖曳，即可完成多个关键帧的移动操作，如图 8-12 所示。

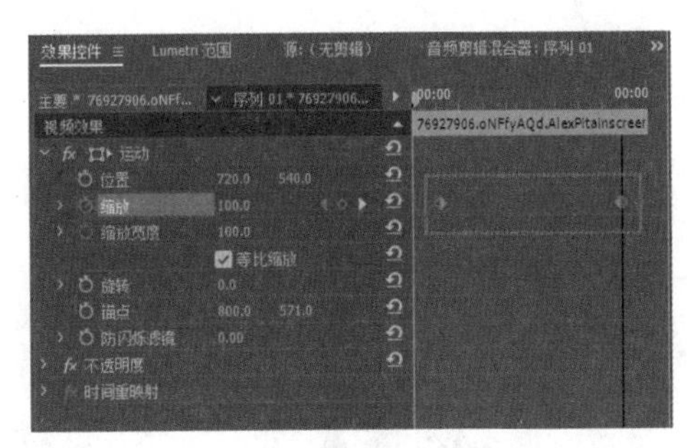

图 8-12

（2）当想要同时移动的关键帧不相邻时，单击工具箱中的“移动工具”按钮▶，按住【Ctrl】键或【Shift】键的同时，选中需要移动的关键帧进行拖曳即可（关键帧按钮为蓝色时，代表关键帧为选中状态），如图 8-13 所示。

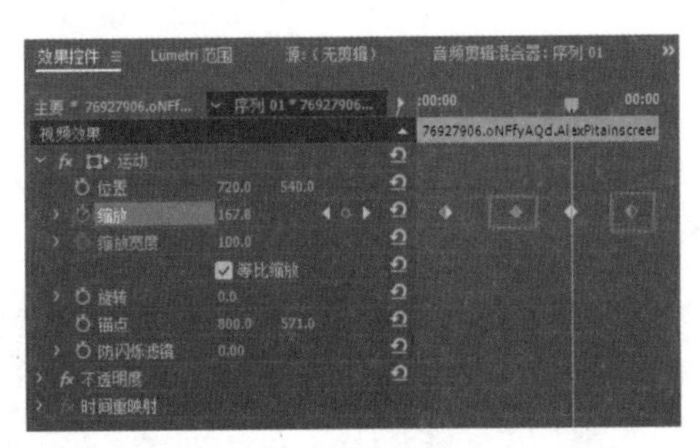

图 8-13

（3）单击工具箱中的“移动工具”按钮▶，在“效果控件”面板中选择需要复制的关键帧，然后按住【Alt】键将其向左或向右拖曳，可以复制关键帧。

8.3.3 动手操练——复制关键帧到其他素材

除了可以在同一个素材中复制和粘贴关键帧，还可以选择将关键帧动画复制到其他素材上。下面讲解复制关键帧到其他素材的具体操作方法。

（1）继续 8.3.2 节的案例操作，在“时间线”面板中继续添加另一个素材“9108a*.jpg”，如图 8-14 所示。

（2）在“效果控件”面板中，按住【Ctrl】键，然后分别单击两个“缩放”关键帧，将它们选中，如图 8-15 所示，按【Ctrl+C】组合键进行复制。

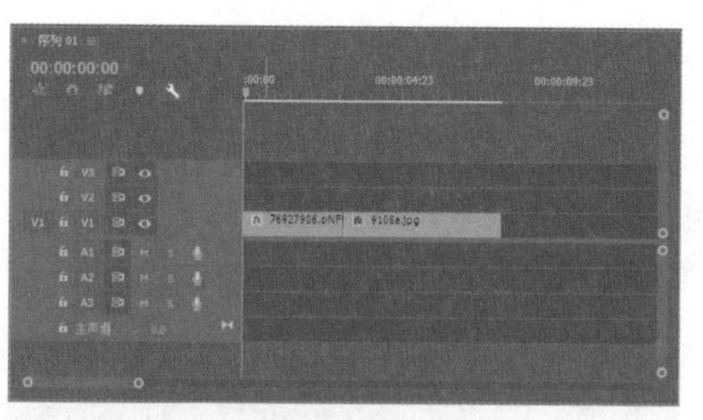

图 8-14

图 8-15

（3）在“时间线”面板中选择最后添加的素材，移动时间滑块到该素材的起始位置，如图 8-16 所示。

（4）在“效果控件”面板中选择“缩放”属性，按【Ctrl+V】组合键粘贴关键帧，如图 8-17 所示。

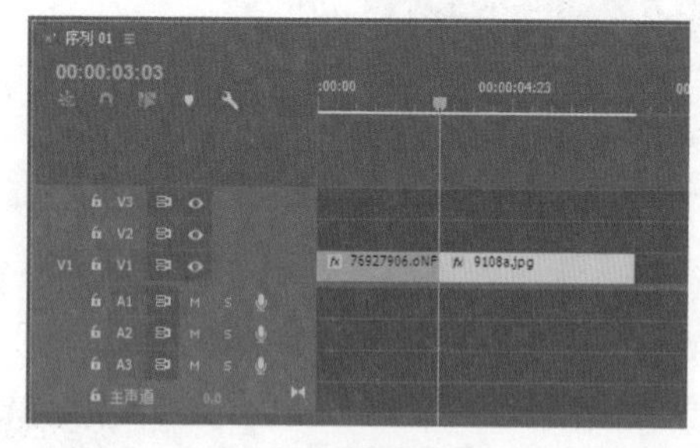

图 8-16

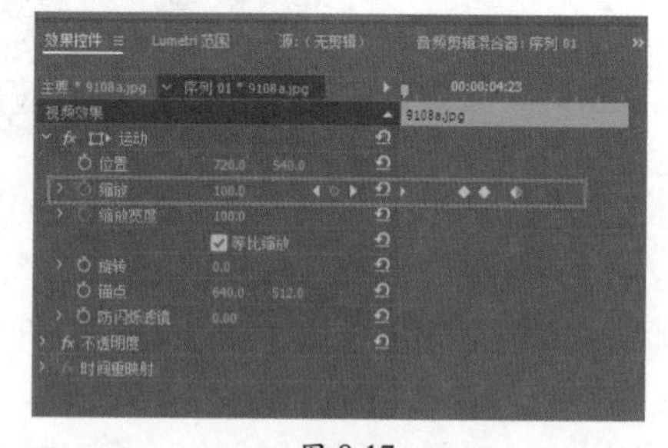

图 8-17

完成上述操作后，第二个素材将具有与第一个素材相同的关键帧动画。

8.4 关键帧插值

插值是指在两个已知值之间填充未知数据的过程。在 Premiere 中，关键帧插值可以控制关键帧的速度变化状态，主要分为“临时插值”和“空间插值”两种。临时插值可控制关键帧在时间线上的速度变化，空间插值可控制动画曲线的运动路径。一般情况下，系统默认使用“线性”插值法，若想要更改插值类型，可右击关键帧，在弹出的快捷菜单中进行类型更改，如图 8-18 所示。

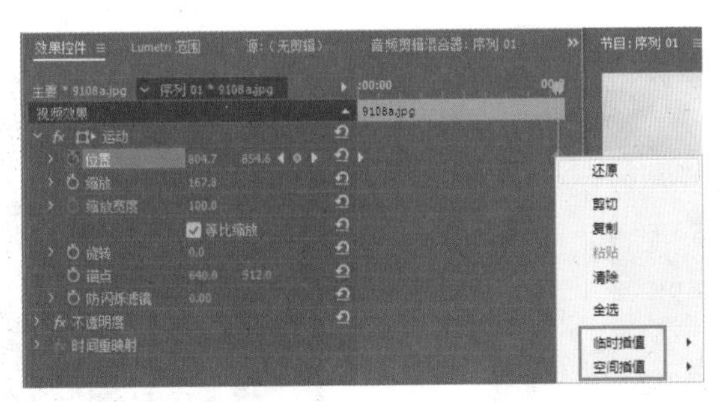

图 8-18

8.4.1 临时插值

临时插值可控制关键帧在时间线上的速度变化状态（如加速或减速）。“临时插值”的子菜单如图 8-19 所示，下面对各个子菜单进行具体介绍。

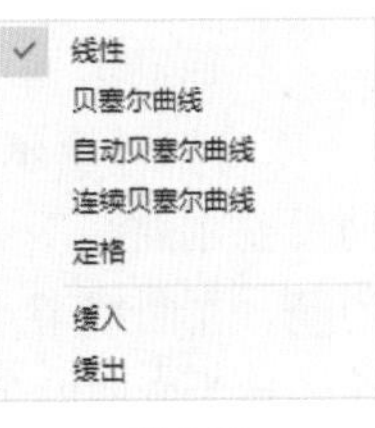

图 8-19

1. 线性

“线性”插值可以创建关键帧之间的匀速变化。首先在“效果控件”面板中针对某一属性添加两个或两个以上的关键帧，然后右击添加的关键帧，在弹出的快捷菜单中选择“临时插值\线性”命令，该关键帧样式为。此时的动画效果每一帧的运动速度都一样，如图 8-20 所示。

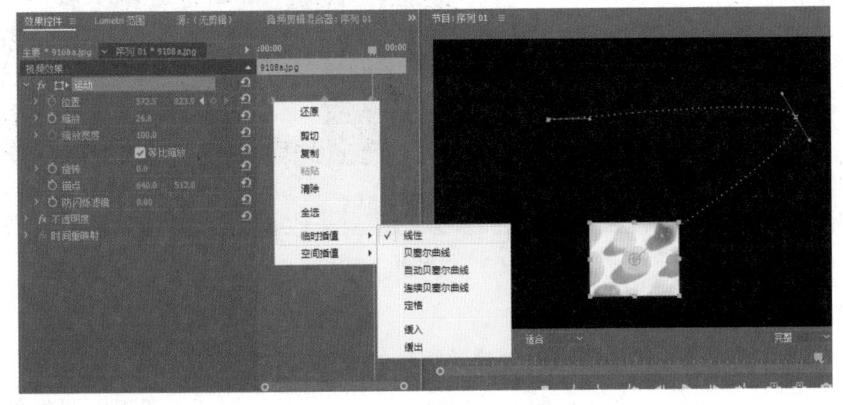

图 8-20

2. 贝塞尔曲线

“贝塞尔曲线”插值可以在关键帧的任意一侧手动调整图表的形状和变化速率。

在快捷菜单中选择“临时插值\贝塞尔曲线”命令，该关键帧样式为，并且可在“节目”监视器面板中通过拖动曲线控制柄来调节曲线两侧，从而改变动画的运动速度。在调节过程中，可单独调节其中一个控制柄，另一个控制柄则不发生变化，如图 8-21 所示。

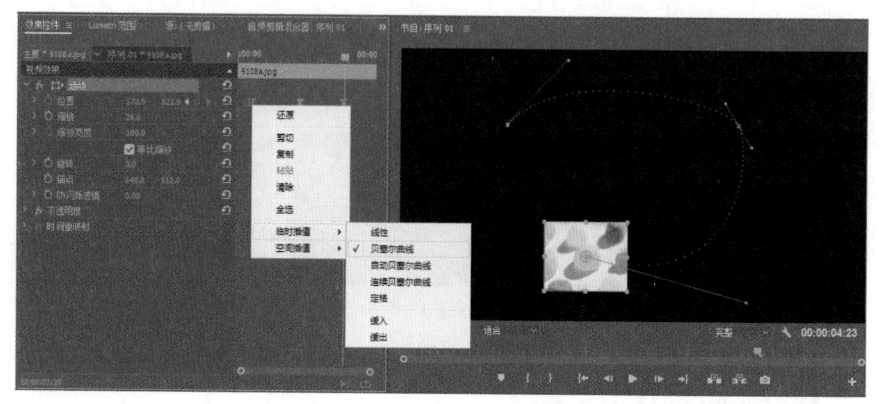

图 8-21

3. 自动贝塞尔曲线

“自动贝塞尔曲线”插值可以调整关键帧的平滑变化速率。选择“临时插值\自动贝塞尔曲线”命令并拖动时间线，当时间线与关键帧位置重合时，该关键帧样式为。在曲线节点的两侧会出现两个没有控制线的控制点，拖动控制点可将自动曲线转换为弯曲的贝塞尔曲线状态，如图 8-22 所示。

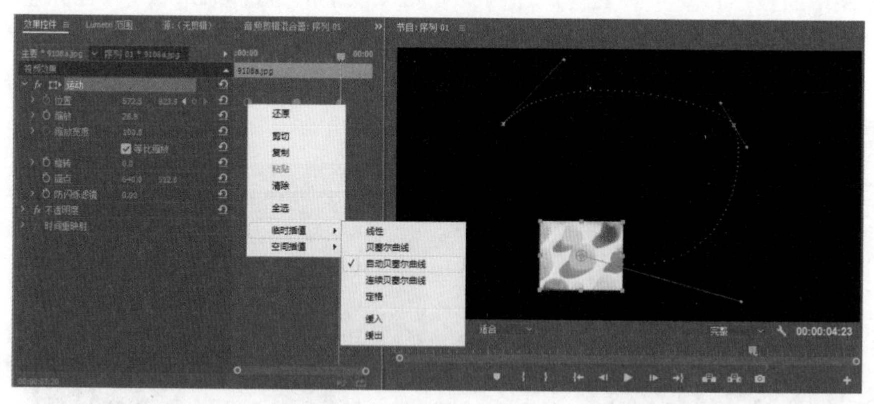

图 8-22

4. 连续贝塞尔曲线

“连续贝塞尔曲线”插值可以创建关键帧的平滑变化速率。选择“临时插值\连接贝塞尔曲线”命令，该关键帧样式为。双击“节目”监视器面板中的画面，此时会出现两个控制柄，通过拖动控制柄来改变两侧的曲线弯曲程度，从而改变动画效果，如图 8-23 所示。

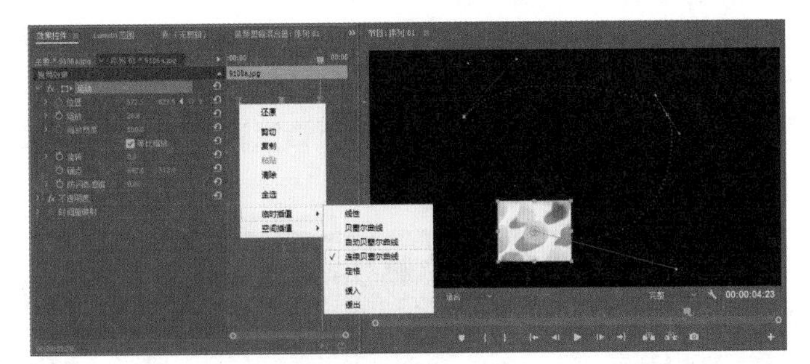

图 8-23

5. 定格

“定格”插值可以更改属性值且不产生渐变过渡。选择“临时插值 \ 定格”命令，该关键帧样式为，动画呈跳跃式播放，如图 8-24 所示。

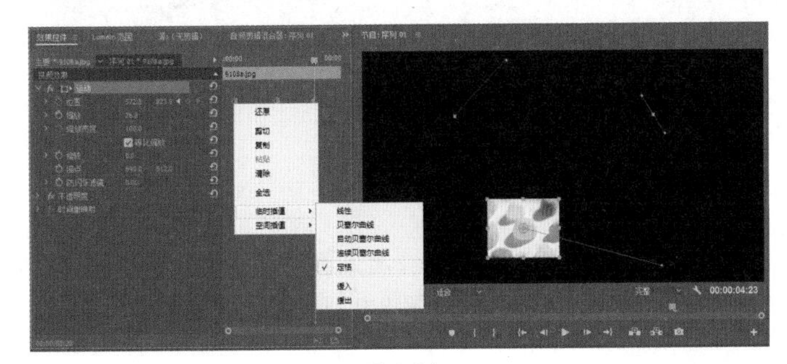

图 8-24

6. 缓入

“缓入”插值可以减慢进入关键帧的值的变化。选择“临时插值 \ 缓入”命令，该关键帧样式为。速率曲线节点前面将变成缓入的曲线效果。当拖动时间线播放动画时，动画在进入该关键帧时速度逐渐减缓，消除因速度波动较大而产生的画面不稳定感，如图 8-25 所示。

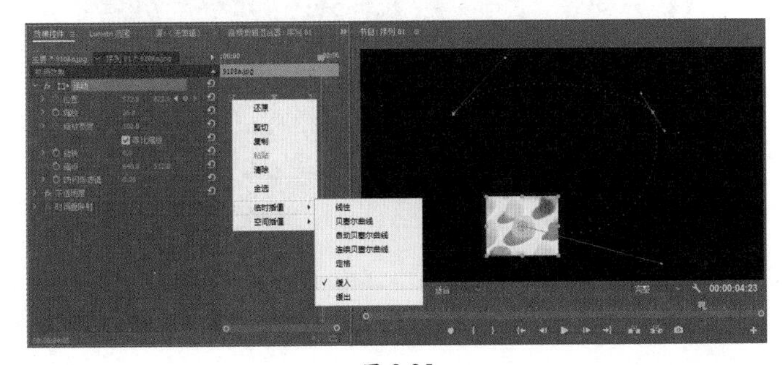

图 8-25

7. 缓出

“缓出”插值可以逐渐加快离开关键帧的值变化。选择“临时插值 \ 缓出”命令，拖动时间线，当时间线与关键帧位置重合时，该关键帧样式为。速率曲线节点后面将变成缓出的曲线效果。当播放动画时，可以使动画在离开该关键帧时速率减缓，同样可消除因速度波动较大而产生的画面不稳定感，与缓入效果的道理相同，如图 8-26 所示。

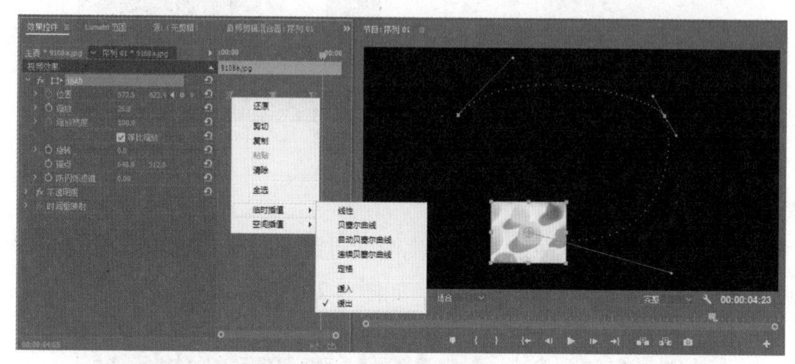

图 8-26

8.4.2 空间插值

空间插值可以设置关键帧的过渡效果，如转折强烈的线性方式、过渡柔和的贝塞尔曲线方式等，如图 8-27 所示。下面对各个子菜单进行具体介绍。

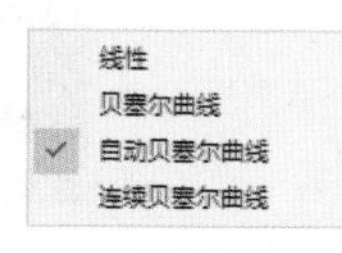

图 8-27

1. 线性

选择“空间插值\线性”命令，关键帧两侧线段为直线，角度转折较明显，如图 8-28 所示。播放动画时会产生位置突变的效果。

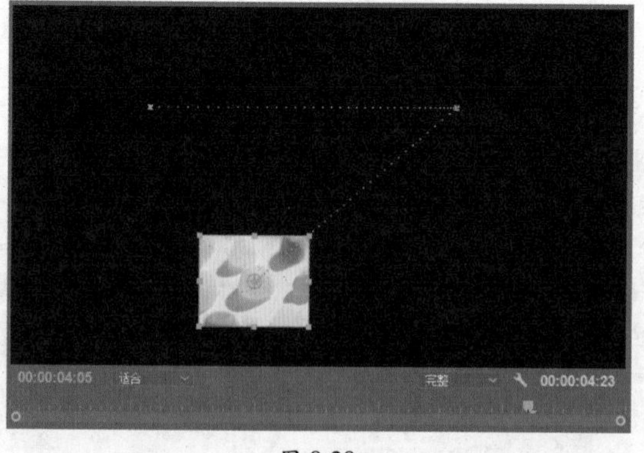

图 8-28

2. 贝塞尔曲线

选择“空间插值\贝塞尔曲线”命令，可在“节目”监视器面板中手动调节控制点两侧的控制柄，通过控制柄来调节曲线形状和画面的动画效果，如图 8-29 所示。

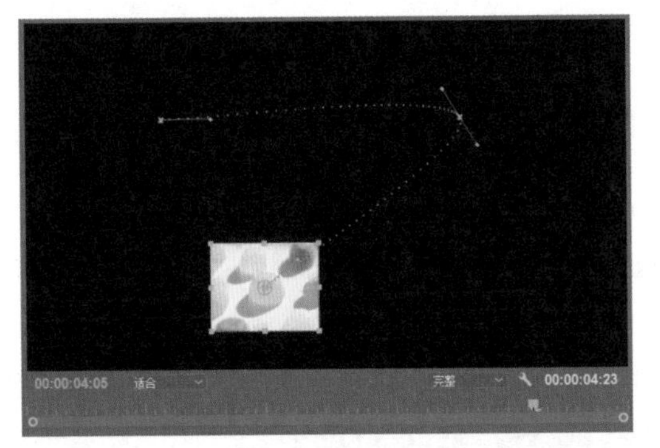

图 8-29

3. 自动贝塞尔曲线

选择“空间插值\自动贝塞尔曲线”命令，更改自动贝塞尔关键帧数值时，控制点两侧的手柄位置会自动更改，以保持关键帧之间的平滑速率。如果手动调整自动贝塞尔曲线的方向手柄，则可以将其转换为连续贝塞尔曲线的关键帧，如图 8-30 所示。

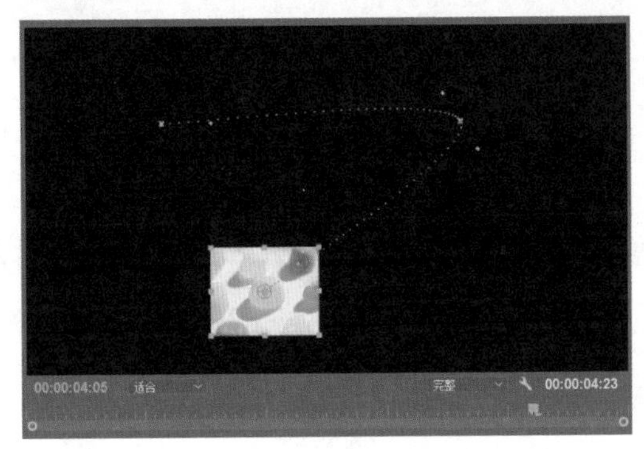

图 8-30

4. 连续贝塞尔曲线

选择“空间插值\连续贝塞尔曲线”命令，也可以手动设置控制点两侧的控制柄来调整曲线方向，与“自动贝塞尔曲线”的操作相同，如图 8-31 所示。

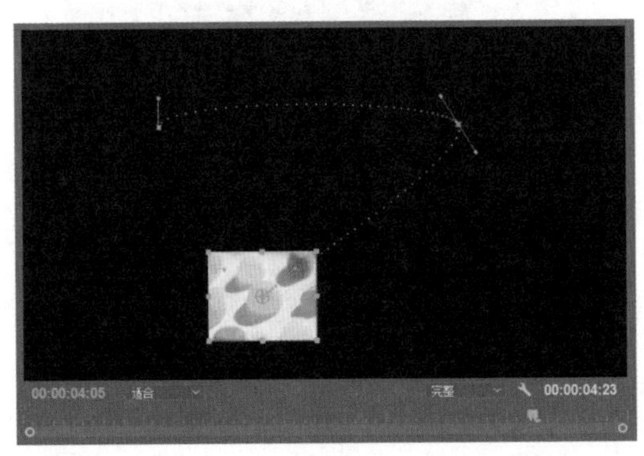

图 8-31

8.4.3 动手操练——实现马赛克效果

本实例通过为素材设置“比例”动画关键帧及为素材添加“马赛克”特效，来实现为画面添加马赛克效果的目的。通过学习本实例，读者可以掌握为画面添加马赛克的操作方法。

（1）启动 Premiere 软件，在“时间线”面板中添加素材“11049*.jpg”，如图 8-32 所示。

图 8-32

（2）在“时间线”面板中选择素材，将时间滑块移动到素材起始位置，进入“效果控件”面板，单击“缩放”属性前的“切换动画”按钮，在 00:00:00:00 时间点创建第 1 个关键帧，如图 8-33 所示。

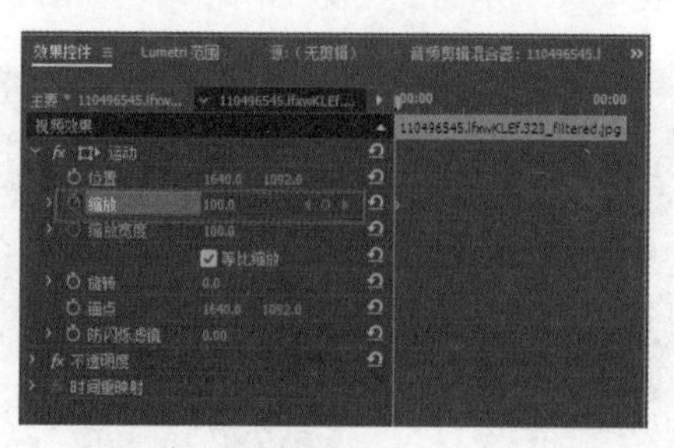

图 8-33

（3）将时间滑块拖动至素材的结束位置，在“效果控件”面板中设置素材的“缩放”参数为 240，系统自动在 00:00:05:00 时间点添加第 2 个关键帧，如图 8-34 所示。

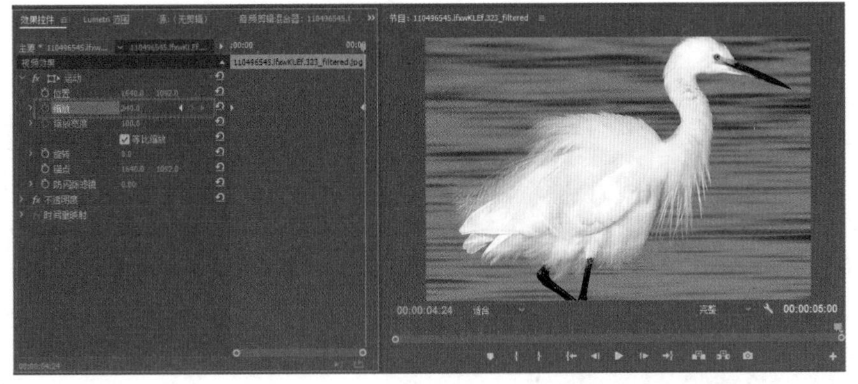

图 8-34

（4）在“效果”面板中，将“风格化”组中的“马赛克”特效拖曳至“时间线”面板中的素材上，如图 8-35 所示。

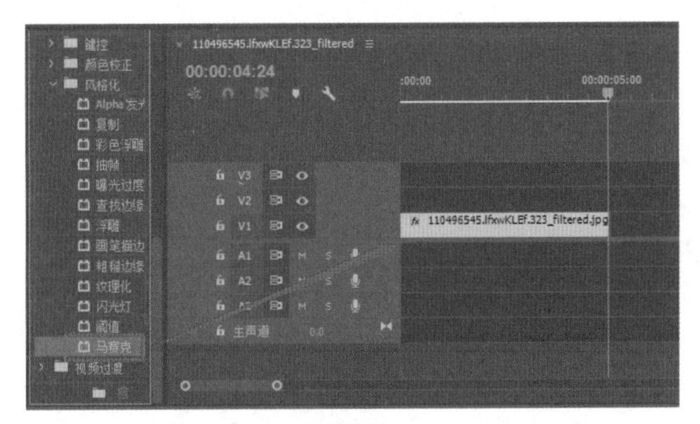

图 8-35

（5）在“效果控件”面板中，在素材的起始位置显示如图 8-36 所示的“马赛克”特效参数。分别单击“水平块”和“垂直块”属性前的“切换动画”按钮，在 00:00:00:00 时间点创建第 1 个关键帧。

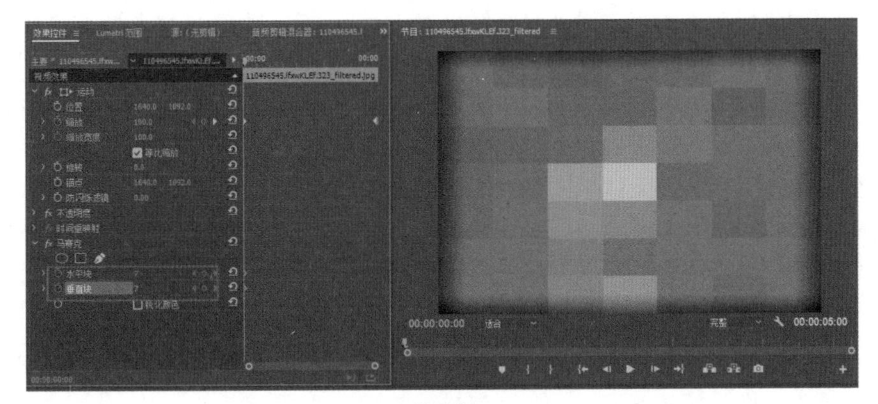

图 8-36

（6）将时间滑块拖动至素材结束位置，在此设置“马赛克”特效的参数，如图 8-37 所示，系统自动在 00:00:05:00 时间点添加第 2 个关键帧。

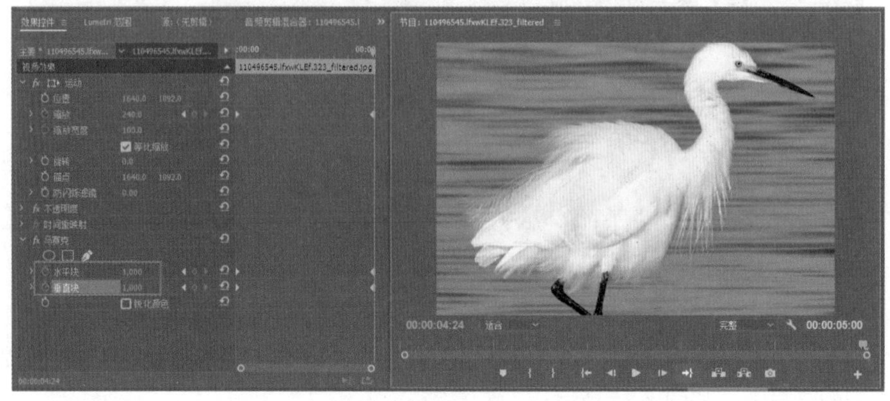

图 8-37

（7）预览动画效果，可以看到画面逐渐放大并且越来越清晰，如图 8-38 所示。

图 8-38

8.4.4 动手操练——实现画面的多角度变换效果

本实例将通过为素材应用“变换”视频特效，来实现画面的多角度变换效果。通过学习本实例，读者可以掌握为画面添加多角度变换效果的操作方法。

（1）新建项目，执行“文件 \ 导入”命令，导入本书资源素材“10848*.jpg”和“11360*.jpg”，“项目”面板的效果如图 8-39 所示。

（2）在“项目”面板上右击，在弹出的快捷菜单中选择“新建项目 \ 颜色遮罩”命令，如图 8-40 所示。

（3）弹出“新建颜色遮罩”对话框，设置颜色遮罩对象的“宽度”等参数，如图 8-41 所示，单击“确定”按钮。

（4）弹出“拾色器”对话框，设置相应的颜色参数（淡蓝色），如图 8-42 所示，单击“确定”按钮。

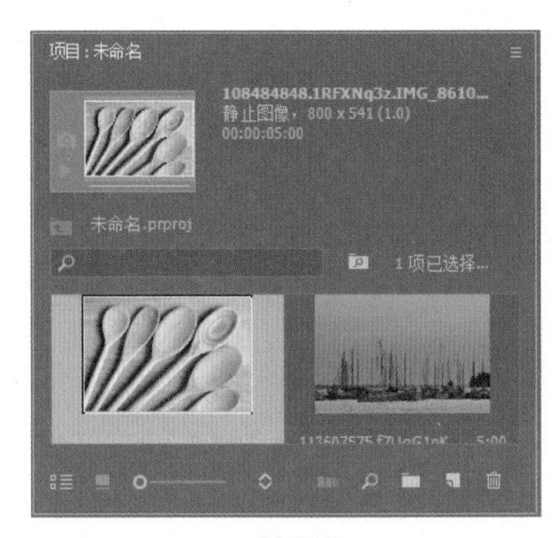

图 8-39

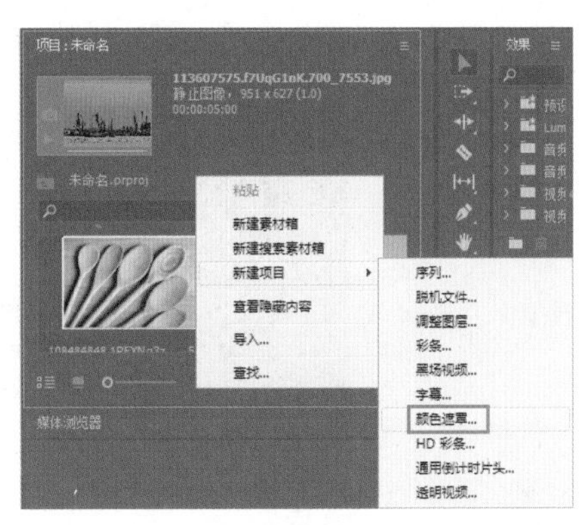

图 8-40

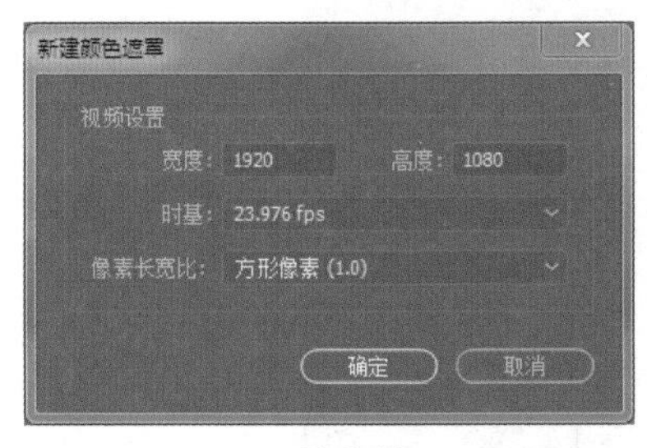

图 8-41

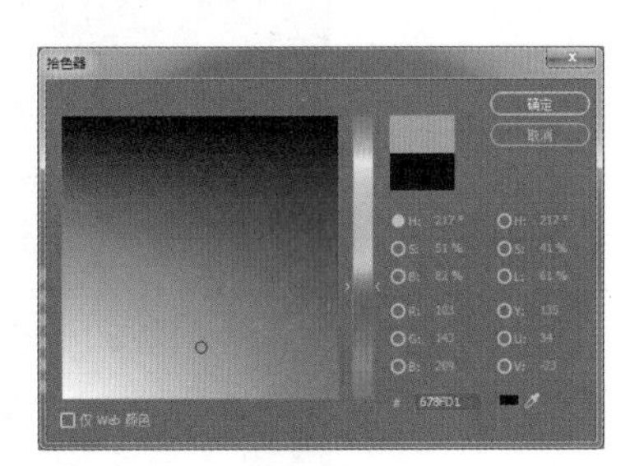

图 8-42

（5）将保存于“项目”面板中的“颜色遮罩”对象重命名为“背景”，如图 8-43 所示。

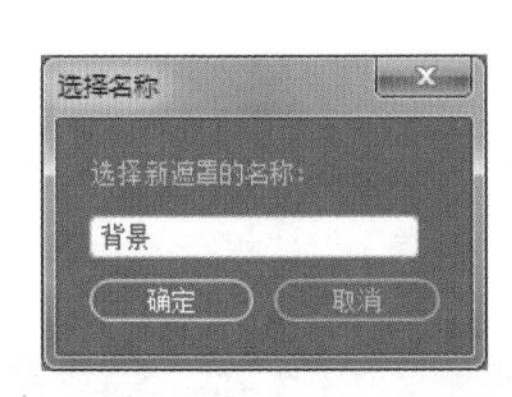

图 8-43

（6）将导入的图片素材拖动到“时间线”面板的 V2 轨道中，将新建的“背景”素材拖动到 V1 轨道中，如图 8-44 所示。

（7）打开“效果”面板，将“变换”视频效果拖曳至 V2 轨道的图片素材上，如图 8-45 所示。

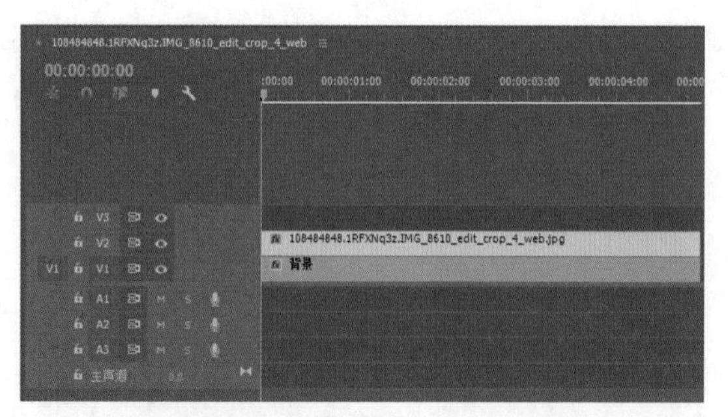

图 8-44

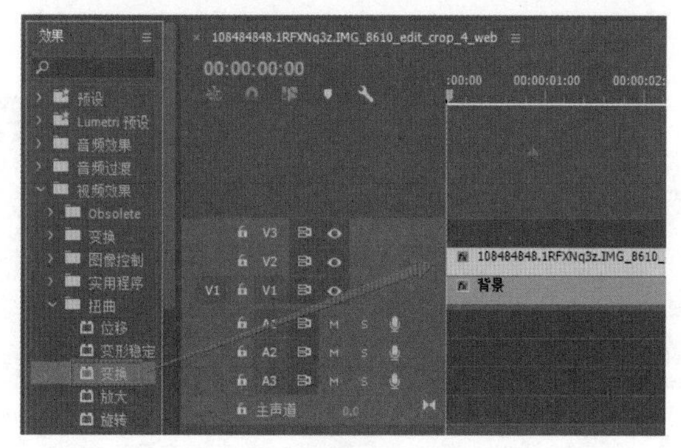

图 8-45

“变换”效果可以将运动属性集成到一个控制面板中，使用该面板可轻松地对图层进行旋转、缩放等操作。

（8）在“效果控件”面板中设置“锚点”和“位置”参数，如图 8-46 所示。

（9）在“效果控件”面板中为素材的起始位置设置“缩放”关键帧参数，如图 8-47 所示。

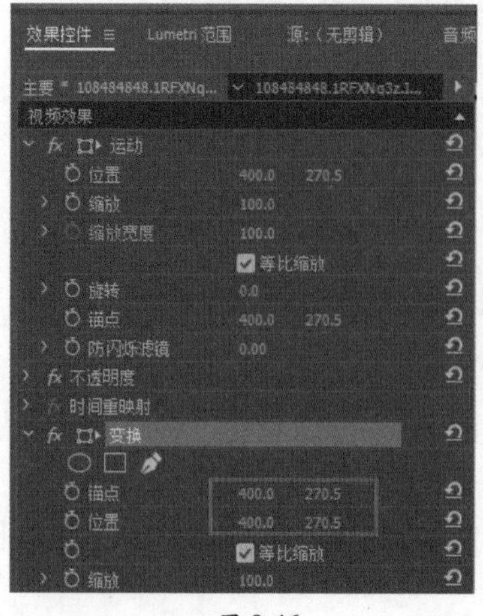

图 8-46

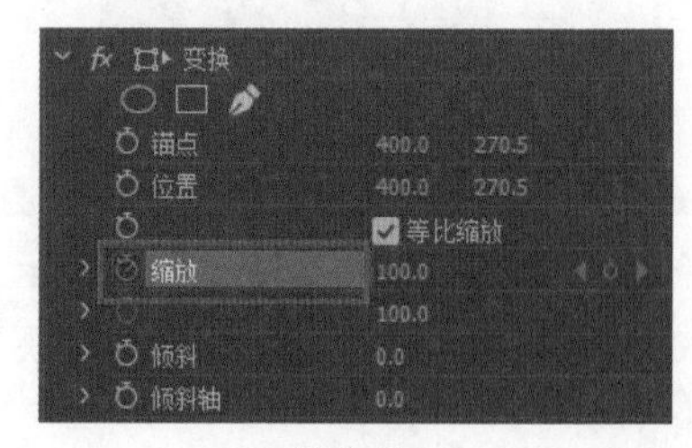

图 8-47

（10）将时间滑块拖动至 00:00:00:15 处，为“缩放”参数添加一个关键帧，如图 8-48 所示，使画面缩小。

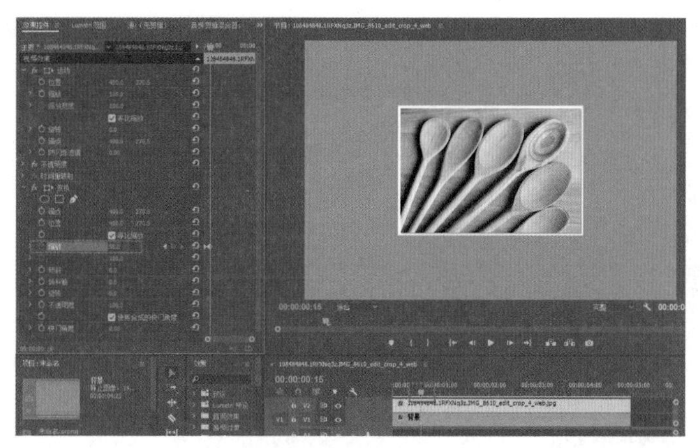

图 8-48

（11）将时间滑块拖动至 00:00:01:00 处，为“缩放”参数添加一个关键帧，如图 8-49 所示，使画面放大。

图 8-49

（12）为“变换”视频效果的“倾斜”和“旋转”参数添加关键帧，如图 8-50 所示。

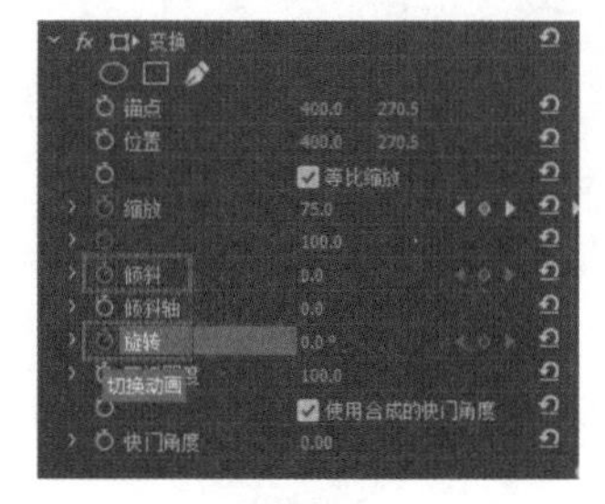

图 8-50

（13）将时间滑块拖动至 00:00:01:15 处，再次分别为“倾斜”和“旋转”参数添加关键帧，如图 8-51 所示。

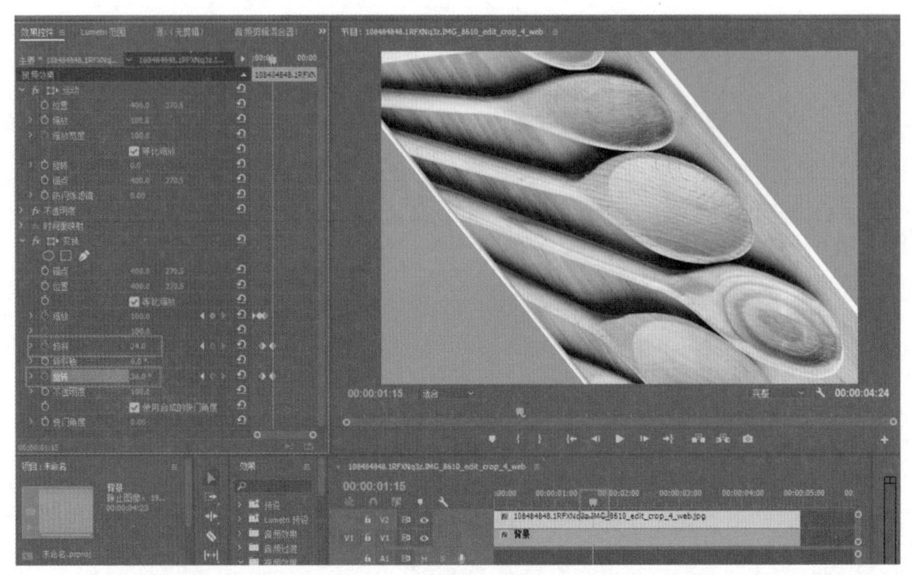

图 8-51

（14）将时间滑块拖动至素材的结束位置，为“倾斜”和“旋转”参数添加关键帧，如图 8-52 所示。

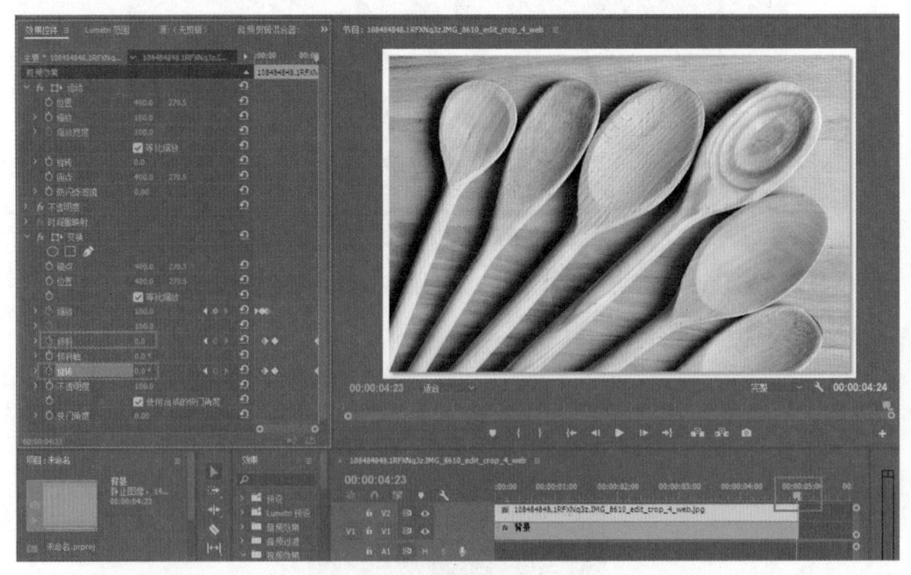

图 8-52

（15）使用同样的方法，还可以对动态的视频素材进行图层旋转等操作，从而制作出动态画面的图层旋转效果，如图 8-53 所示。

图 8-53

8.4.5 动手操练——实现画面的局部放大效果

本实例将应用“放大”视频效果制作画面局部放大效果。该视频效果通过设置放大区域的中心坐标值及放大区域的形状，对效果的区域进行放大，用于模拟放大镜放大图像的某个部分的效果。

（1）新建项目，执行“文件 \ 导入”命令，导入本书资源素材“11085*.jpg”，“项目”面板的效果如图 8-54 所示。

（2）将“项目”面板中的图片素材文件拖曳至“时间线”面板中，效果如图 8-55 所示。

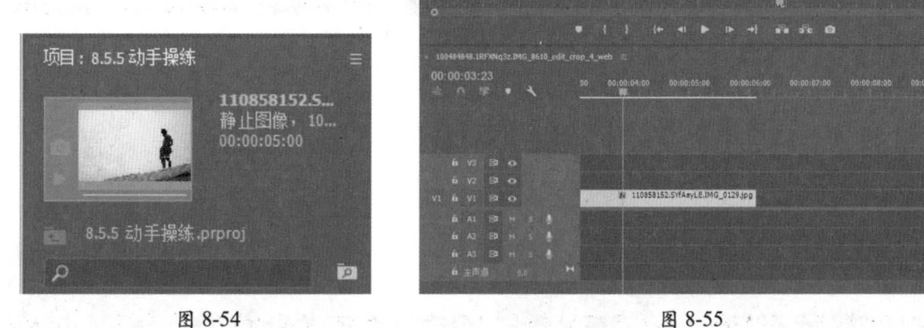

图 8-54

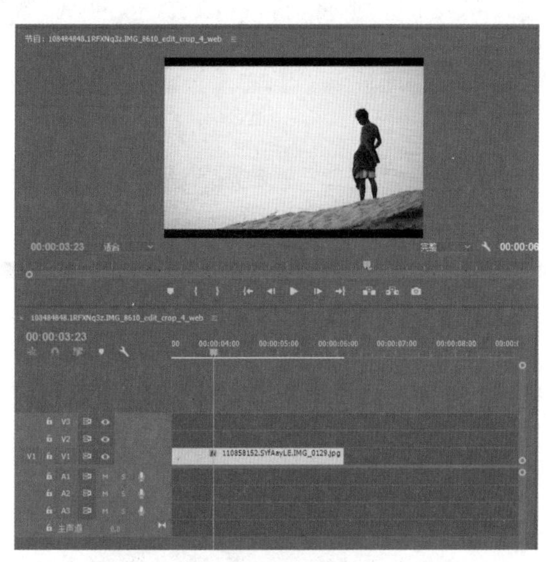

图 8-55

（3）打开“效果”面板，将“放大”视频效果拖曳至“时间线”面板中的素材文件上，如图 8-56 所示。

（4）在“效果控件”面板中选择“放大”视频效果，在“节目”面板中移动锚点到需要放大的位置，如图 8-57 所示。

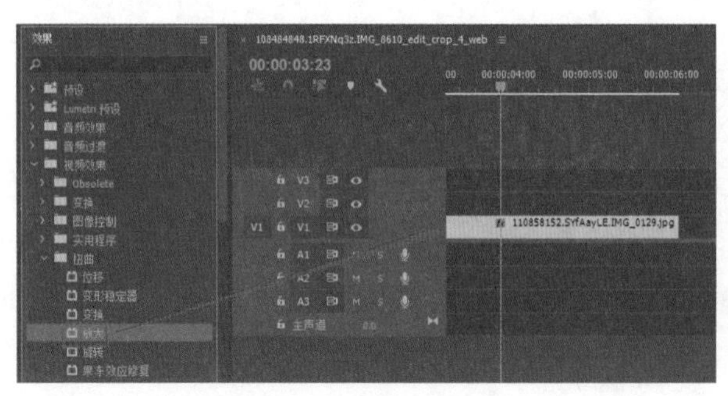

图 8-56

图 8-57

（5）在“效果控件”面板中设置“放大”视频效果的“大小”等参数，如图 8-58 所示。最后保存项目。

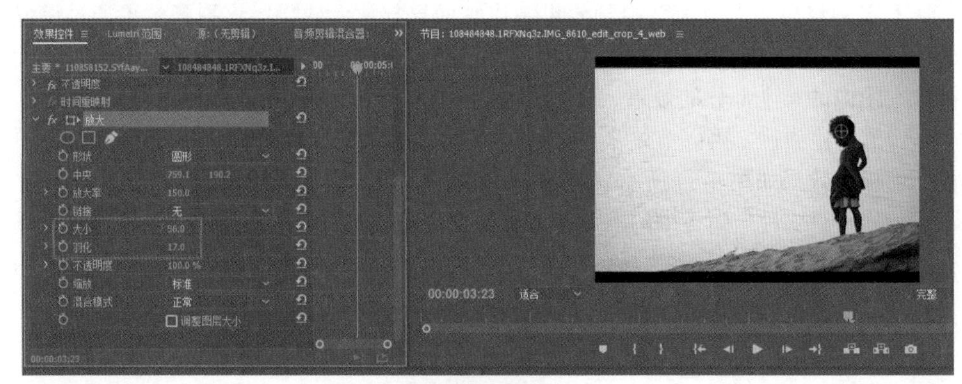

图 8-58

（6）若为“中央”参数添加动画关键帧，还可以制作出具有运动效果的画面放大效果，如图 8-59 所示。

图 8-59

第9章 Premiere 音频特效

画面与声音是构成有声电影艺术的两大基本元素。电影起初只是视觉艺术，过了将近 30 年后声音才被引入其中，使电影成为视听艺术，因此，人们对声音的认识也就相对晚一些。声音给影视艺术带来了强有力的表现手段。

影视艺术中的声音只有经过重新组织，才能拥有很好的表达能力，如今，使用声音的许多手法就是当时的影视工作者为开辟影视新的表现手段而创造的。

9.1 音频基础

为了便于读者更好地理解“音量”“音色”“分贝”等专业术语，本节先来了解一下有关音频的基础知识。

9.1.1 音频的基础概念

1.音量

根据声学原理可知，音量的大小决定了声波振幅的大小，人们通常所说的“分贝”就是衡量音量的单位。分贝数越大，声波振幅就越高，相应地音量就越大。

2.音色

在选购音像制品时，总会听到商品售货员介绍产品时提到“音色”，总说这个产品的音色纯正等，那么什么是音色呢，其衡量标准又是什么呢？音色是一个复杂的概念，可以简单地打个比方，音色和声音的关系好比是颜色和绘画之间的关系。

声音分为基音和泛音，而音色则是由混入基音的泛音所决定的，泛音越高，音色就越明亮，越有穿透力，这也是衡量音色的标准。

3.分贝

分贝是衡量音量大小的单位，符号为 dB。

4.静音

无声也可称为静音，在影视作品中也是一种表现手段，常常能产生“此处无声胜有声”的效果。

5.失真

在录制和加工声音时会遇到这个名词，是指声音经过录制和加工以后产生的畸变。

6. 噪声

噪声有 3 个基本含义：一是自然界中的物体无规律地振动产生的声音，如风声、雨声、脚步声、开关门声等，将这些声音因素用于影视中时，可以增加影片的真实感和环境感；二是由电子设备或声音媒介自身的原因产生的声音，通常会对人的正常情况下的听觉形成干扰；三是指在特定情况下对人的生活工作造成妨碍的声音。

9.1.2 数码音频的基础概念

数码音频系统通过将声波波形转换成一连串的二进制数据来再现原始声音，实现这个步骤使用的设备是模 / 数转换器（A/D），它以每秒上万次的速率对声波进行采样，每一次采样都记录下了原始模拟声波在某一时刻的状态，称为样本。

将一串样本连接起来，就可以描述一段声波了。每秒内所采样的数目称为采样频率或采率，单位为Hz（赫兹）。采样频率越高，所能描述的声波频率就越高。对于每个采样系统都会分配一定的存储位（bit数）来表达声波的声波振幅状态，称为采样分辨率或采样精度。每增加一个bit，表达声波振幅的状态数就翻一番，并且增加6dB的动态范围；一个2bit的数码音频系统表达千种状态，即12dB的动态范围，以此类推。如果继续增加bit数，则采样精度就将以非常快的速度提高，可以计算出16bit能够表达65536种状态，对应96dB的动态范围，而20bit可以表达1048576种状态，对应120dB的动态范围。24bit可以表达多达16777216种状态，对应144dB的动态范围。采样精度越高，声波的还原就越细腻（注：动态范围是指声音从最弱到最强的变化范围）。人耳的听觉范围通常是20Hz ～ 20kHz。

用两倍于一个正弦波的频繁率进行采样就能完全真实地还原该波形，因此一个数码录音波的采样频率直接关系到它的最高还原频率指标。例如，用44.1kHz的采样频率进行采样，则可还原最高为22.05kHz的频率，这个值略高于人耳的听觉极限（注：可录MD，如R900的取样频率为44.1kHz，并且有取样频率转换器，可将输入的32kHz/44.1kHz/48kHz转换为该机的标准取样频率。）44.1kHz的还原频率足以记录和真实再现世界上人们能辩别的所有声音了，所以CD音频的采样规格定义为16bit、44kHz，即使在最理想的环境下，用现实生活中几乎不可能制造的高精密电子元器件真实地实现了16bit的录音，仍然会受到滤波和声源定位等问题的困扰，人们还是能察觉出一些微小的失真，所以很多专业数码音频系统已经使用18bit甚至24bit进行录音和回放了。

9.1.3 音频处理技术

音频处理技术涉及音频采集、语音编码/解码、文-语转换、音乐合成、语音识别与理解、音频数据传输、音频-视频同步、音频效果与编辑等。其中数字音频是一个关键的概念，它是指一个用来表示声音强弱的数据序列，是由模拟声音经抽样（即每隔一个时间间隔在模拟声音波形上取一个幅度值）量化和编码（即把声音数据写成计算机的数据格式）后得到的。计算机数字CD和数字磁带（DAT）中存储的都是数字声音。模拟-数字转换器可以把模拟声音变成数字声音；数字-模拟转换器可以恢复出模拟声音。

一般来讲，实现计算机语音输出有两种方法：一是录音/重放，二是文-语转换。第二种方法是基于声音合成技术的一种声音产生技术，可用于语音合成和音乐合成。而第一种方法是最简单的音乐合成方法，曾相继产生了应用调频（FM）音乐合成技术和波形表（wave table）音乐合成技术。

常见的声音文件格式有以下7种。

（1）WAVE，扩展名为WAV：该格式记录声音的波形，因此只要采样率高、采样字节长、机器速度快，利用该格式记录的声音文件能够和原声基本保持一致，质量非常高，缺点是产生的文件太大。

（2）MOD，扩展名为 MOD、ST3、XT、S3M、FAR、669 等：该格式的文件中存放乐谱和乐曲使用的各种音色样本，具有回放效果明确、音色种类无限等优点。但它也有一些致命弱点，现在已经逐渐被淘汰，只有“MOD 迷”及一些游戏程序中尚在使用。

（3）MPEG-3，扩展名为 MP3：现在最流行的声音文件格式，因其压缩率大，在网络可视电话通信方面应用广泛，但和 CD 唱片相比，音质不能令人非常满意。

（4）Real Audio，扩展名为 RA：这种格式强大的压缩量和极小的失真，使其在众多格式中脱颖而出。和 MP3 格式相同，它也是为了解决网络传输带宽资源而设计的，因此主要目标是压缩比和容错性，其次才是音质。

（5）Creative Musical Format，扩展名为 CMF：Creative 公司的专用音乐格式，和 MIDI 差不多，只是在音色和效果上有些特色，专用于 FM 声卡，但兼容性较差。

（6）CD Audio 音乐 CD，扩展名为 CDA：唱片采用的格式，又称“红皮书”格式，记录的是波形流，绝对纯正、HIFI。但缺点是无法编辑，文件长度太大。

（7）MIDI，扩展名为 MID：目前最成熟的音乐格式，实际上已经成为一种产业标准，其科学性、兼容性、复杂程度等各方面远远超过前面介绍的所有标准（除交响乐 CD、Unplug CD 外，其他 CD 往往都是利用 MIDI 制作出来的），它的 General MIDI 就是最常见的通行标准。作为音乐工业的数据通信标准，MIDI 能指挥各音乐设备的运转，而且具有统一的标准格式，能够模仿原始乐器的各种演奏技巧甚至无法演奏的效果，而且文件的长度非常小。

总之，如果有专业的音源设备，那么要听同一首曲子的 HIFI 程度依次为：原声乐器演奏 > MIDI > CD 唱片 > MOD > 所谓声卡上的 MIDI > CMF，而 MP3 及 RA 要看它的节目源是采用 MIDI、CD 还是 MOD 了。

另外，在多媒体材料中，还需要了解存储声音信息的文件格式。

（1）WAV 文件：Microsoft 公司的音频文件格式，它来源于对声音模拟波形的采样。用不同的采样频率对声音的模拟波形进行采样，可以得到一系列离散的采样点，以不同的量化位数（8 位或 16 位）把这些采样点的值转换成二进制数，然后存入磁盘，就产生了声音的 WAV 文件，即波形文件。利用 Microsoft Sound System 软件中 Sound Finder 可以转换 AIF SND 和 VOD 文件到 WAV 格式。

（2）VOC 文件：Creative 公司的波形音频文件格式，也是声霸卡（Sound Blaster）使用的音频文件格式。每个 VOC 文件由文件头块（Header Block）和音频数据块（Data Block）组成。文件头包含一个标识版本号和一个指向数据块起始的指针。数据块分为各种类型的子块。

（3）MIDI 文件：Musical Instrument Digital Interface（乐器数字接口）的缩写。它是由世界上主要电子乐器制造厂商建立起来的一个通信标准，以规定计算机音乐程序电子合成器和其他电子设备之间交换信息与控制信号的方法。MIDI 文件中包含音符定时和多达 16 个通道的乐器定义，每个音符包括键通道号、持续时间、音量和力度等信息。所以 MIDI 文件记录的不是乐曲本身，而是一些描述乐曲演奏过程中的指令。Microsoft 公司的 MIDI 文件格式可以包括图片标记和文本。

（4）PCM 文件：模拟音频信号经模数转换（A/D 变换）直接形成的二进制序列，该文件没有附加的文件头和文件结束标志。在声霸卡提供的软件中，可以利用 VOC-HDR 程序，为 PCM 格式的音频文件加上文件头，而形成 VOC 格式。Windows 的 Convert 工具可以把 PCM 音频格式的文件转换成 Microsoft 的 WAV 格式的文件。

（5）AIF 文件：Apple 计算机的音频文件格式。Windows 的 Convert 工具同样可以把 AIF 格式的文件换成 Microsoft 的 WAV 格式的文件。

9.2 音频的分类

在 Premiere 中可以新建“单声道”“立体声”及“5.1 声道”3 种类型的音频轨道，每一种轨道只能添加相应类型的音频素材。

1.“单声道”

“单声道”音频素材只包含一个音轨，其录制技术是最早问世的音频制式，若使用立体声的扬声器播放单声道音频，两个声道的声音完全相同。“单声道”音频素材在“源”监视器面板中的显示效果如图 9-1 所示。

2.“立体声”

“立体声”是在“单声道”的基础上发展起来的，该录音技术至今仍被广泛使用。使用“立体声”录音技术录制音频时，使用左右两个单声道系统，将两个声道的音频信息分别记录，可以准确再现声源点的位置及其运动效果，其主要作用是为声音定位。“立体声”音频素材在“源”监视器面板中的显示效果如图 9-2 所示。

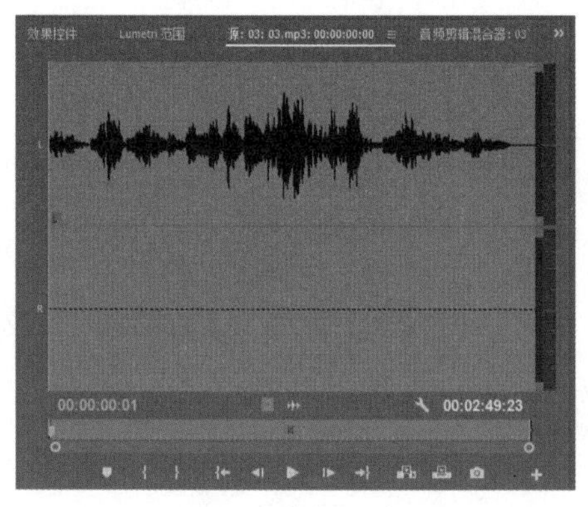

图 9-1

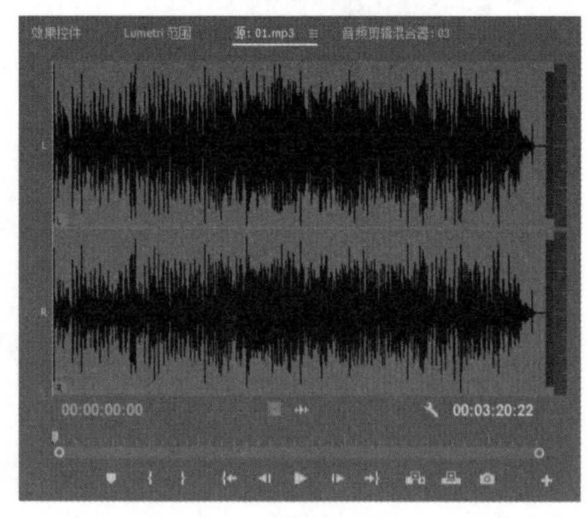

图 9-2

3. 5.1声道

5.1 声道录音技术是美国杜比实验室于 1994 年发明的，因此该技术最早的名称即为杜比数码（俗称 AC-3）环绕声，主要应于电影的音效系统，是 DVD 影片的标准音频格式。该系统采用高压缩的数码音频压缩系统，能在有限的范围内将 5+0.1 声道的音频数据全部记录在合理的频率带宽内。

5.1 声道包括左、右主声道，中置声道，右后、左后环绕声道，以及一个独立的超重低音声道。由于超重低音声道仅提供 100Hz 以下的超低音信号，因此该声道只被看作是 0.1 个声道，因此杜比数码环绕声又简称 5.1 声道环绕声系统。

9.3 编辑音频技术

在 Premiere 中，可以使用多种方法对音频素材进行编辑，用户可以根据自身的习惯选择适合自己的编辑方法。

本节将通过调整音频速度、调整音频增益、音频淡化效果、音频摇摆效果、转换音频类型等知识点，介绍音频素材的编辑方法。

9.3.1 动手操练——切割视频中的音频

本实例将演示如何对音频进行剪切加工，从而达到最理想的效果。通过学习本实例，读者可以掌握编辑音频素材的具体操作方法。

（1）新建一个项目，导入本书资源中的“2.mp4”素材文件，在“项目”面板中，素材以缩略图方式显示，效果如图 9-3 所示。

（2）将导入的素材文件拖曳至“时间线”面板中，此时素材中的音频部分也被自动插入到 A1（音频）轨道上，如图 9-4 所示。

图 9-3

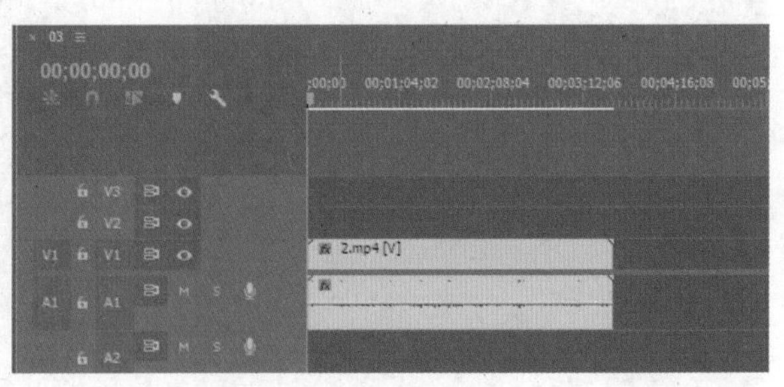

图 9-4

（3）同时选择素材的视频和音频部分，右击，在弹出的快捷菜单中选择“取消链接”命令，将视频和音频部分分离，如图9-5所示。

（4）除了使用本实例中所介绍的使用快捷菜单命令分离音频与视频素材，还可以通过执行“编辑\取消链接”命令将音频和视频素材进行分离。

（5）在Premiere的“工具”面板中单击“剃刀工具”按钮，如图9-6所示。

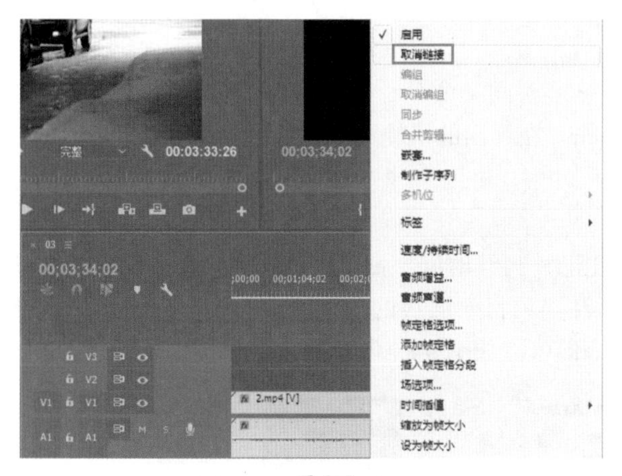

图9-5

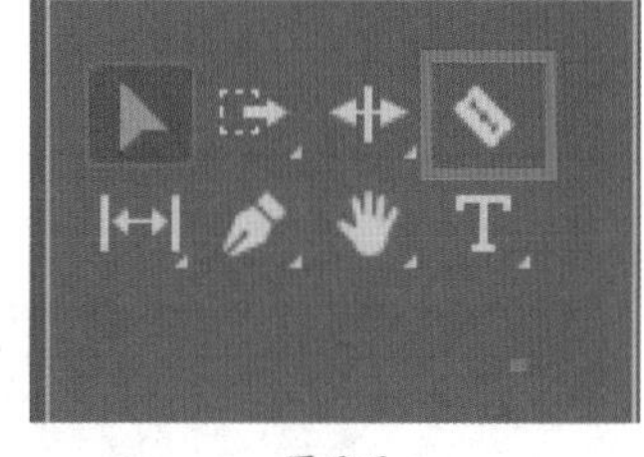

图9-6

（6）在“时间线”面板中，将时间滑块拖动至00;02;00;02处，使用“剃刀工具”对素材的音频及视频进行剪切，如图9-7所示。

（7）单击“工具”面板中的“选择工具”按钮，在“时间线”面板中选择需要删除的音频素材，如图9-8所示。

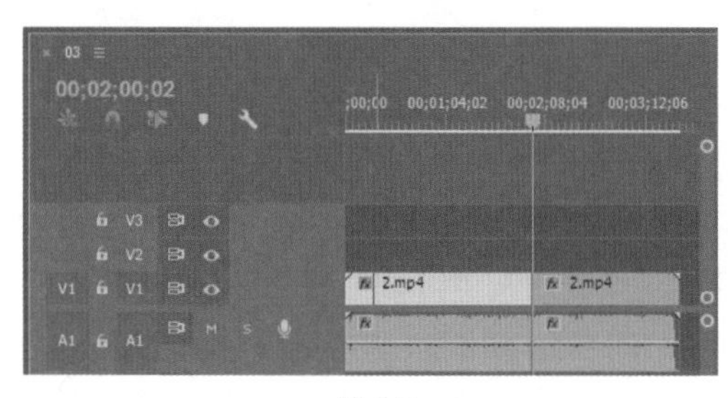

图9-7

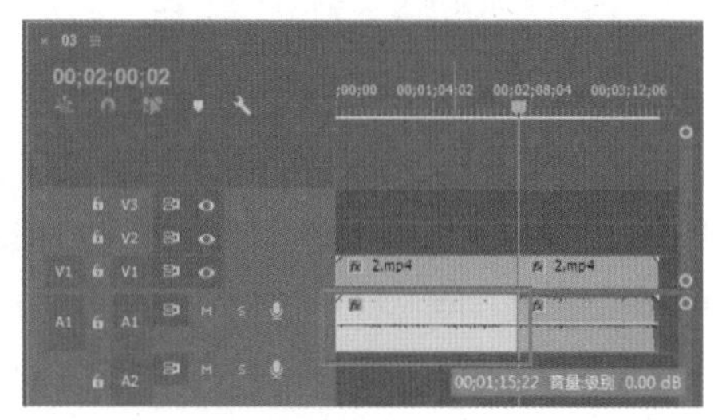

图9-8

（8）选择目标音频素材后，按【Delete】键将其删除，完成后的效果如图9-9所示。

使用本实例所介绍的“剃刀工具”，还可以将一个大的音频素材分割为多个小的音频素材。

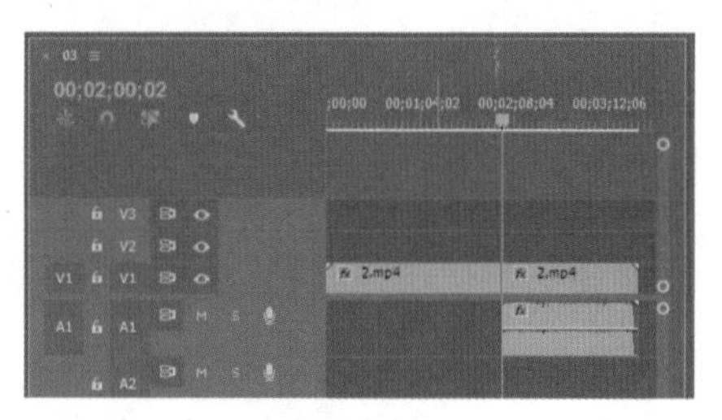

图9-9

9.3.2 调整音频速度

在 Premiere 中，用户同样可以像调整视频素材的播放速度一样，改变音频的播放速度，并且可以在多个面板中使用多种方法进行操作，本节将介绍一种常用的操作方法——使用“速度 / 持续时间”命令调整播放速度。

执行“速度 / 持续时间”命令可以从以下几个途径进行。

1. “源”面板

在“源”面板中执行“速度 / 持续时间”命令。首先在该面板中选择需要设置的素材，效果如图 9-10 所示，再右击，在弹出的快捷菜单中选择“速度 / 持续时间”命令即可。

2. “项目”面板

在“项目”面板中，要执行“速度 / 持续时间”命令，首先需要将要调整的音频素材在“项目”面板中打开，然后在“项目”面板的预览区中右击，在弹出的快捷菜单中选择“速度 / 持续时间”命令即可，如图 9-11 所示。

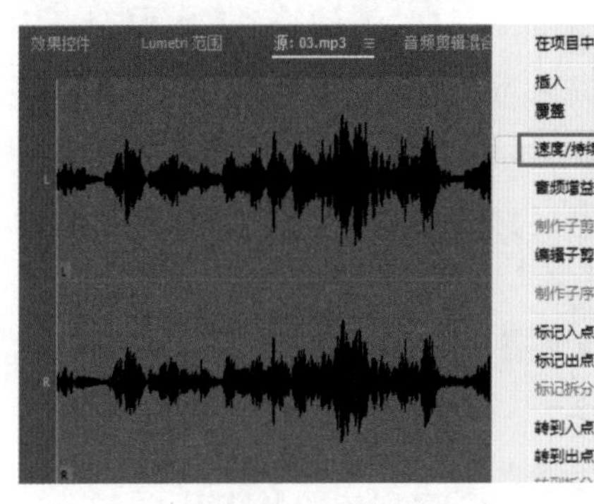

图 9-10

图 9-11

3. “时间线”面板

“时间线”面板是 Premiere 中最主要的编辑面板，在该面板中可以按照时间顺序排列和连接各种素材、剪辑片段和叠加图层、设置动画关键帧和合成效果等。

在“时间线”面板中执行“速度 / 持续时间”命令比较简单，首先需要将素材拖曳至“时间线”面板中并选择素材，再右击，在弹出的快捷菜单中选择“速度 / 持续时间”命令即可。

4. 使用菜单栏

“素材”菜单中的命令主要用于对素材文件进行常规的编辑操作，其中也包括“速度 / 持续时间”命令。

在执行“速度 / 持续时间”命令前，首先需要选择素材，如在“项目”“时间线”等面板中选择素材，然后再执行“剪辑 \ 速度 / 持续时间”命令。

通过以上方法执行“速度 / 持续时间”命令后，在弹出的“剪辑速度 / 持续时间”对话框中设置素材的播放速度，如图 9-12 所示。

默认情况下，“速度”与“持续时间”参数是相关联的，其中任何一个参数变动时，另一个参数都会自动发生相应变化。用户若只想让需要调整的参数变化，而未调整的参数不变，则需要将这两个参数解除链接关系。

图 9-12

9.3.3 动手操练——将成人声音变童音

正常播放速度播放的音频素材，听起来声音是正常的，但是若降低或者增加音频素材的播放速度，则可使音频素材的声音效果发生变化。在本节中将通过提高播放速度来实现童音的效果。

（1）将本书配套资源中的“演讲 2.mp3”音频素材导入到“项目”面板，将素材拖曳至“时间线”面板上，如图 9-13 所示。

图 9-13

（2）在“时间线”面板中选择导入的素材，在主菜单中选择“剪辑 \ 速度 / 持续时间”命令，如图 9-14 所示。

（3）执行“速度 / 持续时间”命令后，即可弹出“剪辑速度 / 持续时间”对话框，设置“速度”为 200，如图 9-15 所示。播放音频，将听到成人声音变成了童音。

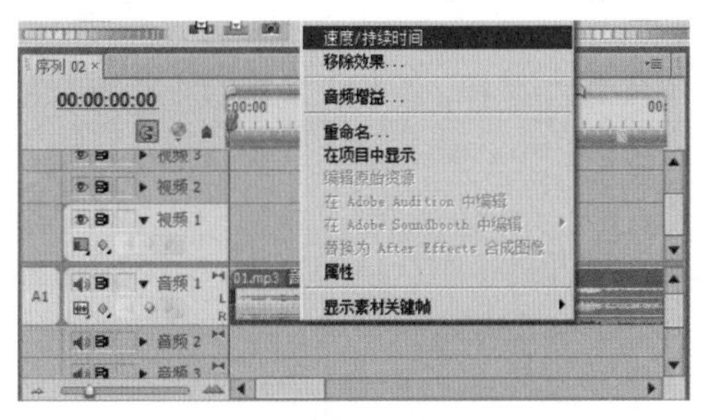

图 9-14

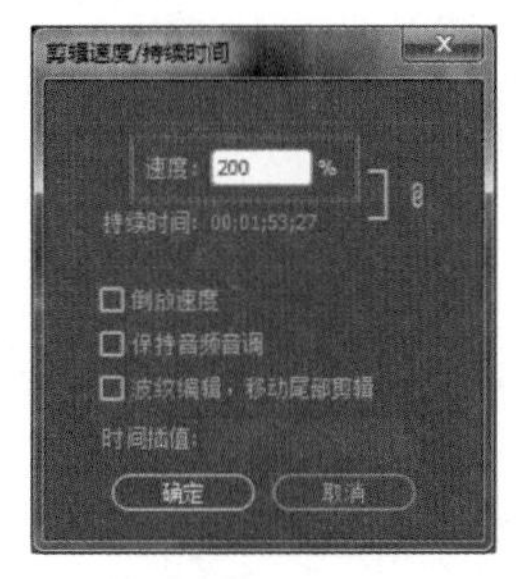

图 9-15

9.3.4 动手操练——实现余音绕梁效果

本实例通过使用“多功能延迟”音频特效，在指定素材上实现山谷回声的效果。通过学习本实例，读者可以掌握回声效果的制作方法。

（1）将本书配套资源中的“演讲 2.mp3”音频素材导入到“项目”面板，将素材拖曳至“时间线”面板上。

（2）打开“效果”面板，选择“音频效果\多功能延迟”音频特效，将其拖曳到“时间线”面板的音频素材上，如图 9-16 所示。

（3）在“时间线”面板中选择音频素材“演讲 2.mp3”，在“效果控制”面板中即可看到“多功能延迟”的相关参数。

（4）将“延迟 1”设置为 0.5 秒，“反馈 1”设置为 20%，“混合”设置为 16%，如图 9-17 所示。播放音频，将听到余音绕梁的效果。

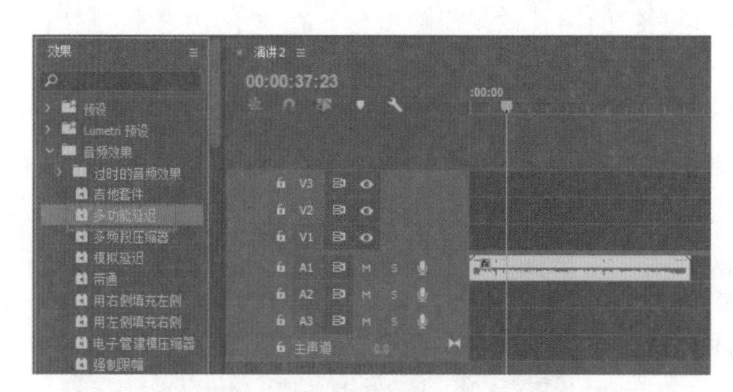

图 9-16

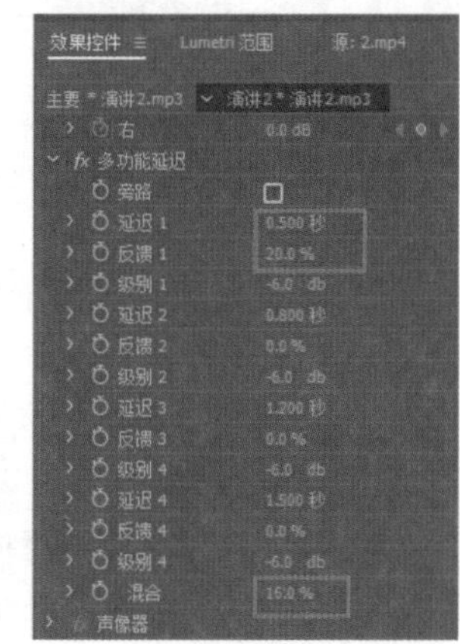

图 9-17

9.4 调整音频

音频素材的增益对影片的音频效果有很大影响，若音频素材的音频增益超出安全范围，在播放系统没有增益调整设备的保护下，播放设备很容易损坏，因此，必须调整音频素材的音频增益。

音频增益是指音频信号电平的强弱，其直接影响音量的大小。若在“时间线”面板中有多条音频轨道，且在多条轨道上都有音频素材文件，此时就需要平衡这几个音频轨道的增益。

在本节中，将通过对浏览音频增益效果的面板与调整音频增益强弱的命令两方面知识的讲解，介绍调整素材音频增益效果的操作方法。

9.4.1 动手操练——调节音频增益

在 Premiere 中，用于浏览音频素材增益强弱的面板是“音频剪辑混合器”面板，

该面板只能用于浏览，而无法对素材进行编辑调整，如图 9-18 所示。

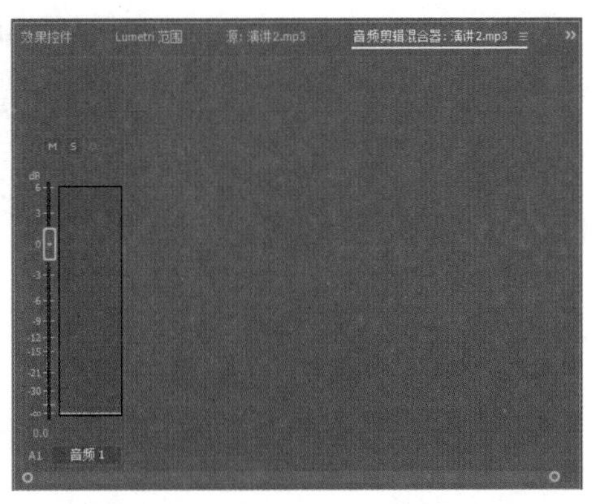

图 9-18

（1）将音频素材“演讲 2.mp3”拖曳至“时间线”面板上，在“节目”面板中播放音频素材时，在“音频剪辑混合器”面板中将以两个柱形来表示当前音频的增益强弱（颜色越暖代表声音越高，出现红色则代表音量太大），效果如图 9-19 所示。

（2）在“音频剪辑混合器”面板中如果发现音频超出安全范围（出现红色报警），如图 9-20 所示，则表示需要给音频降音量。

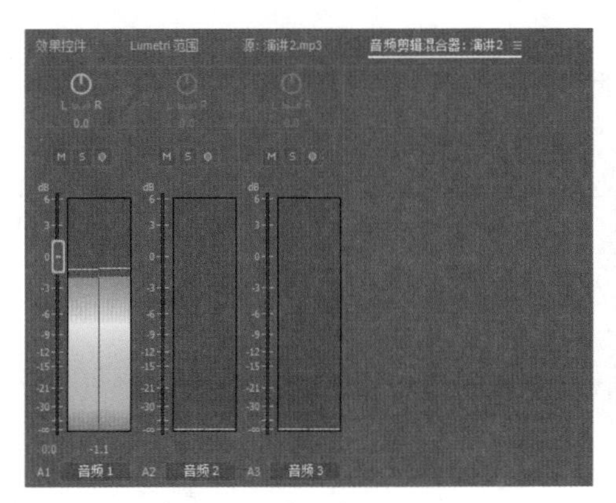

图 9-19

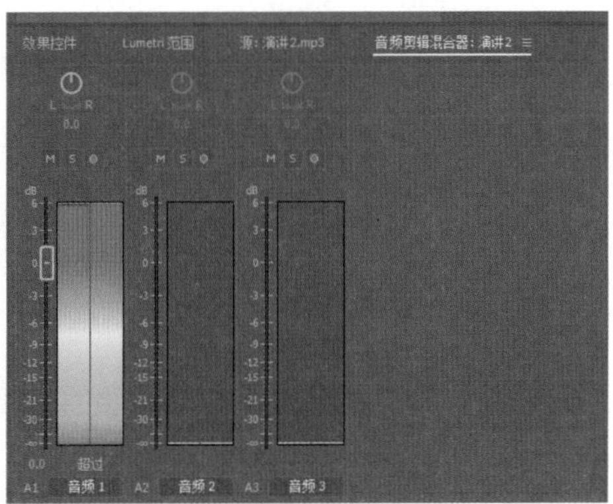

图 9-20

（3）右击“时间线”面板中的音频素材，在弹出的快捷菜单中选择“音频增益”命令，弹出“音频增益”对话框，如图 9-21 所示。

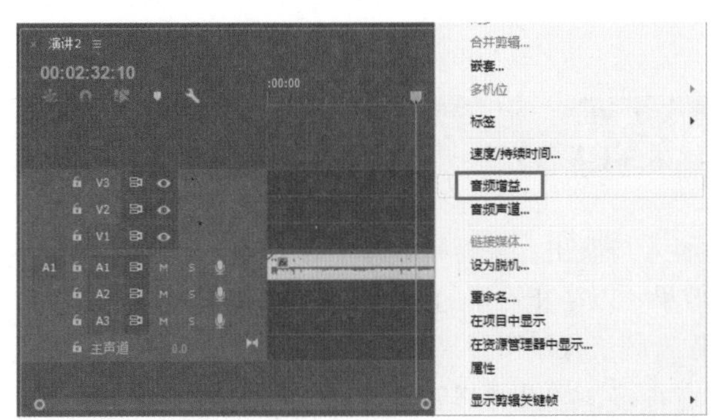

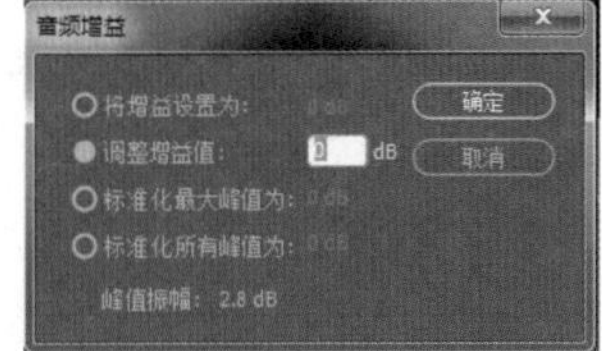

图 9-21

（4）设置“调整增益值”为负数，即降低音量，如图 9-22 所示。调整完成后单击“确定”按钮。

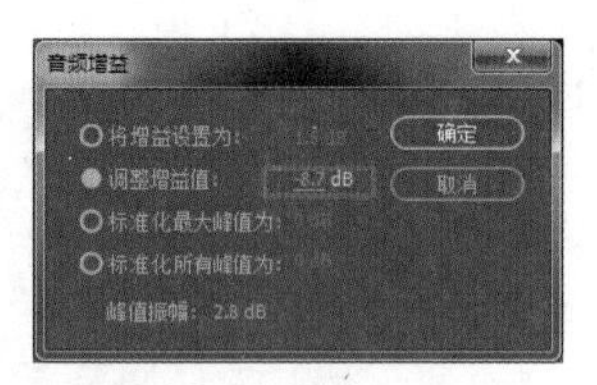

图 9-22

（5）重新播放音频，可以发现音频音量已经降低了。

9.4.2 认识“音频增益”对话框

在前面的章节中，对“音频增益”对话框的用处及简单使用方法进行了介绍。本节将详细介绍“音频增益”对话框中的各个参数。

1.“将增益设置为”

该参数能够将素材的整体增益峰值降低到用户设置的参数。

2.“调整增益值”

在没有设置“将增益设置为”参数之前，设置“调整增益值”参数的作用与设置“将增益设置为”参数相同；当设置了“将增益设置为”参数后，再设置“调整增益值”参数时，将会在“将增益设置为”参数的基础上设置素材音频增益。

3.“标准化最大峰值为”

前面的两个参数都是整体调整音频素材的增益参数，而“标准化最大峰值为”参数用于控制音频增益的最大峰值。

4.“标准化所有峰值为”

与“标准化最大峰值为”参数相比，“标准化所有峰值为”参数用于调整整个素材音频增益的峰值，而不是像“标准化最大峰值为”参数那样，仅调整音频增益的最大峰值。

9.5 音频淡化效果

音频淡化效果是指音频的淡入与淡出。除特殊制作要求，在一段音频的开始和结束位置均需要使用淡入淡出效果，以防止声音的突然出现和突然结束。

本节将介绍使用关键帧制作音频淡入淡出效果时，需要使用的工具。

为素材添加关键帧的途径有很多，本节将以在“时间线”面板中添加关键帧为例，介绍添加关键帧的工具。

在“时间线”面板中，正常状态下可能看不到关键帧工具，如图 9-23 所示。

拖动放大缩小按钮，将时间线显示区域放大，就会看到音频下方隐藏的关键帧工具，如图 9-24 所示。

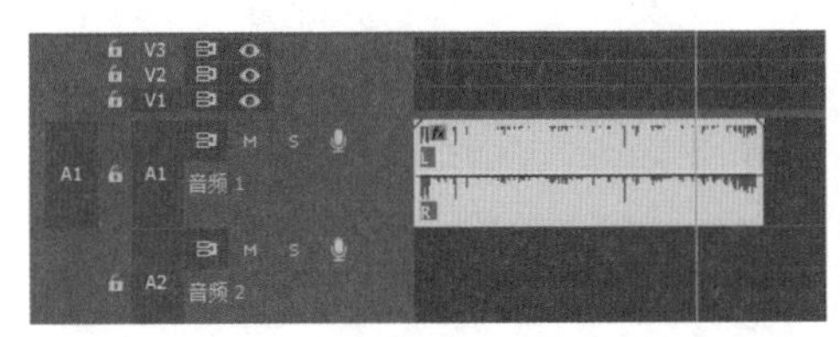

图 9-23

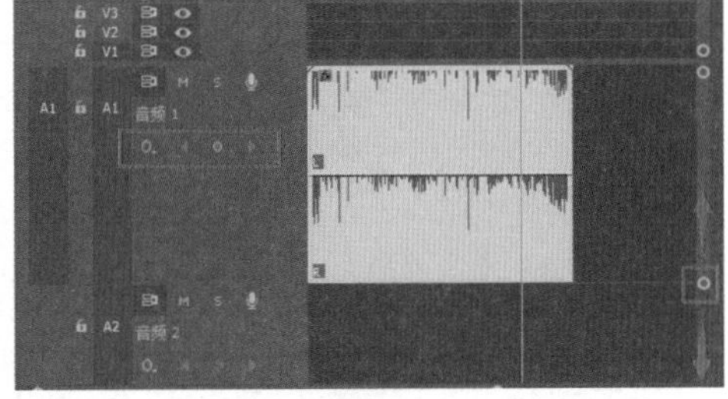

图 9-24

“添加 - 移除关键帧”按钮■主要用于在轨道中添加或者移除关键帧，和本书前面章节中介绍的关键帧动画的使用方法一样，如图 9-25 所示。

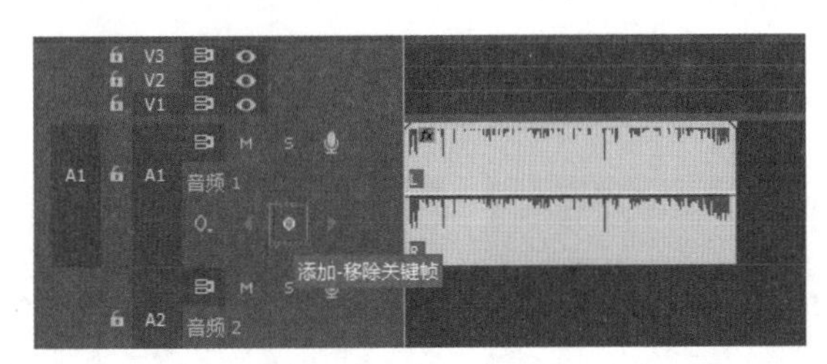

图 9-25

9.5.1 动手操练——制作音乐淡出效果

优雅的音乐能够陶冶人们的情操，一般情况下，音乐的开始与结尾都会制作淡入淡出效果。本节将通过制作音乐的淡出效果来介绍实现淡入淡出效果的具体操作方法。

（1）将本书素材文件夹中的“音频 .mp3”音频素材导入到“项目”面板，并将素材拖曳至“时间线”面板中，如图 9-26 所示。

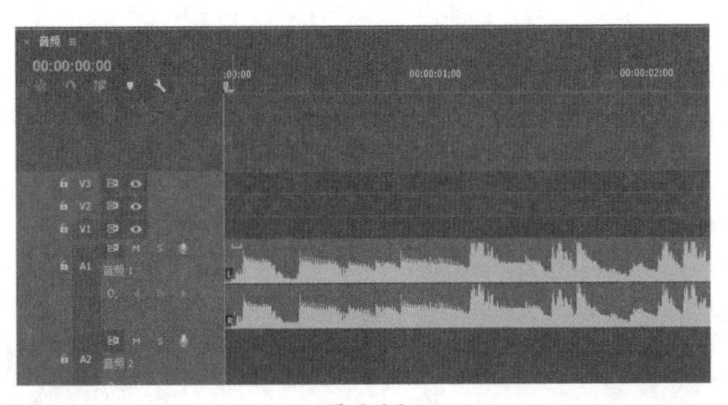

图 9-26

（2）在“时间线”面板的左侧，单击“显示关键帧”按钮■，在打开的下拉列表中选择“轨道关键帧 \ 音量”选项，如图 9-27 所示。

（3）在“时间线”面板中，将时间滑块拖动至素材的开始位置，单击“添加 - 移除关键帧”按钮■，为素材添加一个关键帧，效果如图 9-28 所示。

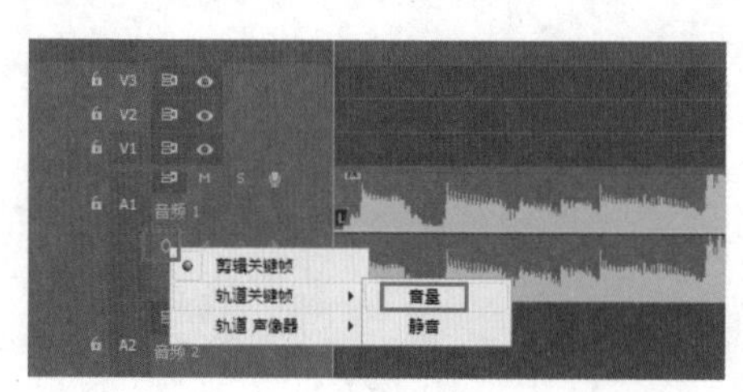

图 9-27

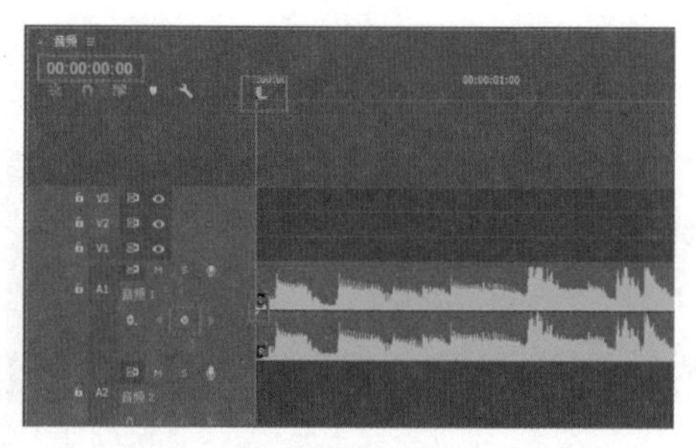

图 9-28

（4）在“时间线”面板中将时间滑块拖动至00:00:00:10处，再次单击“添加 - 移除关键帧”按钮，添加一个关键帧，效果如图 9-29 所示。

（5）单击工具，选择创建的第一个关键帧，将第一个关键帧移动到最低位置（降低音量），效果如图 9-30 所示。声音的淡入效果即制作完成。

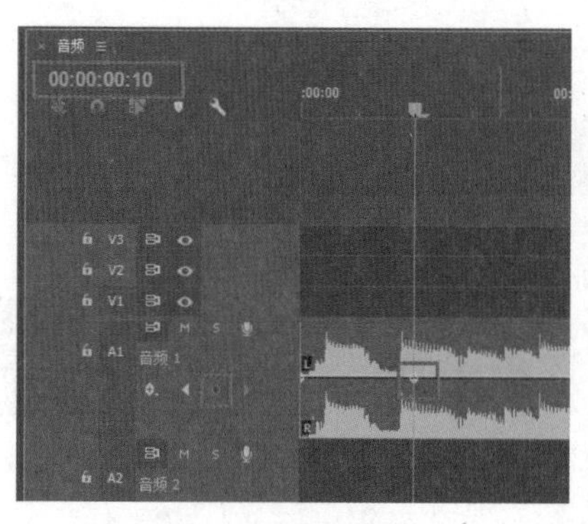

图 9-29

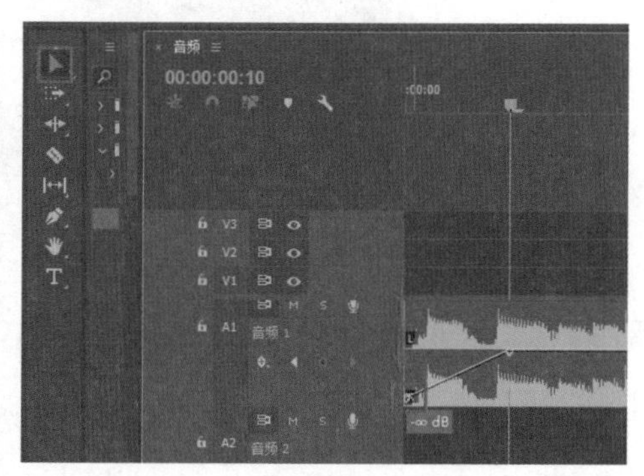

图 9-30

（6）设置声音淡出效果。在“时间线”面板中，将时间滑块拖动至音频素材末尾处和快到末尾处，单击“添加 - 移除关键帧”按钮，为这两个地方各添加一个关键帧，效果如图 9-31 所示。

（7）单击工具，选择创建的末尾处的关键帧，将这个关键帧移动到最低位置（降低音量），效果如图 9-32 所示。声音的淡出效果即制作完成。

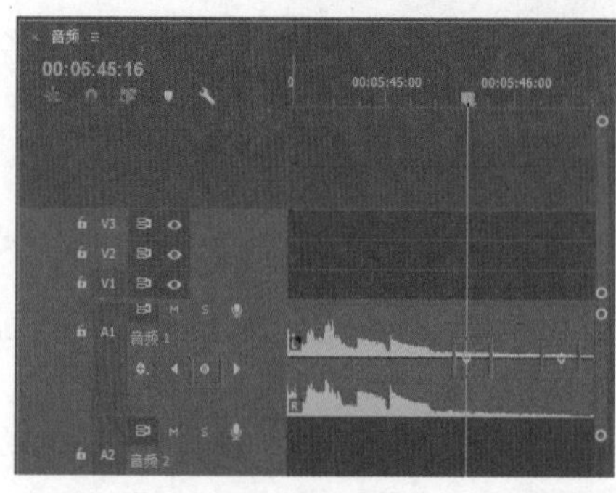

图 9-31

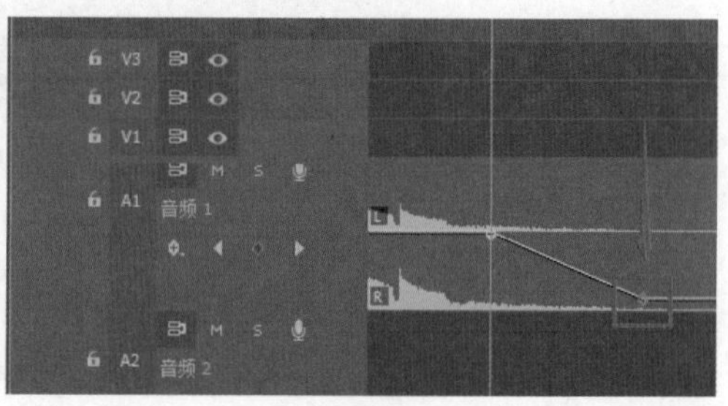

图 9-32

9.5.2 动手操练——制作重低音效果

本实例主要通过为音频添加“低通”效果，并在“效果控件”面板中调整相关参数，来为音乐营造重低音效果。

（1）启动 Premiere 软件，按【Ctrl+O】组合键，打开路径文件夹中的“重低音效果 .prproj”文件。进入工作界面后，可以看到“时间线”面板中已经添加好的视频和音频素材，如图 9-33 所示。在“节目”监视器面板中可以预览当前素材效果，如图 9-34 所示。

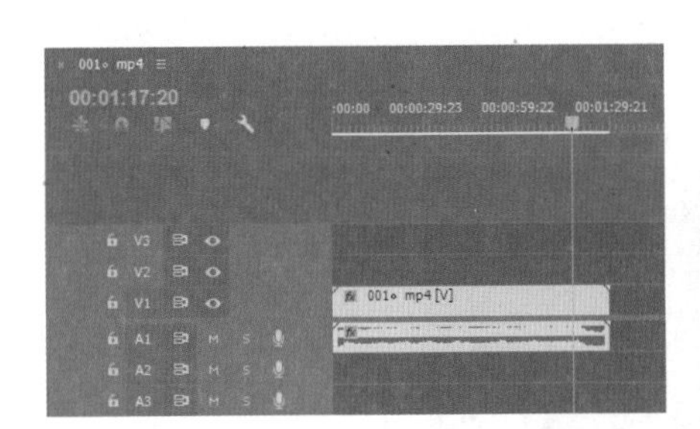

图 9-33

图 9-34

（2）通过预览会发现 A1 音频轨道中的音频素材音量过大。在“音频剪辑混合器”面板中拖动音量调节滑块至 -3 位置，如图 9-35 所示，将素材的音量适当降低一些。

（3）按住【Alt】键，单击并向下拖动 A1 轨道中的音频，对该音频进行复制并放置到 A2 轨道上，如图 9-36 所示。

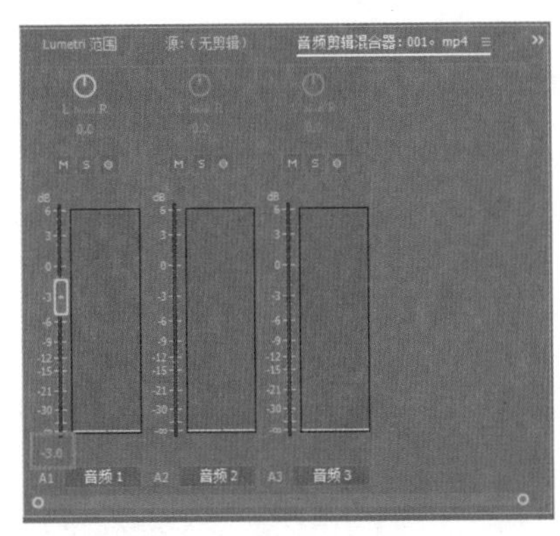

图 9-35

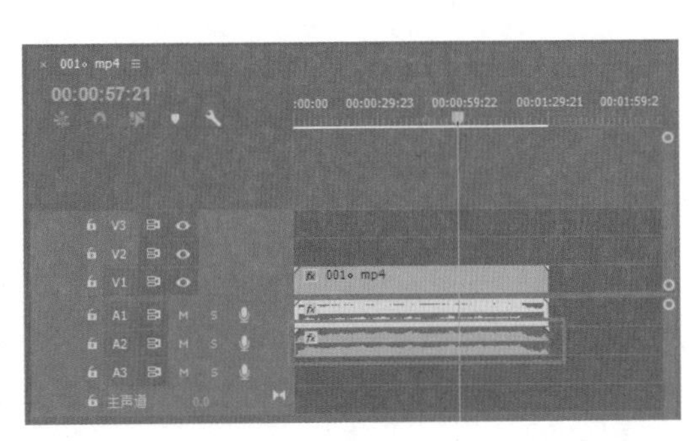

图 9-36

（4）在“效果”面板中，展开“音频效果”选项栏，选择“低通”效果，将其添加至 A2 轨道中的音频素材上，如图 9-37 所示。

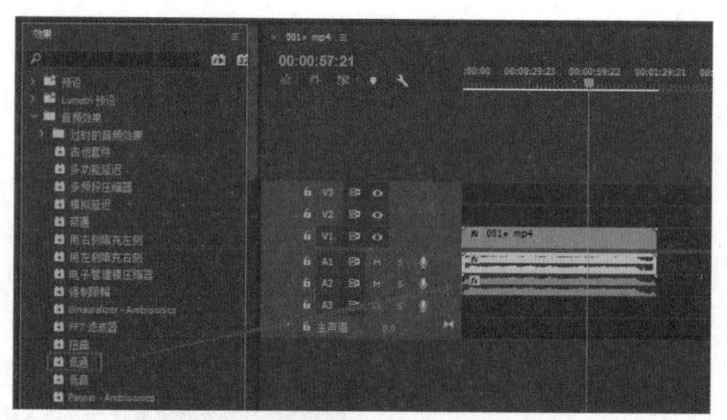

图 9-37

（5）选择 A2 轨道中的音频素材，在“效果控件”面板中设置“低通”效果属性中的“屏蔽度”参数为 1800 Hz，如图 9-38 所示。

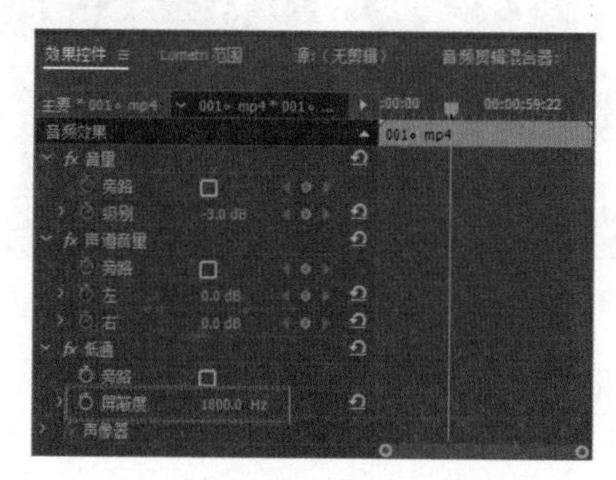

图 9-38

（6）完成上述操作后，可在“节目”监视器面板中预览音频效果。

第10章 Premiere短视频综合案例

如果只是进行短视频剪辑，手机上有很多软件可以方便使用。Premiere对于短视频制作来讲，很多人认为是大材小用，其实不然，Premiere的工具拥有更出色的效果和更方便的操控性能，尤其是对于专业短视频制作公司和团队来讲，Premiere具有高效的制作能力和更丰富的插件可供使用，这对于生产高质量的短视频而言是不可替代的。本章将介绍一些短视频制作过程中较为常用的技法。

10.1 为视频素材去水印

有些素材是从网络上下载的，素材上有水印是比较普遍的现象。为单张图片去水印很多人或许已经掌握，但是去除视频上的水印的方法却比较复杂（因为背景是动态的），下面就通过几种方法将视频上的水印去除。

10.1.1 放大去水印

这种去水印的方法比较简单，使用放大命令就可以将有水印的地方裁掉，缺点是要损失一部分画面，效果如图 10-1 所示。

图 10-1

（1）新建一个项目，将素材“10.2.mp4”文件拖曳到“时间线”面板上，如图 10-2 所示。播放动画，可以看到画面右上方有水印存在。

图 10-2

（2）在“时间线”面板中选择素材，在“效果控件”面板中设置“缩放”为130，将视频放大，如图 10-3 所示。

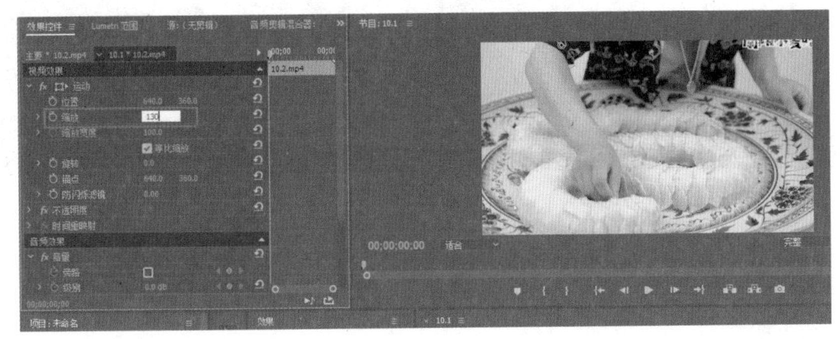

图 10-3

（3）设置“位置”参数，让视频位置向上移动，直到水印被隐藏掉，如图 10-4 所示。

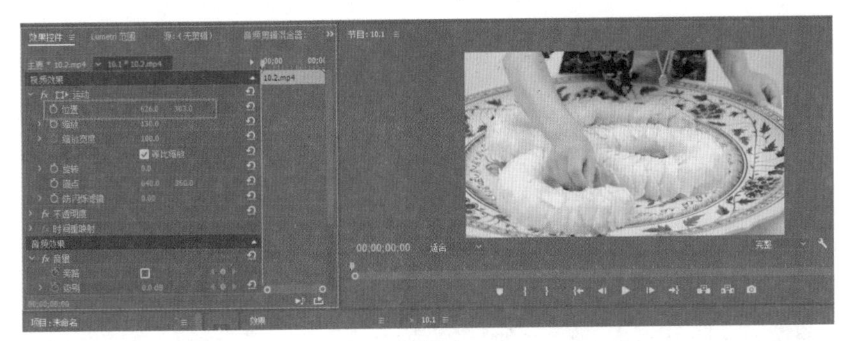

图 10-4

（4）这样就将水印隐藏在了画框之外，这个方法比较简单，但是会将一部分画面隐藏掉，如图 10-5 所示。

图 10-5

10.1.2 裁剪去水印

这种去水印的方法使用了“裁剪”效果，缺点跟上面的案例一样，也是会损失一部分画面，本例效果如图 10-6 所示。

图 10-6

（1）新建一个项目，将素材“10.4.mp4”文件拖曳到“时间线”面板上，如图 10-7 所示。播放动画，可以看到画面右上方有水印存在，接下来要将下面的字幕和上方的水印裁掉。

（2）在“效果”面板的搜索框中搜索“裁剪”，将搜索到的“裁剪”效果拖曳到“时间线”面板的素材上，如图 10-8 所示。

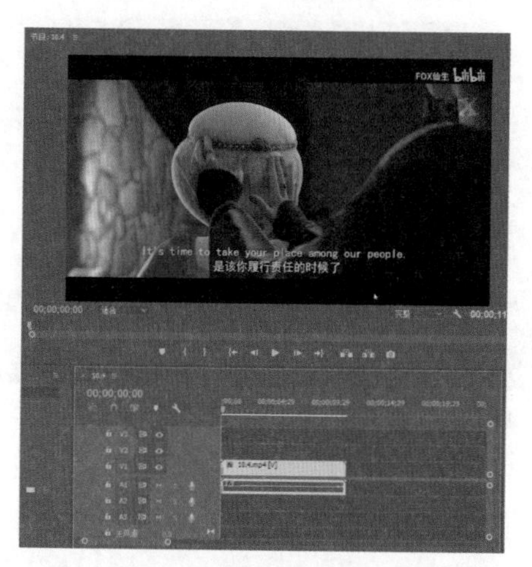

图 10-7

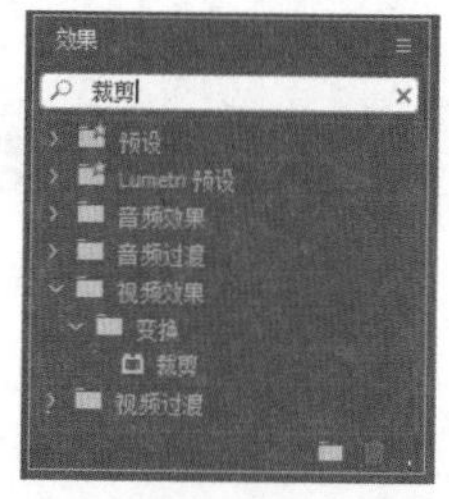

图 10-8

（3）在“时间线”面板中选择素材，在“效果控件”面板中设置“顶部”和“底部”裁剪参数，如图 10-9 所示。

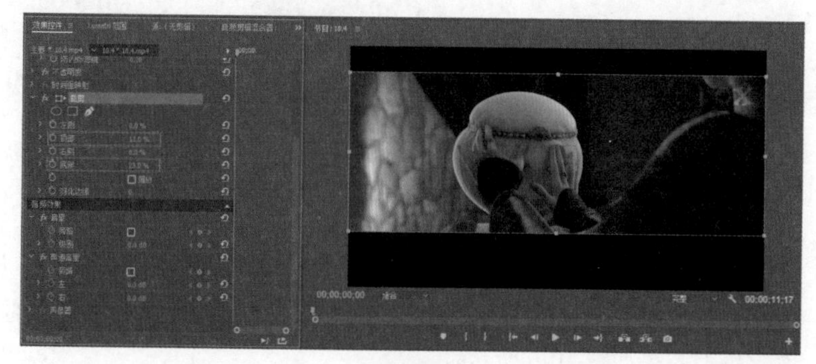

图 10-9

（4）为了让画面的长宽比更舒服一些，还可以设置“左侧”和“右侧”裁剪参数，如图 10-10 所示。这个方法适用于有字幕的视频。

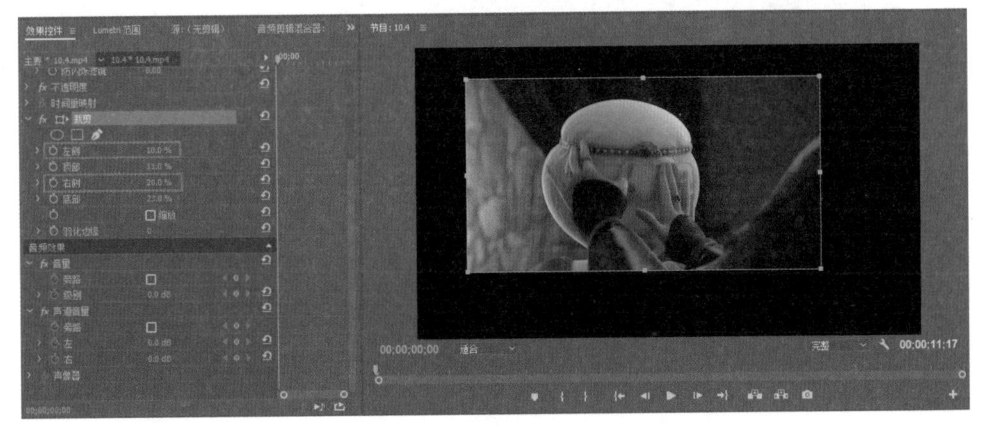

图 10-10

10.1.3 遮罩模糊去水印

这种去水印的方法使用了“高斯模糊”效果，使用系统自带的遮罩就可以将有水印的地方单独进行模糊处理，缺点是画面中有一块高斯模糊的效果，可根据视频自身情况进行使用，本例效果如图 10-11 所示。

图 10-11

（1）新建一个项目，将素材文件“10.5.mp4”拖曳到“时间线”面板上，如图 10-12 所示。播放动画，可以看到画面右上方有水印存在，接下来要将上方的水印裁掉。

（2）在“效果”面板的搜索框中搜索“模糊”，将搜索到的“快速裁剪”效果拖曳到“时间线”面板的素材上，如图 10-13 所示。

（3）在“时间线”面板中选择素材，在“效果控件”面板中单击“快速模糊”区域的■按钮，建立一个遮罩，移动遮罩的区域到水印周围，如图 10-14 所示。

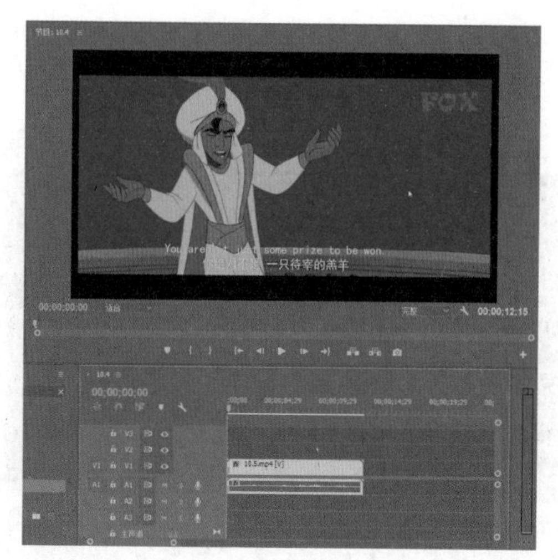

图 10-12

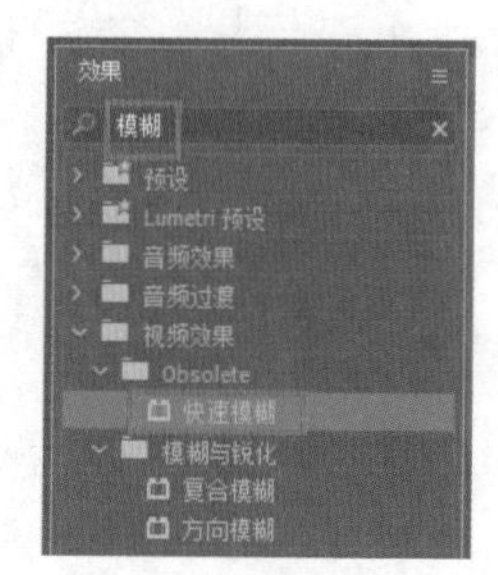

图 10-13

图 10-14

（4）设置“模糊度”参数，让画面更柔和一些，设置“蒙版”的“蒙版羽化”和“蒙版扩展”参数，使模糊效果更加自然，如图 10-15 所示。

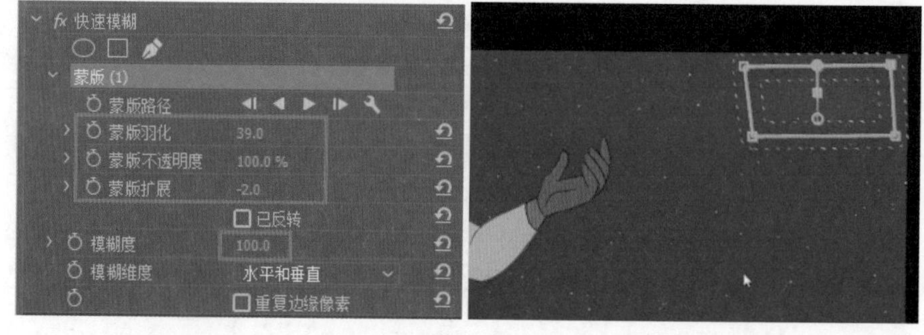

图 10-15

（5）设置“模糊维度”参数，可以测试多种维度，直到满意为止。这里的模糊维度就是模糊的方向，如图 10-16 所示。

（6）播放动画，观察水印去除效果。该方法的好处是可让水印很自然地得到模糊，而且可以根据遮罩的区域来模糊水印，如图 10-17 所示。

图 10-16

图 10-17

10.1.4 取样去水印

这种去水印的方法使用了画面没有水印的区域，将这个区域取样，对有水印的地方进行遮挡。这种方法对于视频画面有严格的要求：水印的背景不能为摇移镜头，如果背景有变化则无法完成替换，本例效果如图 10-18 所示。

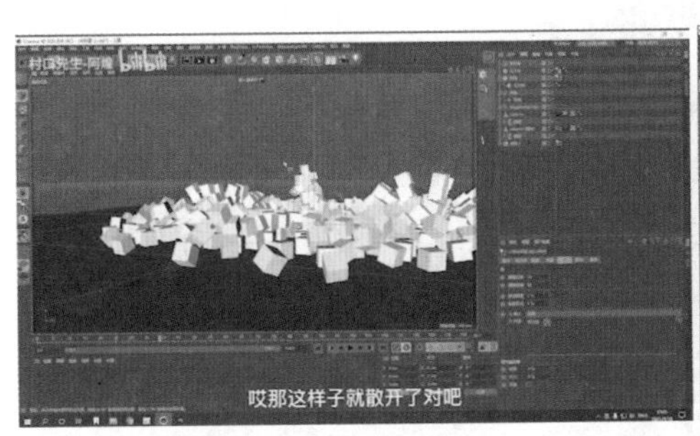

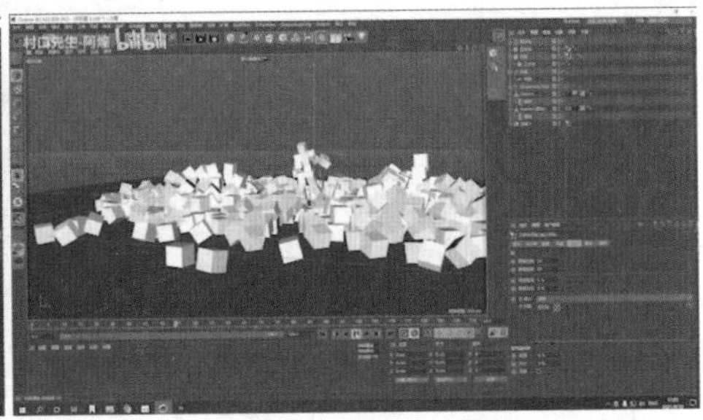

图 10-18

（1）新建一个项目，将素材文件“10.3.mp4”拖曳到“时间线”面板上，如图 10-19 所示。播放动画，可以看到画面下方有字幕存在，而且字幕的背景画面没有变化，这为使用取样去水印打下了良好的基础。

（2）在“时间线”面板中拖动时间滑块，找到没有字幕的画面，使用“剃刀工具”单独将这一小段裁剪出来，如图 10-20 所示。

（3）在“时间线”面板中选择没有字幕的这段素材，按住【Alt】键的同时向上拖动素材，将其复制到 V2 轨道上，如图 10-21 所示。这样就复制了一个新的没有字幕的素材到 V2 轨道上。

图 10-19

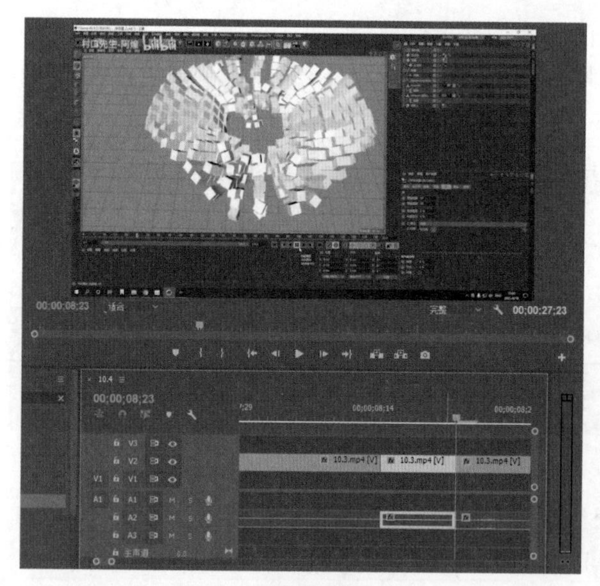

图 10-20

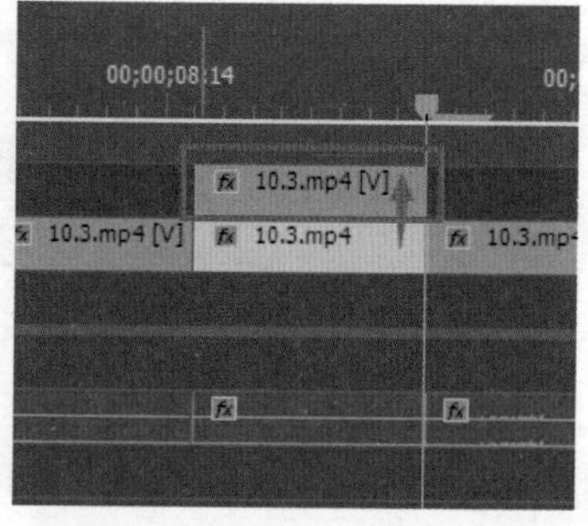

图 10-21

（4）在“效果控件”面板中单击“不透明度”下方的■按钮，为素材添加遮罩，移动遮罩的区域到字幕区域，如图 10-22 所示。

（5）将该素材拖动到视频的起始位置并右击，在弹出的快捷菜单中选择“插入帧定格分段”命令，如图 10-23 所示。

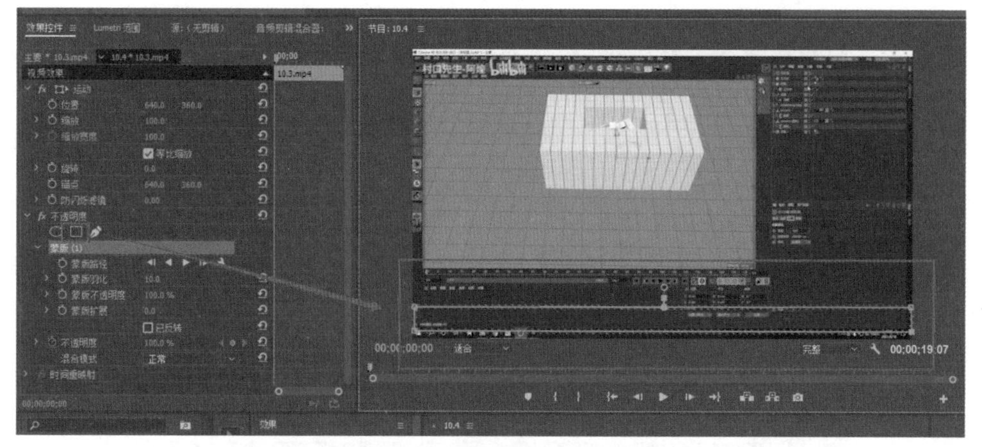

图 10-22

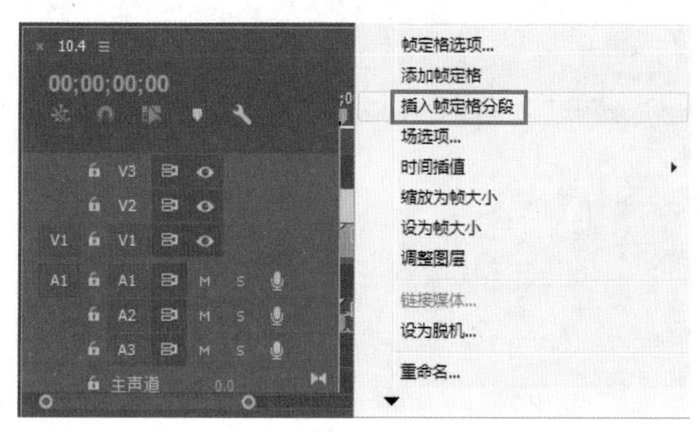

图 10-23

（6）此时“时间线”面板中插入了一段生成好的定格素材（将原来裁切出来的素材删除），如图 10-24 所示。

（7）右击定格素材下方的空白处，在弹出的快捷菜单中选择“波纹删除”命令，将空白处删除，后面的素材会顶到最前方，如图 10-25 所示。

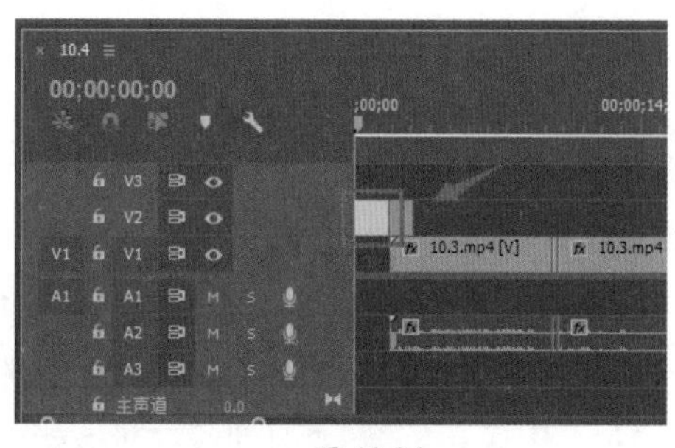

图 10-24

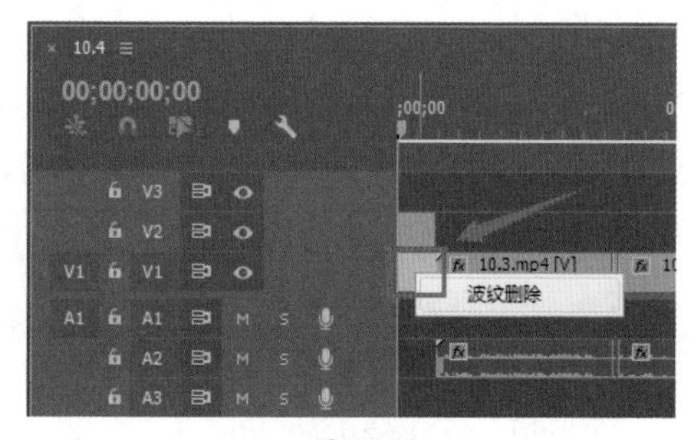

图 10-25

（8）拖动定格素材的最右边，将其拉长到与整个视频对齐，如图 10-26 所示。

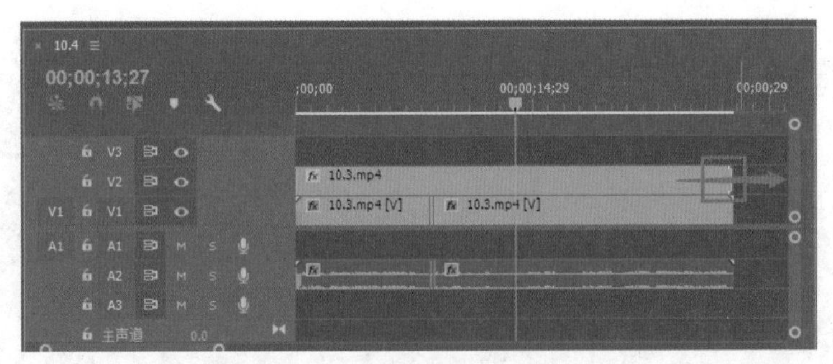

图 10-26

（9）播放动画，可以看到定格素材覆盖了字幕区域，如图 10-27 所示。

图 10-27

10.2 解决视频卡顿的问题

在视频剪辑过程中，由于添加了很多特效和遮罩，并且叠加了非常多的轨道和图层，尤其是编辑短片这种具有多种字幕、视频、效果的复杂工程文件时，视频编辑时经常发生卡顿现象，严重影响工作效率和视频回放效果，下面将重点讲解如何解决这个问题。

10.2.1 降低播放分辨率

在视频尺寸比较大的情况下，如果添加了很多图层和效果，“时间线”面板就会进行提示，上方会出现黄色或红色警告，如图 10-28 所示。如果是黄色警告条，说明计算机较为卡顿；如果是红色警告条，则说明计算机系统接近崩溃。

（1）通过调整“节目”面板的播放预设，则可以降低计算机的负荷，单击“项目”面板右下方的播放预设，可以选择较低的播放质量，如 1/4 画质，如图 10-29 所示。

（2）选择较低的画质播放，可以加快计算机的解算速度，降低播放质量只是降低了预览的画质，并没有影响最终的输出。

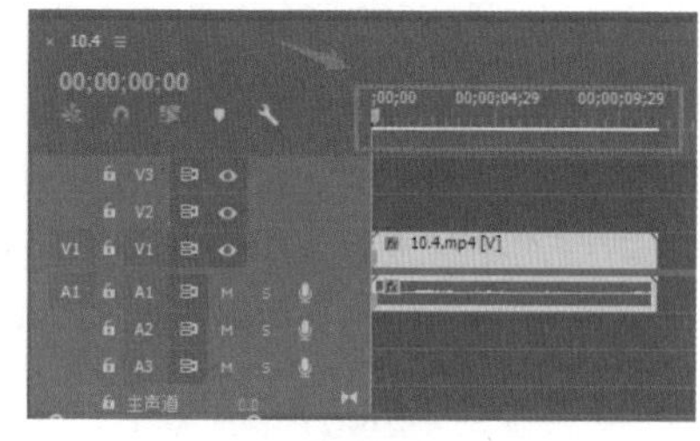

图 10-28

（3）单击“项目”面板左下方的播放预设，选择较小的播放画面，也可以加快计算机解算速度，如图 10-30 所示。

图 10-29

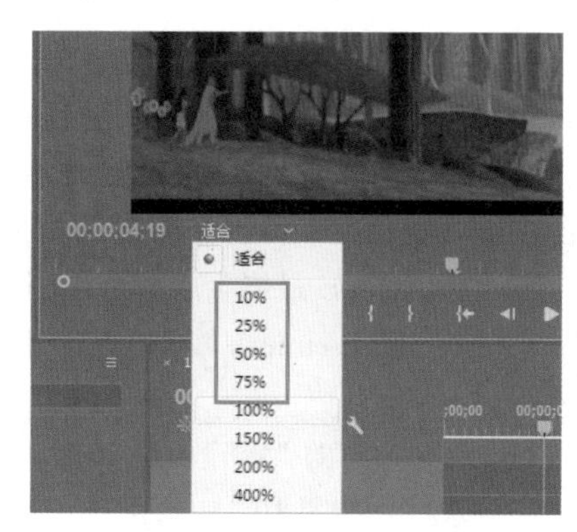

图 10-30

10.2.2 使用预渲染提高速度

如果是制作一个短片，将会有很多分镜头，以及各种视频特效和音频叠加，无论使用缩小播放画面还是降低画质，都不会对视频卡顿有所缓解，那么当需要对视频效果进行预览时，还可以对画面进行预渲染。

（1）在“时间线”面板中将时间滑块移动到初始阶段，单击按钮添加一个入点，如图 10-31 所示。

（2）将时间滑块移动到视频末尾，单击按钮添加一个出点。选择“序列 \ 渲染入点到出点”命令，如图 10-32 所示。

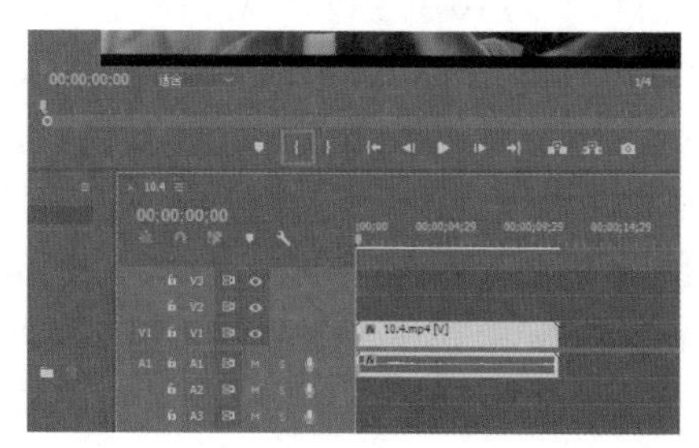

图 10-31

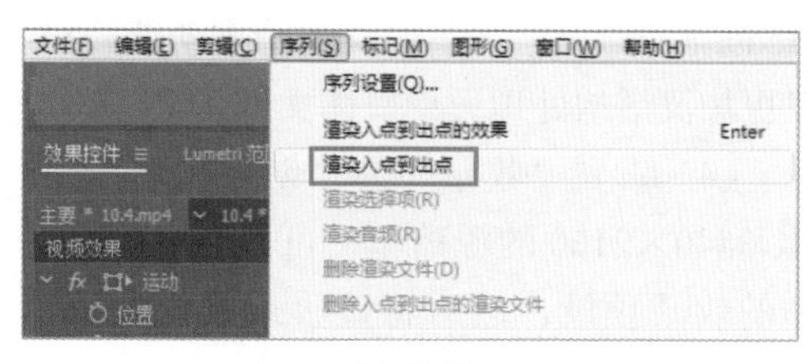

图 10-32

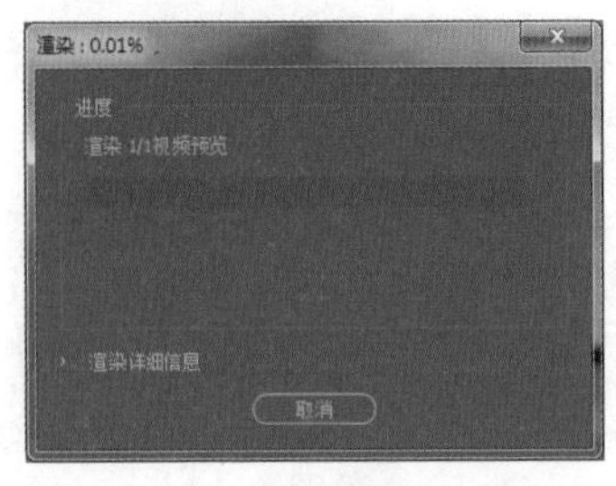

图 10-33

（3）此时画面会弹出“渲染”对话框，如图 10-33 所示，当渲染完成后，就会看到“时间线”面板上方的黄色警告条变成了绿色，表示卡顿现象已经被消除。

10.2.3 使用代理提高速度

前面介绍了短片的预渲染功能，这样可以解决回放的卡顿，但是如果每次都进行预渲染，则非常浪费时间，因为制作人经常对画面进行观看，不可能每次都进行预渲染。下面介绍一个彻底解决卡顿问题的方案——代理。Premiere 有一个比较好用的功能，就是在项目制作前就设置一个小尺寸的代理项目，这样可以用较小的画面进行“预制作”，最终生成高清 4K 尺寸时再用 1:1 尺寸进行终极渲染。

（1）启动 Premiere 软件，在“开始”对话框中单击“新建项目”按钮，如图 10-34 所示。

（2）在弹出的“新建项目”对话框中设置“名称”和“代理位置”，然后选择“收录”复选框，如图 10-35 所示。

图 10-34

图 10-35

（3）如果“收录”复选框不能被激活，则会弹出如图 10-36 所示的对话框，提示要安装 Adobe Media Encoder 软件，安装后才可以进行设置。利用 Premiere 和 Adobe Media Encoder 中新增的媒体管理功能，可更好地控制收录过程的文件处理，并且可以更加灵活地处理大型媒体文件。

（4）设置“收录”为“创建代理”，设置预设为较小尺寸的单位。例如，对于 4K 3840×2160 的源剪辑，可以在 Adobe Media Encoder 中创建一个 1024×540 帧大小的收录预设，然后将该收录预设导入 Premiere 的“收录设置”中，如图 10-37 所示。

图 10-36

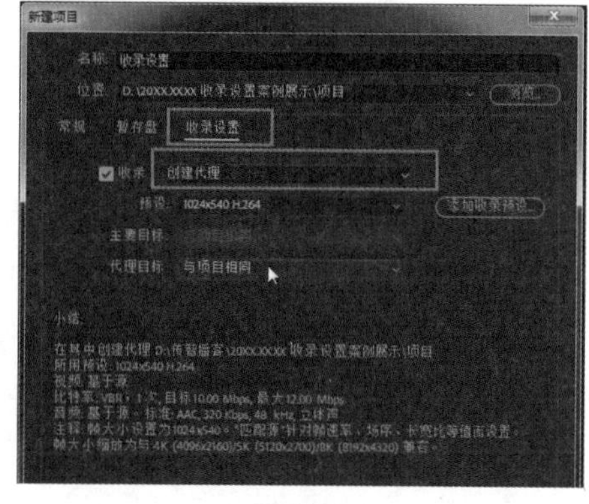

图 10-37

（5）设置完成后单击“确定”按钮，选择“文件 \ 导入”命令，将素材文件“10.4.mp4”导入到 Premiere 中，此时系统会自动打开 Adobe Media Encoder 软件进行文件处理，处理完成后即可正常操作。

（6）在“节目”面板单击按钮，打开按钮编辑器，将“切换代理”按钮拖曳到菜单栏中，如图 10-38 所示。

（7）当需要预览代理回放时，单击“切换代理”按钮，该按钮变为蓝色后，系统就会调用代理文件，计算机就不会卡顿了，如图 10-39 所示。

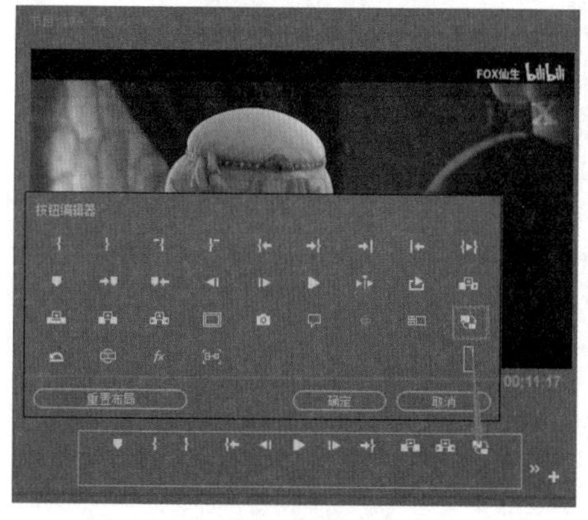

图 10-38

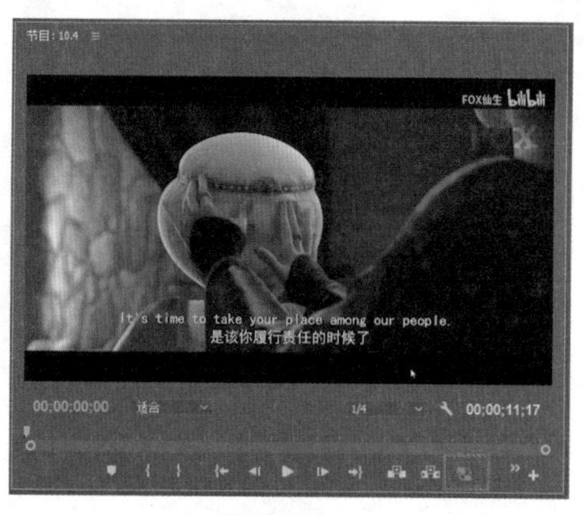

图 10-39

 10.3 批量添加字幕

在短视频制作过程中，经常会出现人物对白，短视频平台要求视频下方所添加的字幕必须清晰，如果用前面介绍的方法一段一段地添加字幕，工作效率会大打折扣。

下面介绍几种简单方便的字幕批量添加方法。

10.3.1 添加开放式字幕

在 Premiere 中有一个开放式字幕功能，可以一次放置多段视频，而且字幕可以占用单独的通道。下面就来介绍一下制作方法，效果如图 10-40 所示。

图 10-40

（1）新建一个项目，将素材文件“10.2.mp4”拖曳到“时间线”面板上，如图 10-41 所示。播放动画，将会在画面下方添加文字。

图 10-41

（2）单击“项目”面板下方的■按钮，在打开的下拉列表中选择“字幕”选项，如图 10-42 所示。

（3）弹出“新建字幕”对话框，设置“标准”为“开放式字幕”，如图 10-43 所示。

系统会自动甄别项目尺寸，其他参数可以保持默认。

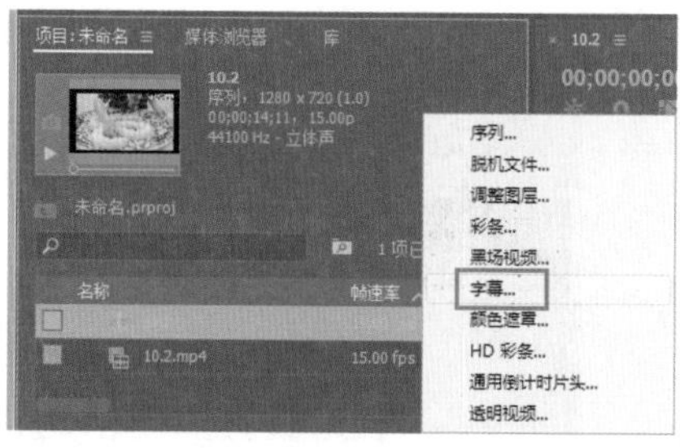

图 10-42

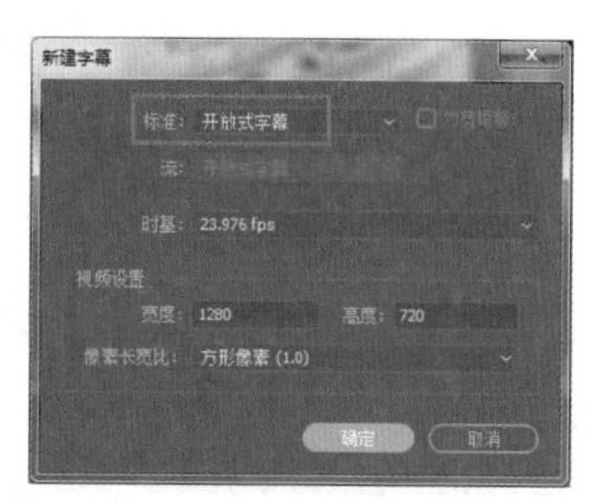

图 10-43

（4）此时在“项目”面板中新建了一个字幕文件，将字幕拖动到“时间线”面板的素材上方（V2 轨道上），并将字幕长度与素材长度对齐，如图 10-44 所示。

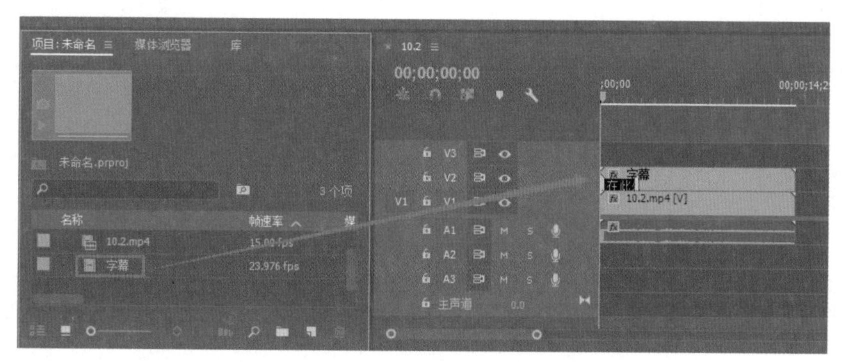

图 10-44

（5）双击字幕素材，在“字幕”面板中可以看到新建的字幕素材，在这里可以输入文字，如图 10-45 所示。

（6）将“时间线”面板放大显示，按▶按钮播放视频，寻找第一句话结束的位置（本例为 00;00;01;05 处），将这个时间点输入到“出点”位置，并在字幕窗口中输入第一句话，如图 10-46 所示。

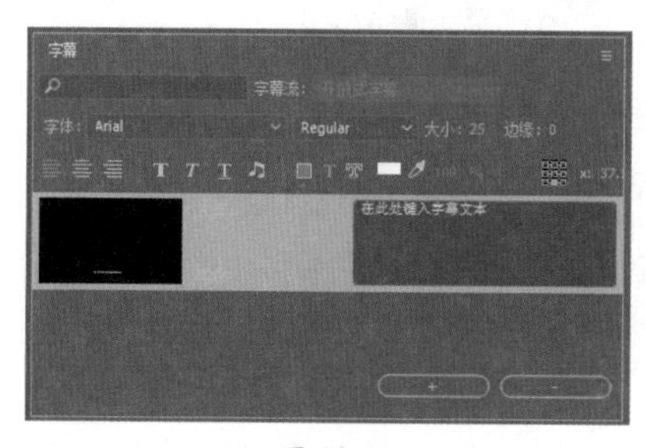

图 10-45

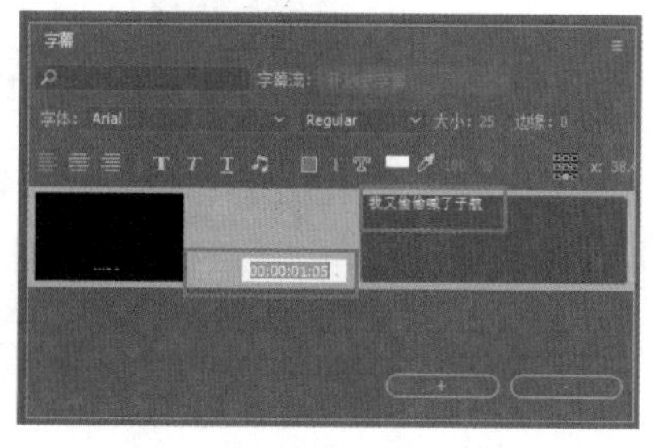

图 10-46

（7）此时视频中出现了文字字幕，如图 10-47 所示。

（8）在“字幕”面板中可以设置字幕的颜色和底色，单击“背景颜色”按钮，设置透明度为 0%，这样可以让字幕背景变为透明，如图 10-48 所示。

图 10-47

图 10-48

（9）设置字体、字号和文字边框，第一句话制作完成，如图 10-49 所示。

（10）继续播放视频，寻找第二句话结束的时间点（本例为 00;00;02;23 处），如图 10-50 所示。

图 10-49

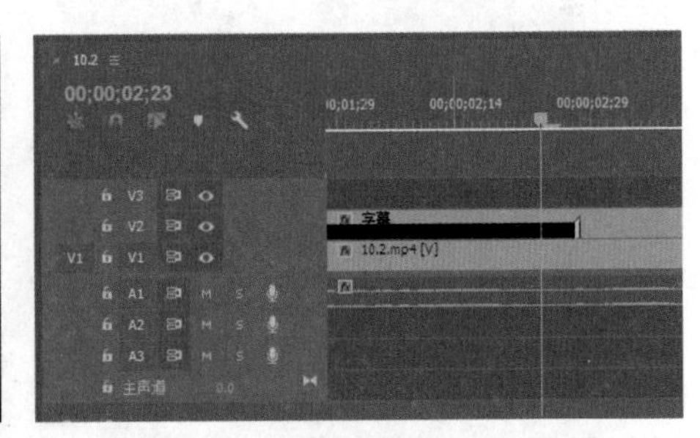

图 10-50

（11）单击“字幕”面板中的 + 按钮，增加字幕片段，将这个时间点输入到“出点”位置，并在字幕窗口中输入第二句话，如图 10-51 所示。

图 10-51

（12）继续播放视频，寻找第三句话结束的时间点，单击“字幕”面板中的 + 按钮，增加字幕片段，将这个时间点输入到“出点”位置，并在字幕窗口中输入第三句话，直到将所有配音字幕添加完成，如图 10-52 所示。

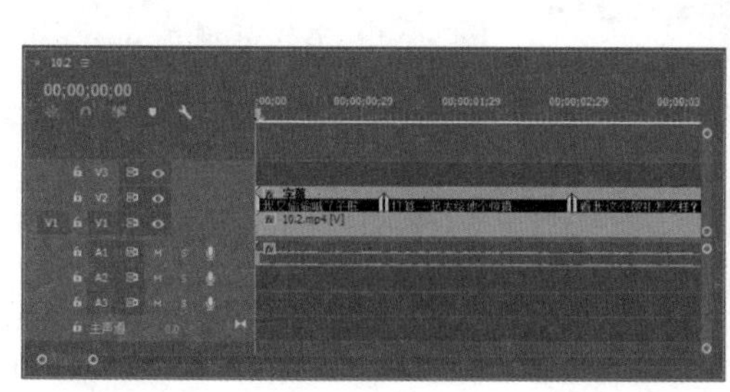

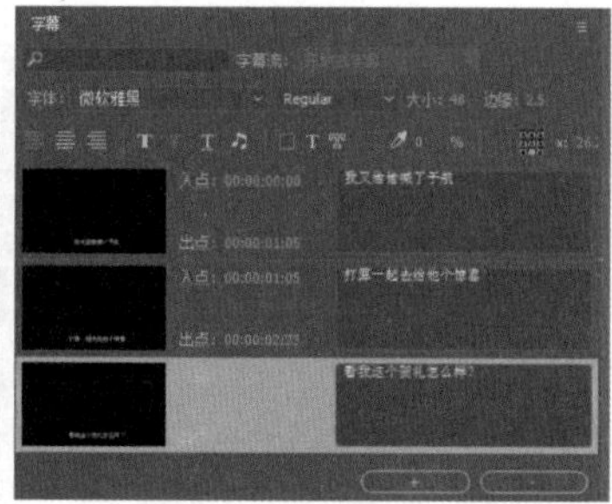

图 10-52

（13）利用这种方法添加字幕不但速度快，还可以随时进行修改，非常方便快捷，如图 10-53 所示。

图 10-53

10.3.2 移动弹幕

在视频中经常会有弹幕在前方移动，速度有快有慢，颜色也不同，下面就来模仿制作这种动画，如图 10-54 所示。

图 10-54

（1）新建一个项目，将素材文件“10.4.mp4”拖动到“时间线”面板中，如图 10-55 所示。播放动画，我们将会在画面前方添加移动的弹幕。

（2）单击工具栏中的“文字工具”按钮T，在画面中添加一个文字框并输入想要的文字内容，如图 10-56 所示。

（3）下面为文字设置动画，在“效果控件”面板中设置“位置”和“缩放”参数，将其初始位置移动到画面右侧，这里要制作文字从右侧移动到左侧的弹幕动画，如图 10-57 所示。

图 10-55

图 10-56

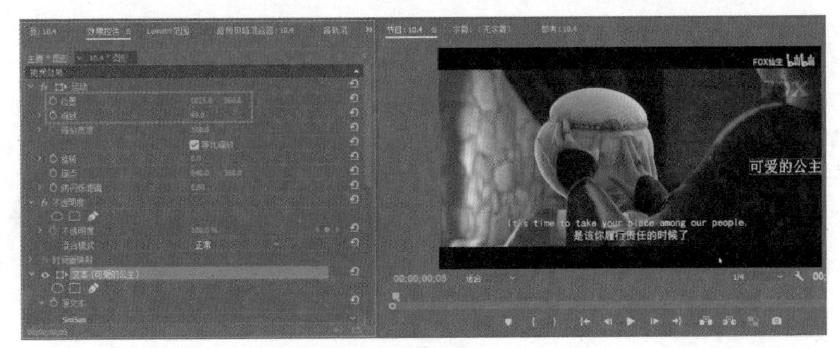

图 10-57

（4）单击“位置”右侧的按钮，添加关键帧，移动时间滑块至视频末尾处，设置“位置”参数，使文字移动到画面左侧，系统将自动为当前时间点设置关键帧，如图 10-58 所示。

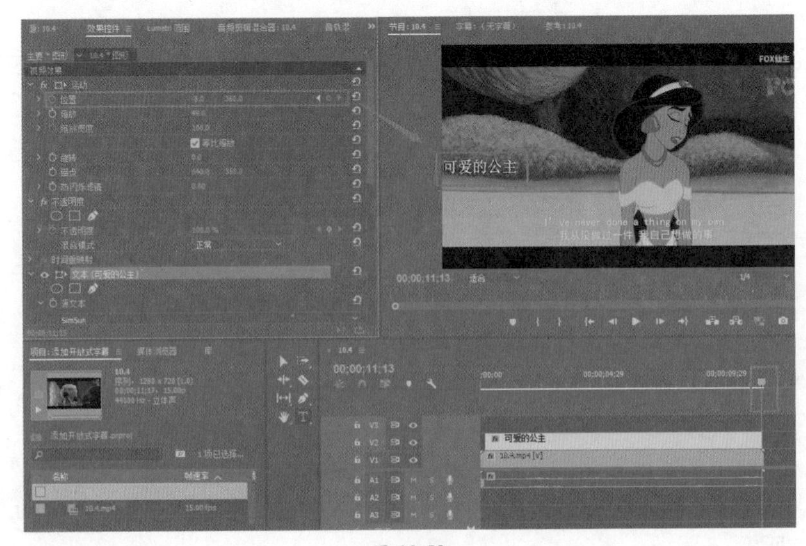

图 10-58

（5）播放动画，可以看到文字弹幕从画面左侧移动到了画面右侧。下面制作另一种弹幕效果，按【Alt】键的同时拖动复制V2轨道上的文字弹幕到V3轨道中，如图10-59所示。

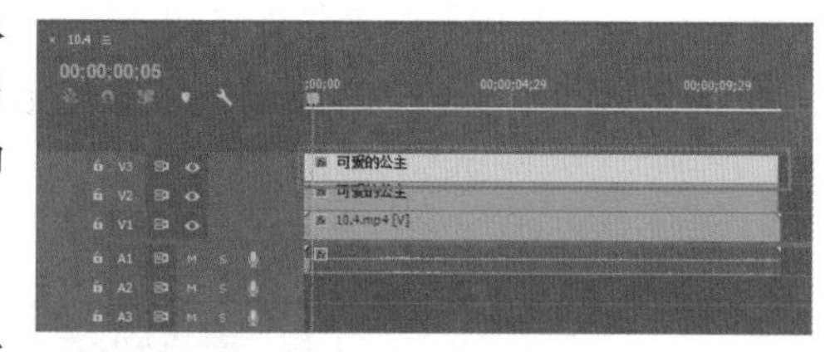

图 10-59

（6）单击工具栏中的“文字工具”按钮，重新修改V3轨道上的文字内容，并在“效果控件”面板中重新设置动画，如图10-60所示。

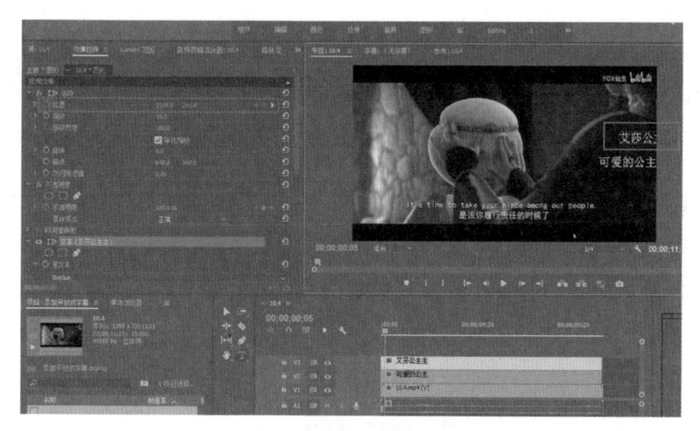

图 10-60

（7）在“基本图形”面板中可以对文字的颜色、字体和字号等参数进行设置，如图10-61所示。

图 10-61

（8）用同样的方法添加更多的弹幕效果，如图 10-62 所示。

图 10-62

10.4 高质量视频输出

短片制作完成后需要将视频输出，一般情况下，想要使用网络和手机来播放短片，就要用到 .mp4 格式，而视频文件的输出质量和大小直接影响了画质，这就需要在输出时，既要保证视频的清晰度，又要保证文件不能够太大，文件太大会出现卡顿。下面介绍几种高质量视频输出的方法，供读者参考。

10.4.1 输出适合发微信的视频

目前越来越多的人开始使用微信进行视频传播，而微信本身对视频发送的大小限制在 25MB，超过这个大小就无法进行发送，尺寸限制在 720×404 像素。下面制作一个适用于微信发送的视频。

（1）新建一个项目，将需要输出的素材文件拖曳到“时间线”面板上，选择“文件 \ 导出 \ 媒体”命令，弹出“导出设置”对话框，设置格式为 H.264，设置输出尺寸为 720×404 像素，如图 10-63 所示。

图 10-63

（2）第（1）步操作中缩小了画幅，下面再缩小比特率，缩小比特率可以在不影响画质的基础上对视频进行整体压缩，这里设置“目标比特率”为 4，“最大比特率”为 6，如图 10-64 所示。

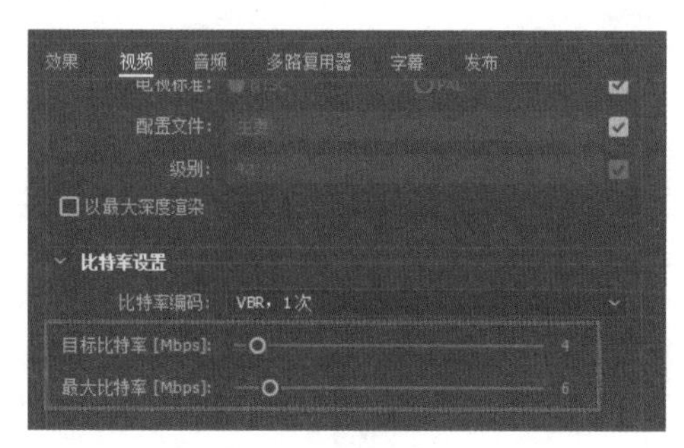

图 10-64

（3）单击“导出”按钮，导出视频，即可生成适合微信发送的视频。

10.4.2 使用小丸工具箱压缩视频

任何一款工具都有其优缺点，Premiere 虽然是一款非常优秀的视频剪辑软件，但是它的压缩功能还不是最方便的。国内优秀的开发人员专门针对视频压缩开发出了一款名为“小丸工具箱”的软件，它是一款用于处理音频和视频等多媒体文件的软件，是一个拥有 x264、ffmpeg 等命令行程序的图形界面。它的目标是让视频压制变得简单、轻松。下面就来学习一下这款工具。

（1）在小丸工具箱的官网上下载该软件，安装后即可使用（这是一款可在 Windows 系统上独立安装的软件），如图 10-65 所示。

（2）打开小丸工具箱，选择“视频”选项卡，将要压缩的视频拖曳到第一个窗口中，如图 10-66 所示。

图 10-65

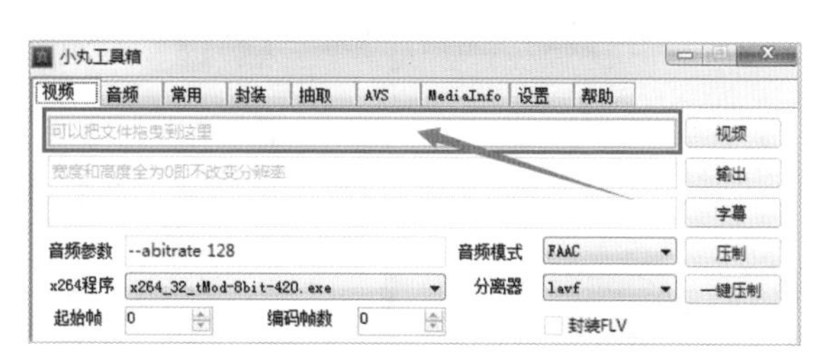

图 10-66

（3）单击“输出”按钮，在弹出的对话框中为输出文件命名。设置编码器为 x264_32_tMod-8bit-420.exe，这是适合手机网络播放的编码方式，然后根据需要设置画面尺寸，最后单击“压制”按钮，进行视频压缩，如图 10-67 所示。利用这款工具压制的视频画质比较好，压缩率也比较高，是一款非常实用的工具。

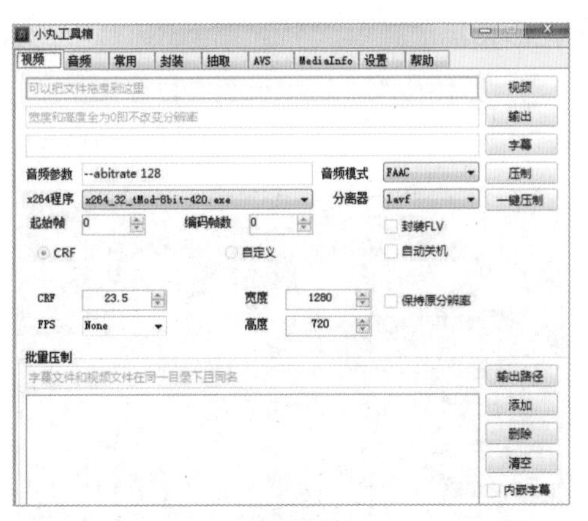

图 10-67

10.4.3 使用格式工厂压缩视频

在 Premiere 中经常会发生一种现象，当将一个长度为 5 分钟以上的视频素材导入到“项目”面板时，会发现该素材实际上只导入了 1 分多钟，这是因为解码器不同所导致的。此时就要用“格式工厂”软件对视频进行压缩。

（1）在格式工厂的官网上下载该软件，安装后即可使用（这是一款可在 Windows 系统上独立安装的软件），如图 10-68 所示。

（2）打开格式工厂软件，格式工厂（英文名 Format Factory）提供了音频和视频文件的剪辑、合并、分割，视频文件的混流、裁剪和去水印等功能。还包含了视频播放、屏幕录像和视频网站下载的功能，无须再额外安装软件，如图 10-69 所示。

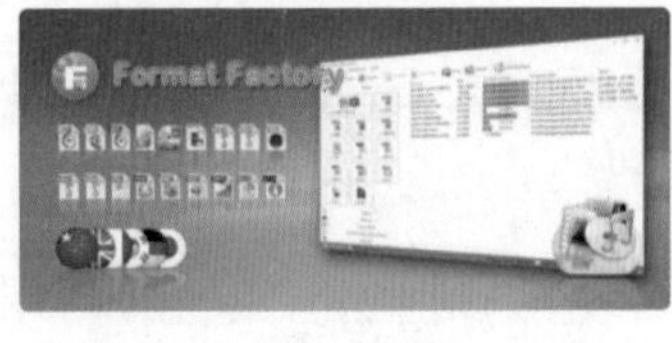

图 10-68

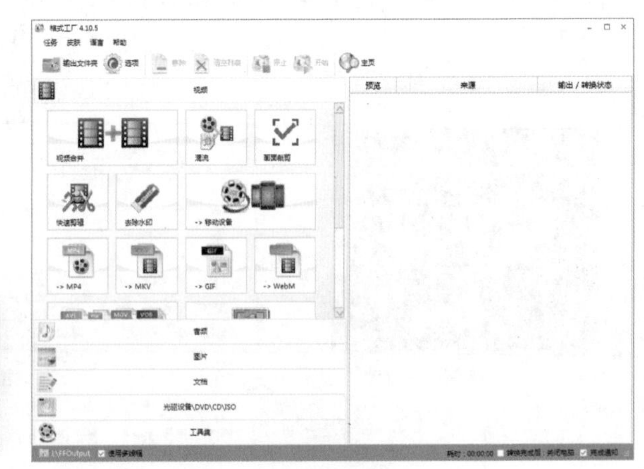

图 10-69

（3）将视频文件拖曳到右侧的项目窗口中，在弹出的对话框中可以设置转换的文件格式。如果只是需要解决本例开始时出现的导入素材的问题，则按原来的格式进行转换即可，单击“确定”按钮，如图 10-70 所示。

图 10-70

（4）单击“开始”按钮，对视频进行转换。再将转换后的视频导入到 Premiere 中，即可看到素材被完整导入了，如图 10-71 所示。

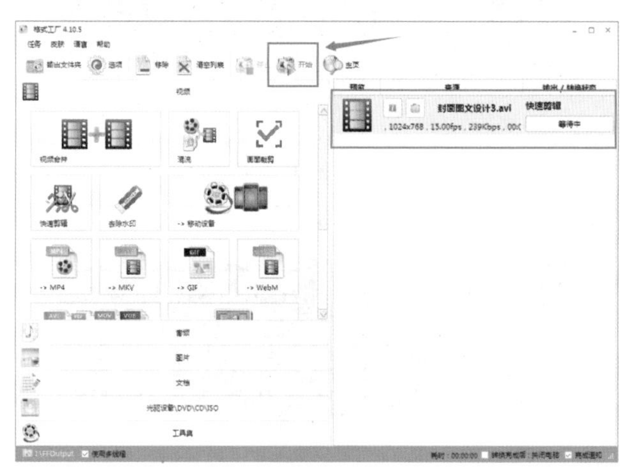

图 10-71

10.4.4 导出高质量手机视频

在 Premiere 中有很多输出选项，大多数情况下都不会用到，在日常工作中经常遇到的画质有：标清（480P）720×480 像素、高清（720P）1280×720 像素和蓝光（1080P）1920×1080 像素，以及 2K 和 4K。手机短视频用到的画质是 1920×1080 像素，下面就来针对手机视频进行设置。

（1）新建一个项目，将要输出的素材文件拖曳到“时间线”面板上，选择“文件\导出\媒体”命令，弹出“导出设置”对话框，在“导出设置”选项组中设置“格式”为“H.264”，“预设”为“匹配源 - 高比特率”，如图 10-72 所示。

图 10-72

（2）在“基本视频设置”选项组中设置输出尺寸为 1920×1080 像素，其余参数如图 10-73 所示。

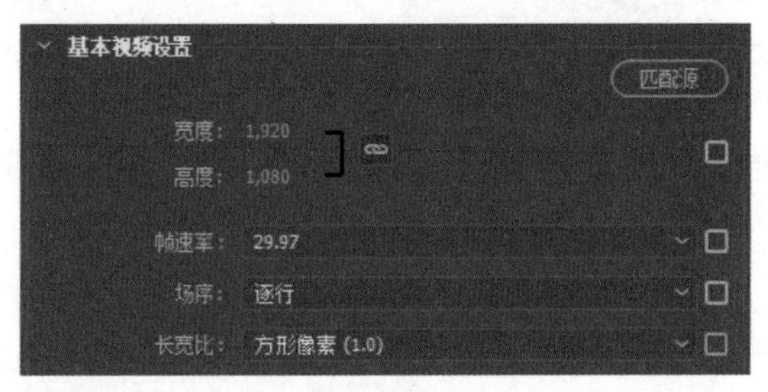

图 10-73

（3）在“比特率设置”选项组中设置“比特率编码”为“VBR，1 次”，设置“目标比特率”为 10，“最大比特率”为 12，如图 10-74 所示。

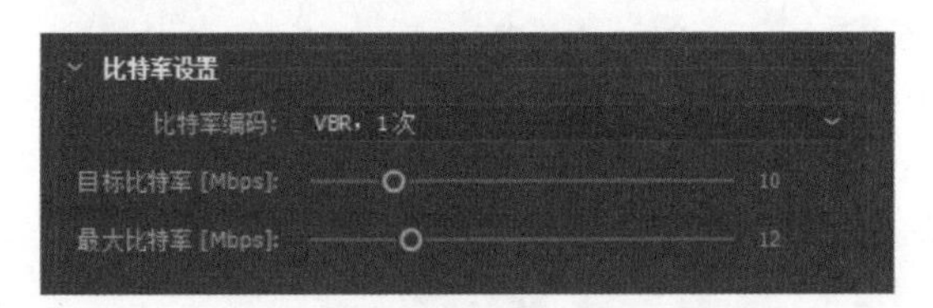

图 10-74

（4）选择“使用最高渲染质量”复选框，设置完成后单击“导出”按钮进行视频输出，如图 10-75 所示。

图 10-75

此时输出的视频就是 16:9 的高清晰视频，这种视频适合在短视频平台上使用，与爱奇艺等视频平台上的高清画质视频相同。